气象-农业干旱时空变异
对主粮作物产量的影响

李　毅　袁发亮　冯　浩　陈新国

温得平　陈国昕　苏晓军　等　著

科学出版社

北　京

内 容 简 介

本书在综合评述国内外研究现状的基础上，首先收集了多站点气象数据，利用第六次国际耦合模式比较计划（CMIP6）的全球气候模式（GCM）平均数据，结合气候数据统计降尺度模型（NWAI-WG），估算了历史和未来时期（2022～2100 年）作物生育期不同时间尺度下的标准化降水蒸散发指数（SPE）和土壤水分亏缺指数（SMDI），并对历史和未来时期的旱情发展和时空变异规律进行了分析。其次，在收集多站点冬小麦、春小麦、夏玉米和春玉米农业气象观测数据的基础上，结合 DSSAT 模型进行历史和未来时期作物生长和产量的模拟，获得了 1961～2100 年作物生长和产量的长序列数据。最后，结合上述研究结果，对干旱时空变异背景下的主要作物产量响应规律进行了深入分析，所得结果对于研究干旱背景下的粮食生产具有重要的参考价值。

本书可供水利工程、农业工程、农业水文、农业气象等领域的专业人员和高校师生参考使用。

审图号：GS 京（2025）0208 号

图书在版编目（CIP）数据

气象-农业干旱时空变异对主粮作物产量的影响 /李毅等著. -- 北京：科学出版社，2025.4. -- ISBN 978-7-03-081620-7

I. S31

中国国家版本馆 CIP 数据核字第 20255M29B3 号

责任编辑：郭允允　赵　晶 / 责任校对：郝甜甜
责任印制：徐晓晨 / 封面设计：无极书装

科 学 出 版 社 出版
北京东黄城根北街 16 号
邮政编码：100717
http://www.sciencep.com

北京华宇信诺印刷有限公司印刷
科学出版社发行　各地新华书店经销
*
2025 年 4 月第 一 版　　开本：787×1092　1/16
2025 年 4 月第一次印刷　　印张：14 1/2
字数：344 000
定价：158.00 元
（如有印装质量问题，我社负责调换）

作者名单

主要作者：李　毅　袁发亮　冯　浩

陈新国　温得平

其他作者：张思远　刘庆祝　陈国昕

周　强　苏晓军

前　言

粮食安全一直是社会各界关注的焦点，提高粮食产量至关重要。小麦和玉米是我国的两大主要粮食作物，其产量的丰歉影响人民群众的生命、健康和社会经济的各个方面。粮食生产受气候影响很大，干旱等气象灾害对农业的影响关乎国家粮食安全和社会稳定，对我国粮食安全和经济发展产生重大影响。开展干旱背景下主要作物产量的研究非常必要，其结果可为管理部门采取适宜的管理措施进行预先干预和补救提供重要的参考依据。

通常将干旱分为气象干旱、水文干旱、农业干旱和社会经济干旱四类。各类干旱有各自的发生条件，目前已有几十种干旱指标用于评估农业干旱的影响及农业干旱的强度、持续时间、严重程度和空间范围等，涉及降水、土壤水分和作物水分等方面。其中，基于降水和蒸发差值的标准化降水蒸散发指数（SPEI）和基于土壤含水率的土壤水分亏缺指数（SMDI）被证实能很好地评估气象和农业干旱。

作物模型是以作物为研究对象，对作物与环境、经济因子关系的定量化表达。自 20 世纪 60 年代以来，已有许多学者对作物生长模型做了大量研究，形成了许多作物模型研究成果，其中 DSSAT 模型是国际农业技术转移基准网汇集了许多科研成果的大型软件包，可模拟小麦、玉米、水稻等十余种作物的生长。大量研究证实 DSSAT 模型可以很好地模拟各种作物的生育期及产量。

尽管目前国内对干旱影响作物生长和产量方面均有了相关研究，但是利用 DSSAT-CERES 模型对我国主要粮食作物（即冬小麦、春小麦、夏玉米和春玉米）生长和产量的多站点模拟和分析还不够深入，另外，大多单独研究了气象干旱指标或农业干旱指标与作物产量的关系，在多时间尺度下，气象干旱和农业干旱对作物生产和产量影响关系、更适宜的干旱指标、关键生育期等重要的参数还没有深入探究。本书运用 DSSAT-CERES 模型模拟小麦和玉米历史时期的物候期、生长和产量，结合气象干旱指标 SPEI 和农业干旱指标 SMDI，分析作物生育期不同时间尺度下的气象-农业干旱时空变异规律，研究影响主要粮食作物生长过程及产量的关键生育期和适宜时间尺度，并深入分析干旱时空变异性对主要粮食作物产量的影响关系。本书研究成果对农业生产有效地应对干旱、进一步提高作物产量有很好的指导作用。

本书得到了国家自然科学基金面上项目"黄土高原干旱时空变异性致小麦和玉米减产机理及影响评估"（52079114）、国家自然科学基金外国青年学者研究基金项目"Mechanisms of

Agricultural Droughts on Wheat Yield Reduction in the China-Pakistan Economic Corridor"（52350410451）、人力资源和社会保障部"高端外国专家引进计划"项目（S20240161、H20240401 及 Y20240082）的资助。感谢研究生陈新国、张思远、刘庆祝、袁发亮等合作完成本书的修改工作。全书由李毅统稿。诚挚感谢团队成员共同付出的努力！本书若有不妥之处敬请海涵！

作　者

2024 年 6 月

目　　录

第1章 绪　论

1.1　研究背景及意义

全球气候变暖已经是不可争论的事实。近年来，气候变化改变了水资源的时空分布格局，气候变暖导致的极端水文气象事件（如干旱、洪涝、极端高温等）也频繁发生（李毅等，2021a，2021b）。频繁而严重的干旱灾害导致的水资源问题越来越突出，对全球生态系统和社会经济产生重大影响。

重大旱涝灾害往往会对人民生活、农业生产以及社会经济发展造成严重的负面影响。气象灾害造成的全球经济损失占自然灾害损失的 85%左右，而干旱造成的损失约占气象灾害损失的 50%（Forzieri et al.，2016）。干旱是在一定时间尺度上水分供求不平衡而引起的水分短缺现象，干旱一直是最具威胁的自然灾害之一（Vicente-Serrano et al.，2020）。干旱具有影响范围广、损失程度大、受灾人数多等特点（Spinoni et al.，2018）。旱灾伴随着社会发展一直存在，随着科技进步，应对灾害的措施不断增多，但是旱灾对社会和粮食安全的威胁不容小觑。干旱无情地破坏着人类文明的进步和发展，其造成的严重后果并没有因为科学技术的发展而减弱，反而还有加剧的趋势。旱灾伴随着人类文明的发展一直存在，随着人口的日益增加和经济不断发展，水资源短缺和时空分布不均的现象日趋严重，这也直接导致干旱地区的扩大、干旱频率的增加和干旱化程度的加重。

中国是全球气象灾害风险极高的国家之一，因气候条件复杂、人口众多、生态系统脆弱、经济发展迅速，我国各地更易受到气候变化和干旱灾害的影响，并且有加重趋势。尤其在 2000 年，我国受旱面积高达 4054.1 万 hm²，为近 60 年之最。另外，我国干旱成灾面积呈上升趋势，其中 1961 年和 2000 年我国干旱成灾面积分别为 1865.4 万 hm² 和 2678.1 万 hm²（战莘晔，2018）；2002～2017 年我国华北地区成为受干旱影响最严重的地区，干旱受灾面积多达 663.9 万 hm²（王利民等，2021）。干旱发生次数也有其自身特点，如华北地区发生极端干旱 227 次；江淮地区发生极端干旱 142 次（其中 1951～2000 年发生 5 次）；江南地区发生极端干旱 127 次。据统计，我国各大耕作区均有干旱发生，1950～2010 年我国受旱面积存在较大波动。例如，1960 年全国大旱，湖泊干涸，小麦的生产受到严重影响；2008～2009 年北方大旱，致使北方小麦主产省份严重减产，人畜用水难以保证；2009～2010 年的南方大旱以及 2014 年的河南大旱都使我国的粮食产量和国民经济受到严重的损失（夏兴生等，2016）。

我国是一个农业大国，耕地面积约占国土资源总面积的 14.3%左右（杨勇，2018）。农业是实现经济平衡发展的重要支撑，同时农业又是受天气和气候影响最大的领域。研究表明，至 21 世纪中叶，全球粮食需求预计将增加约 1 倍。中国农业科学院发布的《中国农业产业发展报告 2020》显示，2019 年，中国稻谷、小麦和玉米三大谷物的自给率达到 98.75%。

影响农业生产最主要的气象灾害是干旱，水分不足已成为作物稳产、高产的瓶颈。另外，农业是受天气和气候影响最大的领域之一，天气和气候能够对作物生产产生直接影响。粮食安全一直是社会各界关注的焦点，提高粮食产量关系到举国上下的吃饭问题。玉米作为我国三大粮食作物和重要饲料作物之一，其播种面积约占我国耕地面积的 20%，产量约占中国稻谷、小麦和玉米年总产量的 25%。玉米集中分布在东北、华北和西南山区，大致形成一个从东北向西南的狭长地形带。这一地带包括黑龙江、吉林、辽宁、河北、山东、河南、陕西、山西、四川等 12 个省份，播种面积占全国玉米总面积的 80% 以上。在我国主要粮食作物品种中，小麦产量位居第三位。我国小麦主要分为冬小麦和春小麦，其中春小麦主要分布在长城以北、岷山以西气候寒冷且无霜期短的地区，主要有黑龙江、内蒙古、甘肃和新疆等省（自治区）。干旱等气象灾害对农业的影响关乎国家粮食安全和社会稳定，旱灾对我国粮食安全和经济发展产生重大影响。据统计，1949~2010 年，我国六大农业耕作区（东北地区、黄淮海平原地区、长江中下游地区、西南地区、西北地区与华南地区）时有干旱发生（李祎君和吕厚荃，2017），干旱范围几乎遍及全国。每年我国由干旱而引起的经济损失占全国气象灾害损失的 50% 左右。例如，1960 年全国大旱，塘湖干涸，河流断流，小麦旱情极为严重；1986 年我国西北、华北和内蒙古地区发生重大干旱事件，造成粮食大面积减产，减产率达 6.1%；2006 年的重庆大旱，造成直接经济损失达 82.55 亿元；2008~2009 年我国北方大旱，使北方 15 个小麦主产省份大量减产，人畜用水困难；2010 年我国西南地区大旱更使作物产量减少了近 11.5%；2011 年我国发生的大面积干旱使西南地区受灾面积达 334.4 万 hm²，黄淮海平原地区受灾面积达 175.1 万 hm²，仅湖南省农业经济损失就高达 78 亿元。我国 70% 以上的玉米种植面积受到干旱的威胁，每年因此造成的产量损失超过 1500 万 t。

至 2019 年末，全国总人口数已经超过了 14 亿人，占世界总人口的 19.3% 左右（国家统计局，2020），这对我国粮食生产提出了新的要求。在干旱条件下，水分亏缺对作物生长产生负面影响，作物关闭气孔以限制水分蒸发，造成用于光合作用的碳吸收量减少，最终导致产量下降（Leng and Hall，2019）。干旱对我国粮食产量和国民经济造成严重的损失，从而对国家稳定发展产生影响。为了满足未来人口增长背景下日益增长的粮食需求，将气候变化背景下干旱对作物生产的影响作为保障社会经济稳定发展和抵御突发事件冲击研究的重要问题是必要的。如何有效地应对干旱，降低干旱对作物生长和产量的危害，进一步提高作物产量，以满足国家的粮食供应成为我国国民经济建设和发展中亟待解决的重大问题之一。目前，日益严峻的干旱对农作物生长和产量造成了威胁，本书结合干旱指标和作物模型研究作物生长和产量对气象和农业干旱的响应规律，为有效应对干旱、进一步提高作物产量、满足国家的粮食供应提供参考。

1.2　国内外研究进展

1.2.1　干旱时空变化规律

干旱的形成与气象、水文、地质地貌以及人类活动等多个方面因素有关。通常将干旱分为气象干旱、水文干旱、农业干旱和社会经济干旱四类，各类干旱有各自的发生条件，但在一定条件下，一类干旱能够演变为另一类干旱。例如，农业干旱和水文干旱的发生往往是由气象干旱引起的，而社会经济干旱则是在其他三种干旱的基础上发生的。

1. 气象干旱

气象干旱是指一段时间内大气中水分持续异常亏缺而导致的降水和蒸发供求严重不平衡的缺水现象。气象干旱发生范围广泛，几乎遍及全球各个地区（Vicente-Serrano et al.，2020）。

1）气象干旱指标

气象干旱指标是量化和评估气象干旱时空变化规律的有效工具。在气象干旱研究中常需要构建合适的干旱指标来表征和量化气象干旱状况。目前，用于评估气象干旱的指标有几百种之多。在气象干旱研究中通常可按照是否进行标准化将气象干旱指标分为标准化干旱指标、非标准化干旱指标和综合指标。其中，非标准化干旱指标主要包括基于降水和潜在蒸散发量的干燥指数（AI）、基于降水和相对湿度的比湿干燥指数（I_{sh}）、基于降水的降水距平指数（PAI）、根据蒸发和降雨之间的水量平衡计算得出的大气水分亏缺指数（AWDI）和基于有效降水的有效干旱指数等。常见的标准化干旱指标主要包括帕默尔干旱指数（PDSI）、蒸发需求干旱指数、标准化降水指数（SPI）和标准化降水蒸散发指数（SPEI）等。还有一些学者构建了具有地区适用性的气象干旱指标。例如，Bhalme 和 Mooley（1980）构建了基于印度季风区的干旱指标——干旱面积指数，可用于评估该地区的干旱强度。不同指标的优缺点存在着明显差异，适用条件和地区也不尽相同。例如，SPI 虽然具有多尺度并且能较好地反映一个地区的干旱强度和持续时间等优点，但没有考虑蒸散发对干旱的影响；PDSI 虽然同时考虑了降水和蒸散发，但计算时需要的土壤资料较多，且简化的水分传输容易导致干旱偏差。SPEI 是在 SPI 的基础上提出的，既同时考虑了降水和蒸散发，又保留了多尺度的优点，适用性好，是目前最常用的气象干旱指标。

基于各种气象干旱指标，国内外学者对不同地区的干旱时空演变规律进行了许多研究。一些基于历史时期的 SPEI 以及降水、日平均气温等气象数据的研究表明，我国干旱化程度普遍较高，其中西部、北部和东北部地区的干旱化程度最高，春季和秋季干旱趋势明显。Liu 等（2021）使用 SPI 和 SPEI 探索四川省不同地貌类型的干旱特征差异，结果表明，干旱事件主要发生在四川省的西南高原和中部山区。中国西南地区在过去的 53 年中极端干旱和中度干旱的频率均呈上升趋势，秋季干旱的趋势越发明显；近 50 年来，华北地区的干旱强度明显增加，尤其是 20 世纪 80 年代和 90 年代；华北和东南地区的干旱强度普遍较强，东北和中西部地区较弱。我国历史时期气象干旱的时空变化规律存在较大差异，各地区差异较大，不同年份和月份也存在着差异。

2）气象干旱变化规律

国外许多学者基于 SPI 和 SPEI 等标准化的气象干旱指标，对各地区历史时期气象干旱时空变化规律进行研究。Asong 等（2018）基于 1 个月、3 个月、6 个月和 12 个月时间尺度的 SPEI，分析加拿大地区 1950～2013 年干旱时空变化规律，指出加拿大南部部分地区呈逐渐干燥化趋势，而加拿大北部地区呈湿润化趋势。Aadhar 和 Mishra（2017）用 SPI 和

SPEI 评估南亚地区 1981~2016 年干旱状况，指出近几十年间南亚地区干旱事件有所增加，尤其在低纬度地区，干旱面积和干旱严重程度增加明显。Karakani 等（2021）用 PAI 和 SPI 监测中东地区（干旱半干旱区）2000~2017 年干旱频次变化情况，指出受气候变化的影响，中东地区干旱事件发生频次有增加趋势。Shiru 等（2019）基于 SPEI 分析尼日利亚地区 1901~2010 年干旱变化特征，指出在该地区中度干旱发生的频次和强度都有增大趋势。在过去的几十年间，国外大多地区干旱发生频次和干旱强度都有增加趋势。

我国的干旱事件以区域干旱事件为主，且季节性干旱特征明显（张强等，2020）。Yao 等（2018）用 SPI 和 SPEI 分析 1961~2013 年中国干旱的时空分布规律及变化趋势，指出 SPEI 与我国历史时期干旱事件吻合度更高，我国西北荒漠区干旱有加重趋势。Zhou 和 Lu（2020）基于干旱指标 AI，对 1960~2017 年我国干旱半干旱区的干旱变异性进行研究，指出在 3 月、4 月、6 月、8 月和 11 月我国干旱半干旱区干旱有增加趋势，而其他月份有变湿趋势。Hu W 等（2021）基于 SPEI 分析了 1960~2017 年我国黄淮海平原地区 186 个站点的干旱变化规律，指出在过去的 57 年间夏季时期黄淮海平原大部分地区有变湿趋势，而黄河流域中部地区、海河流域以北地区以及淮河流域以北地区有变干趋势。史晓亮等（2020）基于 1 个月、3 个月和 12 个月时间尺度的 SPEI，分析 2000~2018 年我国西南地区气象干旱的变化规律，指出在过去的 18 年间该地区有轻微的变湿趋势。赵会超（2020）基于 SPI 分析 1948~2010 年我国各地区气象干旱时空分布规律，指出西南地区为我国气象干旱的主要分布区。基于以上研究，在过去的几十年间，我国各地区气象干旱时间和空间变化规律都存在较大差异，不同月份各地区干旱变化规律也不相同。总的来说，我国西北荒漠区和西南地区气象干旱有加重趋势，而黄淮海平原地区季节性干旱更为明显。

3）未来气候变化情景下的干旱预测

一直以来，气候变化受到全球各国学者的关注。世界气候研究计划（WCRP）从 1995 年就开始关注气候系统模式研发及国际耦合模式比较计划（CMIP），并以此来预估未来气候变化情况，目前已发展到第六阶段（CMIP6）（斯思等，2020）。在 CMIP5 中考虑了不同温室气体排放和气溶胶浓度，形成了多种不同水平的辐射强迫路径，即具有代表性的浓度路径（RCPs）（Grose et al.，2020）。在 RCPs 中共定义了四种辐射强迫路径，即到 2100 年辐射强度分别达到 2.6W/m² 、 4.5W/m² 、 6.0W/m² 和 8.5W/m² 。共享社会经济路径（SSPs）情景模式主要描述了在不考虑气候变化或气候政策的情况下，21 世纪社会和自然系统可能的演变和发展过程（O'Neill et al.，2017）。CMIP6 气候情景模式是在 CMIP5 的基础上补充和发展的。与 CMIP5 相比，CMIP6 综合考虑了大气中温室气体排放、气溶胶浓度及社会经济、科学技术发展及政府规划等多方面的综合影响，为预测未来气候变化研究提供了新的参考（Wyser et al.，2020）。在 CMIP6 情景模式中共考虑了五种 SSPs 路径，分别是 SSP1、SSP2、SSP3、SSP4 和 SSP5。其中，SSP1 假定一种较低的物质增长与较低的资源和能源强度，是一种可持续发展的路径；SSP2 假定未来时期技术、经济和社会趋势与历史时期相差不大，是一种中度发展的路径；SSP3 假定未来时期教育和健康方面投资较少、人口增长快及未来各国之间或各部分发展不均衡加剧，是一种弱约束限制的情景发展模式，该情景模式极易受到气候变化的影响；SSP4 假定未来时期各国之间或国家各部门之间发展不均衡严重加剧，社会差距进一步加大，全球对煤炭和非常规石油等密集型燃料使用增加，是一种极不平稳的发展模式；SSP5 假定未来时期全球各国大力开发丰富的化石燃料资源，采用资源和能源密集型的生活方式，是一种化石燃料驱动型的发展路径（van Vuuren et al.，2017）。在 CMIP6 气候模式中，除 2.6W/m^2、4.5W/m^2、6.0W/m^2 和 8.5W/m^2 外，还增加了 1.9W/m^2、3.4W/m^2 和 7.0W/m^2 三种辐射强迫路径。各种排放情景下都有几十种全球气候模式（GCM），以减少未来气候各排放情景的不确定性（Lamarque et al.，2020）。

许多学者结合未来气候变化情景对 21 世纪可能出现的干旱状况进行分析评估，为了减少未来气候各排放情景的不确定性，大多考虑了多种气候模式进行综合分析。例如，Jiang 等（2020）用 CMIP6 中 15 个 GCM 中的降水数据分析未来时期中亚地区降水的变化情况，指出 21 世纪中亚地区夏季干旱化趋势将持续发生。Ukkola 等（2020）以季节为时间尺度，基于 CMIP6 中 31 个 GCM 分析 21 世纪全球各地区气象干旱发生的频率和持续时间，并对未来时期可能出现的极端干旱情况提出了应对建议。Asadi Zarch 等（2015）基于 CMIP5 数据计算 SPI 和 RDI，并分析全球不同干旱区在气候变化背景下干旱变化情况，结果表明，未来时期全球各干旱区变化规律不一致，大部分地区变化趋势不显著。Cook 等（2020）基于 CMIP6 数据预测 21 世纪全球干旱变化趋势，指出未来时期全球大陆高纬度地区和季风区的干旱都有缓解趋势。Shrestha 等（2020）基于 CMIP6 数据计算干旱指标自校正帕默尔干旱指数，并预测了 2015～2044 年印度地区干旱变化趋势，结果发现，未来时期印度地区严重干旱和极端干旱的干旱历时呈增加趋势，干旱历时平均值在 20～30 个月。总的来说，基于多种气候模式预测的 21 世纪全球各地区干旱有加重趋势，各地区干旱化程度差异较大。

2. 农业干旱

1）农业干旱概述

农业干旱是指受外界环境因素影响引起作物体内水分失衡，发生水分亏缺，影响作物正常生长发育，进而导致减产或绝收的一种农业气象灾害（张有智等，2020）。它可能发生在作物生长的各个时期。农业干旱涉及作物、土壤、大气等多方面的因素，不仅是一种物理过程，而且也与生物过程和人类活动有关。在自然状态下，农业干旱主要是由气象干旱引起的，它的发生主要是降水量的减少引起土壤含水量降低，进而引起作物水分的缺失，影响作物的正常生长和发育。农业干旱可能发生在作物生长的前期、中期或后期。在实际生产过程中，农业干旱受到土壤、作物、大气和人类活动等多方面因素的影响，它不仅是一种物理过程，而且与生物过程、社会经济有关。

根据成因，可将农业干旱分为土壤干旱、生理干旱和大气干旱三种。其中，土壤干旱是由于土壤中缺乏植物吸收可利用的水分，植物吸水不能满足植物正常蒸腾和生长发育需要而引起的干旱；生理干旱是由生理因素造成的植物不能正常获取土壤中水分而引起的干旱；大气干旱指温度过高、相对湿度过小（有时会伴有干热风）而使植物蒸腾迅速增加，植物吸收水分的速度远远小于其水分消耗的速度而造成植物萎蔫，严重影响植物生长发育而引起的干旱。这三种干旱都会影响植物的正常生长，影响干物质的积累和作物产量的形成。

农业干旱对作物生产和社会经济带来了极其严重的影响，农业干旱的研究已经得到广泛关注。为了监测农业干旱的强度、持续时间、严重程度和空间范围等，学者们通过不同的定义（降水、土壤水分和作物水分等）来构建农业干旱指标，尝试量化干旱事件，目前已有几十种农业干旱指标用于监测农业干旱，并证明能有效地识别农业干旱事件。

2）农业干旱指标

为了定量评估农业干旱的影响及农业干旱的强度、持续时间、严重程度和空间范围等，可以通过定义干旱指标，从不同的时间尺度来量化干旱发生、形成和发展过程（Mishra and Singh，2010）。农业干旱指标用来评估干旱对农业的影响以及干旱的持续时间和强度等，主要包括作物指标、降水指标、土壤含水量指标和综合指标。例如，van Rooy（1965）基于降水量提出的降水量距平百分率指标、Narasimhan 和 Srinivasan（2005）提出的土壤水分亏缺指数（SMDI）以及综合考虑干旱和植被的互馈关系提出的归一化植被指数（normalized difference vegetation index，NDVI）等。还有学者综合多种因素提出了描述农业干旱的多因子指标。Rhee 等（2010）结合 NDVI 和地表温度，提出了尺度旱情指数，该指数可以同时对湿润和干旱地区进行监测；Zhou 等（2017）在计算土壤湿度指数（SMI）时综合考虑了作物根在土壤中的分布情况，得到了根加权土壤水分指数，该指标对农业干旱的监测具有较好的效果。

目前已有几十种干旱指标用于农业干旱监测中（吴泽棉等，2020），涉及降水、土壤水分和作物水分等各个方面（Carrão et al.，2016）。例如，Palmer（1968）提出的农业干旱指数——作物水分指数被广泛用于农业干旱监测中。另外，基于土壤含水量的农业干旱指标也有不少，计算简单的包括土壤水分百分位数、归一化土壤水分指数、土壤水分距平指数和地表水分指数等。Hao 和 Aghakouchak（2013）参照 SPI 的计算方法提出了标准化土壤温度指数（SSMI），又将 SPI 和 SSMI 结合，提出了多变量标准化干旱指数；Duan 和 Mei（2014）借助β概率分布方程提出了标准化土壤水分指数（SSWI）；还有学者考虑田间持水量、凋萎系数以及蒸散发等因素提出了土壤湿度指数（SMI）、土壤湿度亏缺指数、改进的土壤水分亏缺指数和大气水分亏缺指数（AWDI）等。

从植被和气象角度出发提出的干旱指标可用来表征农业干旱，主要包括比值植被指数、植被状况指数（VCI）、归一化植被指数（NDVI）、增强植被指数（EVI）、植被健康指数以及温度条件指数（TCI）等。其中，NDVI 是一个基于全球的植被干旱指数，计算简单，可操作性强，也是目前干旱监测最常用的干旱指数之一。

3）农业干旱变化规律

国内外许多学者基于以上农业干旱指标对各地区历史时期农业干旱时空变化规律进行研究，使用不同干旱指标得到的干旱变化规律也有所差异。Wambua（2019）基于 SMDI 分析肯尼亚塔纳河上游流域农业干旱的时空分布特点，结果表明，肯尼亚塔纳河上游流域东南部干旱发生频次逐渐升高，而西北部地区干旱发生频次逐渐降低。Souza 等（2021）基于土壤湿度农业干旱指数（SMADI）分析 2010~2017 年巴西伯南布哥州农业干旱，指出 SMADI 能够用于干旱对该地区的灌溉农业早期预警。Ajaz 等（2019）利用土壤水分蒸散发指标评估美国俄克拉何马州地区作物根区土壤干旱，指出该指标能够准确反映该地区冬小麦生育期的干旱状况，且在冬小麦关键生育期内效果较好。Xu 等（2018）以美国东南部为例，基于标准化土壤水分指数分析该地区干旱变化规律，指出该指标能够用于监测该地区土壤水分干旱状况。

我国是一个农业大国，受降水空间分布和季节差异、作物种植季节差异和各地土壤条件等因素的影响，各地区农业干旱变化规律也有所不同。赵焕等（2017）综合考虑干旱事件发生频次和水分亏缺来构建农业干旱指数，并分析 2000～2014 年我国东北地区农业干旱变化规律，指出辽宁和吉林西部地区农业干旱发生频次较高。高超等（2019）使用作物水分亏缺指数（CWDI）作为农业干旱评价指标，分析淮河流域 1961～2015 年各气象站点夏玉米生育期内的农业干旱时间变化规律，结果显示，夏玉米生育期中播种—出苗期和抽雄—灌浆期干旱发生概率最大。谭方颖等（2020）基于 CWDI 和游程理论分析辽宁省 1961～2015 年干旱变化规律，指出辽宁西部地区农业严重干旱发生频次较高。王飞（2020）基于 VCI 和 TCI 分析黄河流域农业干旱变化规律，指出该地区的农业干旱多为中度干旱，且呈降低趋势。Hu Z 等（2021）指出，在黄淮海平原夏玉米的生育期内农业干旱风险指数由北到南逐渐降低，黄淮海平原的北部农业干旱风险指数高。吴海江等（2021）基于 Meta-Gaussian 模型，用联合标准化土壤湿度指数分析 1961～2015 年我国农业干旱，该指标能够客观准确地评估我国 6～8 月农业干旱状况。以上研究中更多的是分析历史时期我国不同地区农业干旱发生频次、干旱强度等的空间分布情况，而对于具体某一种或几种作物而言，其生育期内干旱的变化情况如何还需要进行深入研究。例如，华北平原区是我国冬小麦和夏玉米的主产区，在作物生育期内干旱发生频次、干旱强度以及干旱波及范围等情况都需要做进一步探究。

3. 气象干旱和农业干旱的关系

国内外学者针对气象和农业干旱之间的关联性做了许多研究。胡彩虹等（2016）利用标准化土壤湿度指标和标准化降雨指标，通过 SWAT 模型和灰色关联研究了各种干旱之间的时滞。结果显示，气象和作物干旱间存在一定的时滞关系，其中气象干旱和作物干旱的时滞时间为 1 个月。陈财等（2019）探究了淮河地区农业干旱对气象干旱的响应，结果表明，农业干旱对气象干旱的响应时间在返青—抽穗期最短、越冬期最长。杨建莹等（2017）结合 SEBAL 和 MODIS 模型研究了黄淮海平原的冬小麦水分生产力，结果表明，在大部分分区，冬小麦产量与水分生产力呈现正相关，即随着冬小麦产量的增加其水分生产力也增大；在部分分区，水分生产力将随着产量的增加和实际蒸散量的减少而增大，而实际蒸散量减少对水分生产力增加的贡献小于产量增加对水分生产力提高的贡献，这个结果也变相地反映了农业干旱和气象干旱之间的相应关系。Braswell 等（1997）在年际尺度上研究了全球植被生长对温度变化的响应时滞，发现不同植被类型之间的响应存在显著差异。Jobbagy 和 Sala（2000）研究了温度和降水对高山草原上不同植被类型覆盖的草原初级生产力的影响，发现不同气候因素的影响存在一定差异。气候变化对植被生长的影响具有多尺度特征，滞后现象存在于周、月和季节尺度上。Anderson 等（2010）探究了月尺度的滞后性，结果表明，日照和降水对亚马孙流域森林的 EVI 的响应分别滞后 1 个月和 2 个月。

4.基于全球气候模式的干旱预测

1）全球气候模式在未来气象干旱预测中的应用

近几十年来，全球变暖引发的气候极端事件的频率和强度显著增加，对社会和生态系统的发展产生了严重影响（Sun et al.，2019）。因此，探索气候极端事件及其变化对于气候变化的减缓和决策具有重要意义。国内外针对干旱预测开展了较多的研究，其中基于统计方法的有时间序列分析和机器学习方法，如灰色系统理论、随机森林模型、神经网络模型等。

基于数值方法的干旱预测，运用较多的方法有全球气候模式（GCM）。GCM 是模拟气候系统特征的最佳工具之一（Rivera and Arnould，2020），特别是 CMIP 提出的模型已经成为国家和国际评估气候变化的中心内容（Chen et al.，2020a）。一般来说，在归属和预测实施之前对极端事件的模型性能进行评估是十分必要的。一些研究使用 CMIP 来计算气候变化检测和指数专家组推荐的极端指数，并评估全球和地区降水与温度极端值的变化，其中 CMIP5 能够很好地对 21 世纪气候变化在空间和时间尺度进行预测（李林超，2019）。未来的气象要素可以从基于未来社会经济发展和相关温室气体排放或代表性浓度路径（RCPs）情景产生的一些 GCM 得出。但是基于 GCM 的气候变化预测具有较大的不确定性，因此研究大多采用多 GCM 集合。最新一代 CMIP 模式（CMIP6）是在 CMIP5 模式的基础上进行改进的，CMIP6 模式主要以地球系统为研究对象，大多数模式已经实现了大气化学过程的双向耦合，并且提高了大气成分模型的分辨率（Eyring et al.，2016）。截至 2020 年 4 月，已经发布了 90 余个模式。CMIP6 和 CMIP5 中的 RCPs 情景的不同之处在于 CMIP6 中的情景是不同 SSPs 和 RCPs 的组合情景，包含未来社会经济发展的含义（姜彤，2020）。SSPs 情景根据目前国家和地区的实际情况，并结合未来发展规划得到具体的发展情景。SSPs 的定量元素包括人口、国内生产总值（GDP）等指标，定性元素主要包括 7 个方面：人力资源、生活方式、经济发展、人类发展、自然资源、机构政策、技术发展（李林超，2019）。因此，结合气候模式来评估、探测和归因极端天气事件将在长期气候预测和政策制定中发挥关键作用。

2）统计降尺度方法

由于各种 GCM 数据的分辨率较低，因此需要对 GCM 数据进行时间和空间降尺度，从而达到较高的分辨率。目前，降尺度方法可分为统计降尺度和动力降尺度两大类。动力降尺度方法通过输出驱动区域气候模式生成高分辨率的气候数据；统计降尺度方法通过计算大尺度预报因子和被预报量间的统计关系实现降尺度，统计降尺度方法主要有随机天气发生器和回归模型等方法（张慕琪等，2022）。相关研究通过将区域气候模型与 GCM 相结合，发现动力降尺度方法拥有更好的空间分辨率（Manag et al.，2016）。动力降尺度方法结果的可靠性高但一般只用于区域研究，由于计算成本高，尚未普遍使用。相比动力降尺度方法，统计降尺度方法计算量少，且适用于长时间和大范围预测，因此被普遍应用于未来气候变化的预测。

国内外关于统计降尺度方法的相关研究颇多。刘寒等（2019）以东江流域、崇阳溪流域和湘江流域为研究对象，对比了动力降尺度方法、统计降尺度方法以及二者相结合的降尺度方法在径流模拟中的表现，结果表明，动力降尺度方法并不能有效地降低 GCM 输出变量在流域尺度上的偏差，同时两种降尺度相结合的方法在模拟径流方面没有明显的优势。周莉和江志红（2017）基于 CMIP5 历史和未来情景下的降水数据，使用转移累计概率分布统计降尺度方法，从空间变化和时间变化两个方面评估该降尺度方法对湖南日降水量模拟能力的改善效果，并在此基础上预估了未来降水量的变化。Liu 等（2020）以全球气候模式、排放情景和统计降尺度方法为基础，将气候变量作为一个整体，使用多重降尺度方法揭示了全球气候模式、排放情景和统计降尺度方法对气候预测响应的个体和交互作用。

1.2.2 作物生长和产量的时空变化规律

1. 冬小麦生长和产量的时空变化规律

小麦是我国三大粮食作物之一，主要分布在我国的北方地区，其中冬小麦播种面积占我国小麦总播种面积的 93% 以上，2020 年我国冬小麦播种面积多达 3.31 亿亩[①②]。冬小麦产量占我国粮食总产量的 21% 左右[③]。其中，黄淮海平原地区为我国冬小麦的主产区，该地区冬小麦播种面积占所有农作物耕地面积的 63% 以上（王瑞峥，2018）。

全球变暖已经使冬小麦的生育期发生改变。Kirchmann 和 Thorvaldsson（2000）直接指出，气候变暖背景下多种作物生育期都呈现缩短趋势。目前，有许多学者对我国各地区冬小麦生育期进行了研究，各地区冬小麦生育期在时间和空间上都有所差异。王斌等（2012）研究表明，在过去的 50 年间我国冬小麦生育期以每 10 年 2.2 天的速率缩短，南方地区和北方地区平均缩短速率分别为每 10 年 3 天和 1.9 天。高辉明等（2013）分析了 2001～2009 年我国北方地区冬小麦生育期的变化规律，指出气候变暖使我国北方地区冬小麦整个生育期缩短，但生殖生长期变长。在空间分布上，我国冬小麦生育期呈现由北向南逐渐变短的规律（陈实，2020）。

冬小麦产量也受到众多学者关注，如李克南等（2012）通过研究指出，我国华北地区冬小麦潜在产量从西南方向向东北方向逐渐增加。张玲玲等（2019）重点分析了黄土高原冬小麦潜在产量和雨养产量的空间分布规律，指出甘肃东北部、陕西西部以及关中平原区为冬小麦潜在产量和雨养产量的高产区，而山西中部地区和甘肃东南部地区冬小麦的潜在产量和雨养产量较低。

2. 春小麦生长和产量的时空变化规律

许多学者对我国不同地区春小麦的生长过程和产量变化进行了研究，不同地区春小麦生长过程和产量在时空上存在差异。Wang B 等（2016）研究了五种干旱指标对中国小麦产量的影响，结果表明，在冬季深层土壤含水量与小麦产量的相关性好于浅层土壤含水量；王琛和王连喜（2019）以宁夏春小麦为研究对象，设置了 6 种不同灌溉处理方法，研究干

---

① 1 亩≈666.7m²。
② 国务院新闻办公室. 2020. 国家统计局：全国冬小麦播种面积 3.31 亿亩.
③ https://data.stats.gov.cn/easyquery.htm?cn=C01&zb=A0D0E&sj=2019.

旱胁迫对春小麦各生育期的干物质分布和形态结构的影响，结果表明，春小麦拔节期和分蘖期发生干旱会缩短其下部茎节，并显著降低叶面积和株高，使叶片提前变黄，其中春小麦叶面积受分蘖期的干旱影响最大，株高受拔节期的干旱影响最大。齐月等（2019）结合甘肃省定西市近几十年来的春小麦试验资料和气象观测资料，研究春小麦生长和产量对气候变化的响应，结果表明，生育期气温增加会导致春小麦生长发育时间缩短；黄土高原区春小麦产量的主要影响因素是降水。刘鑫和李文辉（2020）根据青海省共和县 1998~2008 年的气象数据和春小麦生育期数据，采用相关系数、多元线性回归、移动平均和线性趋势等多种方法，分析了春小麦生育期内气象产量和气象要素的变化趋势之间的关系。南学军等（2021）通过对宁夏春小麦进行不同时期的头水灌溉处理，研究春小麦生育结构、生育形态和产量受不同时期头水灌溉的影响，结果表明，在黄河水来之前 5~10 天灌水对春小麦灌浆具有一定的积极作用，对春小麦产量的增加有促进作用。杨华等（2021）利用甘肃省武威气象站 1981~2019 年的春小麦观测数据，分析了气候变化对春小麦生长和产量的影响，结果表明，由于气候暖湿化的趋势，河西走廊地区的热量资源日益丰富，作物的产量也提高了；气候变化和农业生产方式共同作用影响了该地区春小麦生长和产量的变化。

3. 玉米生长和产量的时空变化规律

很多学者研究了我国不同地区玉米生长和产量的时空变化，如江铭诺等（2018）指出，1978~2015 年我国华北平原夏玉米潜在产量呈下降的趋势，潜在产量下降的原因可能是华北平原太阳总辐射下降。贾正雷等（2018）分析了 1978~2014 年中国玉米产量的时空变化，指出在研究期间中国北方玉米产量的增加量高于南方玉米产量的增加量，全国玉米共增产 1.6 亿 t；1990~2009 年除江苏省外，黄淮海平原地区夏玉米产量以增产为主，1992 年起黄淮海平原地区夏玉米生育期天数增加，其中营养生长期天数减少，生殖生长期天数增加。车晓翠等（2021）运用多种统计方法，对 1980~2017 年吉林省玉米产量变化进行了分析，结果显示，在此期间玉米实际产量和潜在产量均呈上升趋势，但拟合回归模型结果表明，在未来 10 年吉林省玉米产量呈下降趋势。Wang Y 等（2020）研究了气候变化对中国西北地区东部夏玉米生产的影响，指出在气候变化的背景下中国西北地区东部夏玉米的生育期延长、产量增加，种植边界进一步向北移动、向西扩张。Guna 等（2019）结合历史时期的气象资料和实测的玉米产量数据，分析了松辽平原 18 个玉米种植站点玉米产量的变化规律，结果显示，1998~2017 年研究区站点玉米产量均呈下降趋势。

1.2.3 作物模型在作物生长和产量研究中的应用

传统的研究干旱对作物生产影响的方法往往需要多年的田间试验，耗费大量的人力和财力，研究进展缓慢，而且现场试验获得的数据不具有普遍性，无法用于分析整个地区或全国的一般规律。近年来，田间试验与作物生长模型模拟相结合，在作物生长管理和水肥优化中逐渐得到应用和发展。

作物模型是用定量的数学关系表达作物生长、发育及产量形成过程的模拟系统（李熙婷，2016）。作物模型以农作物为研究对象，依据农业系统学与作物栽培学原理，对作物与环境、经济因子及其关系进行定量化表达，这对分析气候变化对作物产量的影响有重要帮助（Challinor et al.，2018）。作物模型综合了作物学、农学、土壤学、农业气象学以及生态学等多个学科的研究成果，对作物的生长过程进行系统的模拟研究，并对光合作用产物、干物质积累和作物产量进行定量的分析计算，能够实现对作物生长发育过程及结果的定量监测（张红英等，2017）。作物模型可以延长实测的作物生长和产量的数据长度，从而进一步用于研究干旱的长期影响。自 20 世纪 60 年代以来，已经有许多学者对作物模型进行了大量研究，越来越多的学者研究开发了各种作物模型，包括 AFRCWHEAT2 模型、SUCROS2 模型、Sirius Quality 2 模型、APSIM 系列作物模型以及 STICS 模型等，这些模型在各个国家得到了验证并进行了广泛应用。

由美国农业部组织研制的 DSSAT 模型软件具有操作简单、界面友好、应用范围广等优点，在我国得到广泛的应用。DSSAT 模型主要用于农业试验分析、农业生产风险评估、作物产量预测以及气候变化对农业的影响等多个方面，其中还包括氮循环、水循环、天气生成、遗传参数调试、作物生长模拟、经济分析和害虫管理等子模型。该模型同时考虑了气象、土壤、作物管理及遗传特性等多个方面，以天为步长，对作物从播种到收获的整个生长过程进行模拟。DSSAT 模型是一个包含 42 个以上作物模拟模型的软件包，已更新至 4.7 版。DSSAT 模型是最广泛使用的模型系统之一，为发展中国家合理有效地利用自然资源提供决策和对策（Hoogenboom et al.，2019）。DSSAT 模型最大的特点是充分综合考虑了土壤、气候、灌溉施肥和作物品种等栽培作物条件以及管理措施对作物生长的影响，并从作物生理角度分析了作物的需水量和产量。

1）基于作物模型模拟作物生长和产量变化规律

在不同的土壤、气候和管理条件下，DSSAT 模型能够很好地模拟作物生长和产量积累过程（王海燕等，2019），并得到不错的结果。以往不少学者基于 DSSAT-CERES-Wheat 模型对单个站点冬小麦生长过程和产量进行模拟。例如，熊伟（2009）利用 DSSAT-CERES-Wheat 模型对我国 1981～2000 年小麦产量进行模拟，结果表明，该模型的模拟误差为 27.9%，能够较好地模拟小麦产量。Li 等（2018）用 DSSAT-CERES 模型对 2008～2013 年冬小麦定位试验结果进行模拟并验证，指出该模型对小麦的叶面积指数（LAI）、地上部分生物量以及籽粒产量都有很好的模拟效果。Chakrabarti 等（2014）基于 DSSAT 模型模拟巴西地区试验站点 2010～2011 年和 2011～2012 年雨养条件下的作物产量，对 2010～2011 年和 2011～2012 年的模拟误差分别为 16.8%和 4.37%，该模型能够用于作物产量的模拟。Li 等（2015）用 DSSAT-CERES-Wheat 模型模拟北京地区试验站点冬小麦生长过程，与实测大田试验数据进行比较得到较高的模拟精度，该模型模拟的 LAI 和产量决定系数 R^2 值分别为 0.828 和 0.698。徐建文等（2015）利用 DSSAT 模型模拟分析 1981～2009 年我国黄淮海平原地区冬小麦产量，指出该模型模拟的区域冬小麦生育期相对均方根误差在 2.5%以下，模拟的冬小麦产量相对均方根误差为 12.4%，说明该模型能够用于模拟该地区冬小麦生长过程。

DSSAT 模型在玉米产量模拟方面与不同模型相结合也有出色的表现。Yang 等（2020）基于 DSSAT 模型研究了埃塞俄比亚历史时期的气候变化及其对 5 种主要谷物作物（大麦、玉米、小米、高粱和小麦）产量的影响，结果表明，在近 40 年来的气候变化背景下，玉米产量上升而小麦产量下降，产量与生长季的太阳辐射和温度呈正相关，与生长季的降水量呈负相关。Liu 等（2019）使用 DSSAT 模型估算玉米产量，并评估玉米产量对水文气候变量（降水、温度、太阳辐射、土壤湿度）的敏感性，结果表明，DSSAT-CERES 模型能够较好地反映玉米产量的年变化趋势但模拟值偏高，玉米产量对土壤水分利用效率和降水量敏感，尤其是播种期前 1 个月。Feleke 等（2021）通过田间试验的实测数据，同时校准了 APSIM-Maize、DSSAT-CERES-Maize 和 AquaCrop 模型，结果显示，APSIM-Maize 和 DSSAT-CERES-Maize 模型能精确模拟开花和成熟的天数，AquaCrop 模型可准确模拟玉米的冠层覆盖。

2）基于作物模型预测未来时期作物生长和产量

作物模型也可用于预测未来作物产量。例如，Araya 等（2015）使用 APSIM-Maize 和 DSSAT-CERES-Maize 模型模拟未来气候变化对玉米产量的影响，指出未来时期夏玉米产量有略微上升的趋势。Xiao 等（2020）使用统计降尺度方法，将华北平原 CMIP5 中两个代表浓度路径（RCP4.5 和 RCP8.5）下 GCM 的逐月网格数据转换为 61 个站点的逐日数据，并结合 APSIM 模型模拟了 2031～2060 年和 2071～2100 年春小麦和夏玉米的产量和耗水量。他们的结果表明，在未来气候条件下，冬小麦的生殖生长期将延长，夏玉米的生殖生长期将缩短，这意味着未来气候对玉米产量有负面影响，但对小麦产量有正面影响。Hu 等（2014）使用 DSSAT-CERES-Maize 模型，并结合区域气候模型的输出，研究了 A1B 气候变化情景下华北平原小麦-玉米轮作种植区干旱对小麦和玉米产量的影响，结果表明，与 1961～1990 年相比，在 A1B 气候变化情景下，小麦产量将增加，而玉米产量将下降。此外，干旱可能导致小麦产量下降幅度低于玉米。徐昆等（2020）使用 AquaCrop 模型模拟未来时期 RCP2.6、RCP4.5 和 RCP8.5 情景下干旱对玉米产量的影响，结果显示，未来时期中国北方地区的春播玉米和黄淮海平原地区夏播玉米对干旱最为敏感。

1.2.4 干旱对作物生长和产量的影响

1. 干旱对冬小麦生育期和产量的影响

目前，用于我国各地区冬小麦生育期干旱监测的研究有很多，所使用的干旱指标不尽相同，得到的历史时期我国冬小麦种植区、生育期内干旱严重程度也有所差异。王连喜等（2015）以陕西省 1961～2010 年 22 个站点的气象数据为基础资料，计算冬小麦生育期内各旬的作物需水量及 CWDI，分析陕西省冬小麦各生育期干旱指数的时空分布特征，指出各生育期内干旱有增大趋势，在陕西省北部地区冬小麦生育期内极易发生重度干旱事件。徐建文等（2014）使用相对湿润指数分析了黄淮海平原地区 1981～2009 年冬小麦各生育期干旱变化规律，指出该地区干旱呈现北高南低的空间分布规律，且冬小麦苗期到拔节期为近 30 年干旱较为严重的时期。还有学者对河北省 1965～2014 年冬小麦各生育期干旱情况进行分析，指出在冬小麦各生育期内中度和重度干旱发生频次较高（康西言等，2018）。也有学者指出，在河北地区冬小麦生育期内水分盈亏指数最大的时期是苗期，说明冬小麦苗期对水分的需求较大（曹永强等，2018）。Liu 等（2018）对华北平原地区冬小麦标准化残差与去趋势后的 SPEI 进行相关性分析，指出开花期是华北平原地区冬小麦的干旱敏感期。

有学者结合作物模型和干旱指标综合分析了干旱与冬小麦生长和产量的关系。Li 等（2015）基于干旱指标 AI 和降水，对比分析我国北方地区雨养条件下农业干旱和气象干旱对谷物产量的影响，指出农业干旱对谷物产量影响较气象干旱大。Wu 等（2014）利用 DSSAT 模型研究了我国华北平原地区 1961～2010 年 12 个站点冬小麦水分亏缺对作物产量的影响，指出抽穗期是影响冬小麦产量的重要时期，4 月末土壤水分亏缺也会对冬小麦产量造成极为严重的影响。Wang H 等（2016）研究了包括土壤含水量在内的 5 种干旱指标与我国冬小麦产量的相关关系，指出在 10～12 月 50cm 土层土壤含水量与冬小麦产量相关性好于 10cm 和 20cm 土层。Chen 等（2020b）基于多时间尺度土壤水分亏缺指数 SMDI，分析我国冬小麦主产区冬小麦生育期内农业干旱与冬小麦产量的关系，指出 1 个月时间尺度的 SMDI 与冬小麦产量相关性最好。Wu 等（2021）基于单变量土壤水分和蒸散发指标（USMEI）以及双变量土壤水分和蒸散发指标（BSMEI），对比分析我国华北平原地区冬小麦生育期内干旱变化，指出 USMEI 能够用于监测我国华北平原地区 10 月至次年 1 月的干旱情况，而 BSMEI 对该地区冬小麦生育期内干旱监测效果不好。

国内外许多学者结合联合国政府间气候变化专门委员会（IPCC）系列评估报告，对 21 世纪各种气候变化情景下干旱与冬小麦生长和产量的关系进行了许多研究，也得到了一些重要的结论。Wang 等（2015）基于 CMIP5 数据分析 2021～2060 年和 2061～2100 年澳大利亚东部地区冬小麦开花期变化，指出该地区 RCP4.5 和 RCP8.5 情景下开花期分别推迟 2.4 天和 14.3 天。Anwar 等（2015）基于 CMIP3 情景下 18 个 GCM 和 APSIM 作物模型模拟 2020～2039 年、2050～2069 年以及 2080～2099 年澳大利亚地区小麦生长和产量变化，结果表明，未来时期降水对小麦地上部分生物量和产量的影响逐渐增大，温度对小麦生育期的影响较大，而对小麦地上部分生物量和产量的影响则有降低趋势。Salehnia 等（2020）基于 RCP4.5 和 RCP8.5 情景数据和逐步回归分析方法，分析伊朗东北部地区干旱指标 SPEI 和 SPI 与 2019～2038 年冬小麦产量的关系，指出雨养条件下未来时期 SPI 对冬小麦产量影响较大。

2. 干旱对春小麦产量的影响

在历史时期干旱对春小麦产量影响方面，王鹤龄等（2015）利用黄土高原地区气象站 1958～2013 年气象观测数据，结合 1986～2013 年该地区春小麦试验数据和资料，研究春小麦产量对气候变化的响应，结果表明，气温升高是影响春小麦产量的主要因素，而降水是影响春小麦产量形成的关键气候要素。干旱对作物产量影响的定量评估是农业水资源管理中最重要的方面之一。为了评估干旱对小麦产量的影响，Wang Q 等（2017）采用环境政策综合气候作物生长模型和基于每日气象数据的 SPEI，估计了黄淮海平原 28 个站的冬小麦在 1981～2010 年的产量，确定了在作物生长期监测的最佳时间尺度 SPEI 和参考产量，研究的结果使我们进一步理解了采取抗旱措施的重要性，并能指导农民选择抗旱作物。Lu 等（2017）用作物模型模拟作物的产量，并结合气象干旱指标 SPI 和 Z 指数探究作物产量对气象干旱的响应，结果表明，3 个月时间尺度气象干旱指数对作物产量的影响最大。Pena-Gallardo 等（2019）通过研究指出，短期和中期的干旱对小麦产量的影响较大，而在湿润地区小麦和气象干旱指标的相关性不大。刘辉和张淑芳（2019）研究分析了甘肃地区不同环境下产量的稳定性与干旱条件下春小麦基因型和环境的交互作用，为提高甘肃干旱区春小麦的产量提供了有力的参考。气候变化以及随之而来的大气中二氧化碳浓度升高和气温上升已经成为农业生产面临的巨大挑战，特别是在干旱和半干旱地区，这也是全世界科学家极为关注的问题。因此，评估作物生长和水分生产力对气候变化预测的响应是非常重要的，这反过来可以帮助人们制定适应性策略来减轻气候变化带来的影响。

学者们也预测了未来时期干旱对作物生长过程和产量的影响。Anwar 等（2015）结合 CMIP3 的多 GCM 和作物模型，模拟澳大利亚地区 3 个时期的小麦生长过程和产量变化，指出未来温度对小麦生长发育期的影响较大，而对小麦生物量和产量的影响则逐渐减小，降水对小麦生物量和产量的影响逐渐增大。Qu 和 Li（2019）采用 DSSAT-CERES-Wheat 模型研究了历史时期（1981~2010 年）和两个代表性浓度路径（RCP8.5 和 RCP4.5）下短期（2010~2039 年）、中期（2040~2069 年）和长期（2070~2099 年）气候变化对小麦产量的影响，结果表明，在两个 RCPs 下，小麦季节的最高和最低温度、太阳辐射和降水都增加了；小麦产量随太阳辐射、降水和二氧化碳浓度的增加而增加，但随温度升高而降低，降水增加对产量影响最大。Liu 等（2020）利用中国西北黑河流域中部绿洲作为非典型干旱区的资料，对 DSSAT 模型进行了校正和验证，预测了 2018~2047 年 30 年间作物生长和水分生产力的反应，研究结果预计将为制定适应其他干旱和灌溉地区不断变化的环境策略提供启示。Salehnia 等（2020）基于逐步回归分析方法，在未来时期两种 RCPs 情景下分析了伊朗东北部地区小麦的产量和干旱指标 SPEI 和 SPI 的相关关系，并指出未来时期 SPI 对小麦产量的影响比 SPEI 大。

3. 干旱对玉米生长和产量的影响研究

当干旱发生时，农业生产将产生负面反应，很多学者通过关联干旱指数和产量相关因素，研究了干旱事件对作物产量的影响，探寻与作物生长和产量最相关的干旱指数及其时间尺度与干旱对作物生长和产量影响最大的生育期阶段，希望通过监测干旱指标来预判作物生长和产量的变化趋势，进而为农业相关部门决策提供技术支持，保障粮食安全。降水是土壤水分的主要来源。作物根系中的土壤水分是作物生长的主要水源，对作物生长至关重要。在以前的研究中，统计方法（如趋势分析、回归分析等）通常用于研究干旱对作物产量的影响（王天雪，2021）。

干旱是由降水、温度、风速、太阳辐射等因子共同驱动的（Liu et al.，2016）。玉米属喜温作物，适应性强，种植区域广泛，但玉米怕旱又怕涝，在抗旱耐旱能力方面，玉米算是农作物当中受干旱影响最明显的一种（孟蔚，2019）。当干旱发生时，玉米产量降低 25%~30%，严重时可造成绝收，干旱已成为影响我国玉米生长发育和产量提高的第一因素。干旱主要影响植株的生理代谢和光合作用，导致植株生长受阻、叶绿素含量减少、光合作用下降。玉米在开花期、开花前与开花后的一段时间内，干旱对产量影响最大，而营养生长前期干旱对产量影响较小。当干旱发生在玉米抽穗前时，玉米穗数量和籽粒数量均有所减少，但玉米穗数量减少的趋势更为明显。持续性的干旱会对玉米的生长发育造成一定的制约，直接干扰玉米的各项生理指标，迫使玉米生育进程中各种生理生化反应加速，缩短玉米的生长周期，使玉米提前加速发育，提前成熟，造成果穗明显变小、干物质积累减少，最终导致玉米品质和产量大幅下降。降水减少引起的土壤水分减少、作物水分亏缺导致叶片失水而出现萎蔫、光合作用减弱、株高明显受到抑制、穗长变短和籽粒数减少，最终导致产量减少（孙汉玉，2019）。玉米苗期较为耐旱，拔节以后玉米生长对水分亏缺的敏感性增强（黄岩等，2019）。

1.3　目前研究中存在的问题

以往国内外有关干旱时空分布规律及作物生长和产量的研究成果还存在以下问题需要进一步研究。

（1）目前，有不少学者分析我国各地区干旱时空演变规律及干旱特征变化，也有学者只针对一种气候变化模式进行研究，CMIP6 气候情景模式是世界气候研究计划结合当前全球人类活动和气候变化现状，综合提出的 21 世纪可能出现的气候状况，NWAI-WG 方法也是一种精度较高的统计降尺度方法，很少有学者利用该方法综合对比分析未来时期 CMIP6 情景、多种模式下，我国各分区的干旱时空演变规律及干旱特征变化。未来时期 CMIP6 情景下，我国各分区干旱时空变化规律、干旱发生周期、干旱持续时间以及干旱强度如何还需要做进一步探究。

（2）目前，我国主要作物种植区内农业气象站的观测冬小麦产量资料时间序列短，作物模型是模拟自然条件下作物生长和产量的有效工具，以往用作物模型模拟作物产量的研究大多都是针对单个站点进行，但小麦和玉米在我国具有广阔的种植范围，不同站点和不同地区的气候条件和土壤条件也相差较大，在历史和未来时期不同气候情景下，采用 DSSAT-CERES-Wheat 模型对我国典型作物种植区内冬小麦生育期和产量的多站点模拟和分析还不深入。未来时期不同温升情景下我国作物生育期如何变化还需要进一步量化研究，作物生长过程中叶面积指数、地上部分生物量以及产量变化规律也需要进一步探究。

（3）在有关干旱对作物生长和产量影响的研究中，大多只单独研究了气象干旱指标或农业干旱指标与产量的关系，作物生育期内气象和农业干旱对产量的影响大小如何还需要同时考虑，做进一步的量化对比研究。另外，多时间尺度气象干旱和农业干旱对作物产量影响大小如何，哪种干旱指标更适合用于评估干旱与作物生产和产量的关系，关键生育期内干旱对作物产量影响大小如何还需要做进一步研究。未来时期不同温升情景下气象和农业干旱对作物生长和产量影响大小如何也需要做进一步探究。

（4）基于气象和农业干旱指标，采用 DSSAT-CERES-Wheat 作物模型和 CMIP6 的多种 GCM 进行干旱和产量时空变化分析，探究干旱对春小麦生长过程和产量的影响机理的研究有限，需要对干旱致作物减产机理进行深入研究，为农业生产相关部门进行防灾减灾决策提供依据。

针对目前日益严峻的干旱现象对农作物产量的威胁，本书针对小麦和玉米，基于作物生育期内多个月时间尺度的 SPEI 和 SMDI，分析了历史时期（1961～2020 年）和未来时期

（2021～2100 年）SSP1-2.6、SSP2-4.5、SSP3-7.0 和 SSP5-8.5 情景下干旱的时空演变规律，阐明了气象干旱和农业干旱的关联性，利用 DSSAT-CERES 模型模拟历史时期及未来时期作物物候期、最大叶面积指数（LAI_{max}）、地上部分生物量和产量等，最后分析各月份和各时间尺度下的 SPEI 和 SMDI 与作物 LAI_{max}、地上部分生物量和产量等数据之间的相关关系，揭示作物生长和产量对生育期气象和农业干旱的响应规律。

第 2 章　气象干旱的时空演变规律

我国在历史上已经发生了严重程度不同的干旱事件，对于历史时期干旱演变规律已有较多研究（Zhong et al., 2019）。气候变暖背景下，还需要对未来时期我国各地区干旱发展趋势、干旱时空演变做深入研究。因此，预测分析未来时期各情景模式下我国各地区干旱的时空演变规律非常有必要。

本章主要利用 CMIP6 中 SSP1-2.6、SSP2-4.5、SSP3-7.0 和 SSP5-8.5 情景下的 27 个 GCM 数据，结合我国 1961～2000 年的气象数据，基于 12 个月时间尺度 SPEI，分析 2020～2100 年我国各分区及全国在不同气候情景下的干旱时空演变规律，并结合游程理论提取各干旱等级下干旱特征变量（包括干旱频次、干旱历时和干旱强度等），为进一步探究干旱对我国冬小麦生产和产量的影响提供基础。

2.1　气象干旱多源数据融合与时空解析方法

2.1.1　研究区概况

中国经度范围是 73°33′E～135°05′E，纬度范围是 3°51′N～53°33′N。全国地形复杂，地理高程自东向西呈三级阶梯逐渐增大。受地形、地貌及气候条件的影响，我国的地理特征存在较大的地域差异。根据我国地理位置、气温状况和长期降水条件，将我国划分为 7 个自然区（图 2-1）。

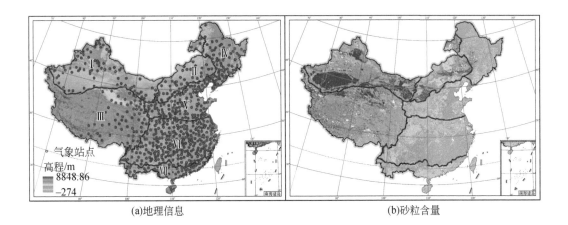

(a)地理信息　　　　　　　　　　　　　　　(b)砂粒含量

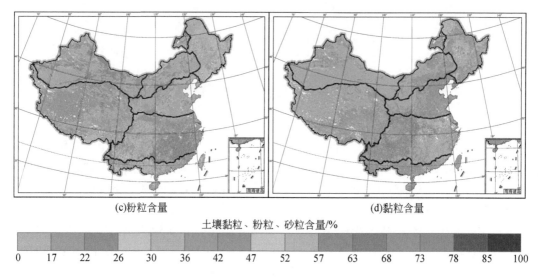

图 2-1　中国地理信息、气象站点（灰色圆点）、分区及土壤黏粒、粉粒、砂粒含量空间分布图

　　7 个区域依次为西北温带和暖温带沙漠区（Ⅰ区）、内蒙古草原区（Ⅱ区）、青藏高寒区（Ⅲ区）、东北温带地区（Ⅳ区）、华北暖温带区（Ⅴ区）、中南亚热带区（Ⅵ区）和南部热带区（Ⅶ区）（Chen et al.，2020b）。其中，Ⅰ区和Ⅱ区划分的主导因素是其特殊的地理位置，二者由于距海较远而造成植被和水分的差异性较大，这两个分区以贺兰山和六盘山连线为界；Ⅲ区处于高寒地区，主要依据高程起伏而造成的气温等各种自然因素垂直变化进行划分；Ⅳ区、Ⅴ区、Ⅵ区和Ⅶ区属于东部季风区，主要根据地理位置和温度的双重因素进行划分，其中Ⅳ区和Ⅴ区的分界线是活动积温为 3200℃的等温线，Ⅴ区和Ⅵ区的分界线是活动积温为 4500℃的等温线，Ⅵ区和Ⅶ区的分界线是活动积温为 7500℃的等温线。

　　中国Ⅰ～Ⅶ区分别有 81 个、53 个、82 个、124 个、277 个、69 个和 77 个站点。各分区站点的平均高程和气象要素信息见表 2-1，表中 $\overline{P}$、$\overline{T}_{mean}$、$\overline{T}_{max}$ 和 $\overline{T}_{min}$ 分别是 1961～2017 年平均降水量、平均气温、最高气温和最低气温。

表 2-1　我国 7 个分区平均高程和多年平均气象要素

分区	平均高程/m	$\overline{P}$ /mm	$\overline{T}_{mean}$ /℃	$\overline{T}_{max}$ /℃	$\overline{T}_{min}$ /℃
Ⅰ	1358	134	8.0	15.2	1.7
Ⅱ	1022	307	5.2	12.2	−1.0
Ⅲ	4362	469	3.7	11.8	−2.7
Ⅳ	406	589	4.5	10.8	−1.2
Ⅴ	707	593	11.1	17.1	6.1
Ⅵ	730	1294	16.4	21.3	12.9
Ⅶ	584	1597	21.4	26.4	18.1
全国	1794	863	11.9	17.8	7.1

2.1.2　数据来源

从中国科学院资源环境科学数据平台（http://www.resdc.cn）下载全国数字高程模型（DEM）数据，并对各个分区的平均高程进行估算。全国 DEM 数据的空间分辨率为 90m×90m。从中国气象局下载全国 763 个气象站点 1961～2017 年日降水量、日最高气温、日最低气温、相对湿度（RH）、地表净辐射（R_n）和 2m 处风速（u_2）等气象要素数据，采用非参数检验验证各气象要素的可靠性；采用 Kendall 自相关检验方法对各气象要素数据进行随机性、同质性和去趋势性检验；采用 Mann-Whitney 一致性检验方法对气象要素平均值和方差进行同质性检验（Wu et al.，2020）。

从中国科学院资源环境科学数据平台下载我国各地区土壤质地数据，包括中国不同地区土壤中黏粒、粉粒和砂粒的含量等。该数据是根据 1∶100 万土壤类型图和第二次全国土壤普查成果（1995 年）编制而成的。我国不同地区土壤中黏粒、粉粒和砂粒的含量分布如图 2-1 所示。可以看出，从我国西北内陆地区到东南沿海地区，土壤中砂粒含量逐渐减少，黏粒含量逐渐增多。

2.1.3　CMIP6 数据

1. CMIP6 数据介绍

CMIP6 是世界气候研究计划基于全球气候现状及未来可能的气候变化情况而制定的第六次国际耦合模式比较计划，也是 IPCC 科学评估报告的主要内容之一（张丽霞等，2019）。为了预测未来时期中国各分区干旱时间变化规律，本书主要考虑 SSP1-2.6、SSP2-4.5、SSP3-7.0 和 SSP5-8.5 四种 CMIP6 情景（表 2-2）。它们分别代表综合评估模型低、中、中高和高四种辐射强迫路径，依次与未来社会可能出现的可持续、中度、局部和常规四种发展路径相对应（张丽霞等，2019）。

表 2-2　SSPs 情景简要描述及其特点

SSPs 情景	共享社会经济路径	辐射强度/(W/m^2)	特点
SSP1-2.6	可持续发展	2.6	世界各国走向可持续发展道路；物质增长缓慢、资源和能源强度发展较慢
SSP2-4.5	中度发展	4.5	与历史发展模式最为接近，全球努力实现可持续发展，但进展缓慢；全球资源和能源使用强度下降，社会和环境变化的隐患存在
SSP3-7.0	区域不均衡发展	7.0	关注区域能源和粮食安全，不考虑全局发展；环境退化严重
SSP5-8.5	化石燃料驱动发展	8.5	大力开发化石燃料资源，全球市场一体化发展，唯一可以使 2100 年辐射强度达到 8.5W/m^2 的共享社会经济路径

在 CMIP6 情景模式中，SSP1-2.6、SSP2-4.5 和 SSP5-8.5 情景分别是在 CMIP5 中 RCP2.6、RCP4.5 和 RCP8.5 的基础上更新得到的；SSP3-7.0 情景代表中高辐射强迫和高社会脆弱性的组合路径，填补了 CMIP5 中的一个空白（Chen et al.，2020b）。基于未来不同共享社会

经济路径中全球能源结构、土地利用情况及人为排放的可能变化设计了多种情景预估试验，为深入研究未来气候变化机理、制定科学合理的气候变化应对措施以及更好地评估气候变化与社会经济发展的关系提供了重要依据（张丽霞等，2019）。

2. GCM 数据筛选

CMIP6 高分辨率全球气候模式对 CMIP5 气候模式情景的模拟性能进行了改进，中国、美国、法国、日本、德国等多个国家参与其中，同时也提供了多个 GCM。

从 CMIP6 世界气候研究计划下载 1961～2100 年 27 个 GCM 的月尺度气象数据，包括降水、最高气温、最低气温等。表 2-3 中给出了 CMIP6 中 SSP1-2.6、SSP2-4.5、SSP3-7.0 和 SSP5-8.5 情景下 27 个 GCM 的基本信息。

表 2-3　CMIP6 中 27 个 GCM 基本信息

编号	名称	简写	地区/国家	分辨率［(°)×(°)］
1	ACCESS-CM2	ACC1	澳大利亚	1.8×1.2
2	ACCESS-ESM1-5	ACC2	澳大利亚	1.8×1.2
3	BCC-CSM2-MR	BCCC	中国	1.1×1.1
4	CanESM5	Can1	加拿大	2.8×2.8
5	CanESM5-CanOE	Can2	加拿大	2.8×2.8
6	CIESM	CIES	中国	0.9×1.3
7	CMCC-CM2-SR5	CMCS	意大利	0.9×1.3
8	CNRM-CM6-1	CNR2	法国	1.4×1.4
9	CNRM-CM6-1-HR	CNR3	法国	1.4×1.4
10	CNRM-ESM2-1	CNR1	法国	1.4×1.4
11	EC-Earth3	ECE1	欧洲	0.7×0.7
12	EC-Earth3-Veg	ECE2	欧洲	0.7×0.7
13	FGOALS-g3	FGOA	中国	5.2×2.0
14	GFDL-CM4	GFD1	美国	1.0×1.3
15	GFDL-ESM4	GFD2	美国	1.0×1.3
16	GISS-E2-1-G	GISS	美国	2.0×2.5
17	HadGEM3-GC31-LL	HadG	英国	1.3×1.9
18	INM-CM4-8	INM1	俄罗斯	1.5×2.0
19	INM-CM5-0	INM2	俄罗斯	1.5×2.0
20	IPSL-CM6A-LR	IPSL	法国	1.3×2.5
21	MIROC6	MIR1	日本	1.4×1.4
22	MIROC-ES2L	MIR2	日本	2.7×2.8
23	MPI-ESM1-2-HR	MPI1	德国	0.9×0.9
24	MPI-ESM1-2-LR	MPI2	德国	1.8×1.9
25	MRI-ESM2-0	MTIE	日本	1.1×1.1
26	NESM3	NESM	中国	1.9×1.9
27	UKESM1-0-LL	UKES	英国	1.3×1.9

3. 统计降尺度介绍

为了提高 GCM 数据的时空分辨率，采用 NWAI-WG 统计降尺度方法，对 CMIP6 中各气候情景下 27 个 GCM 的月时间尺度格网数据进行时间和空间降尺度处理，得到中国 763 个站点 1961~2100 年逐日气象要素数据，包括降水、辐射、日最高气温、日最低气温、相对湿度等。NWAI-WG 统计降尺度方法首先需对 GCM 数据进行空间降尺度，使用反距离加权插值（IDW）方法对逐月 GCM 数据进行空间插值，即选取目标站点周围邻近的四个网格，使用反距离加权插值方法把邻近的四个网格的值插值到目标站点上。该方法能够消除各网格之间的补偿效应，从而使空间降尺度后的 GCM 日时间尺度数据在空间上的分布更为平滑，精度更高。插值变量包括 P、T_{max} 和 T_{min}，插值的站点数为 763 个。IDW 的计算公式为（Liu and Zuo，2012）

$$SD_i = \sum_{k=1}^{4} \left[\frac{1}{d_{i,k}^3} \left(\sum_{j=1}^{4} \frac{1}{d_{i,j}^3} \right)^{-1} p_k \right] \tag{2-1}$$

式中，SD_i 为第 i 个站点降尺度后的 GCM 值（$i=1$, 2, …, 763）；$d_{i,k}$ 为第 i 个站点与其周围第 k 个格点单元之间的距离（$k=1$, 2, 3, 4）；p_k 为第 k 个格点单元的 GCM 值。

1）对空间降尺度后的 GCM 数据进行偏差校正

通过绘制 Q-Q 图校正 1961~2000 年 P、T_{max} 和 T_{min} 的实测值与 GCM 空间降尺度值之间的偏差，得到每个站点 P、T_{max} 和 T_{min} 的偏差校正函数（Liu and Zuo，2012）。在校正时假定各 GCM 空间降尺度气象要素数据变化服从偏差校正函数并且与观测值呈线性相关，基于线性插值方法计算得到校正后的 GCM 值，并将得到的参数应用到未来各情景模式的 GCM 数据中。

2）对空间降尺度后的月 GCM 数据进行时间降尺度

天气发生器（WGEN）是研究气候变化影响的重要工具，可用于模拟逐日的气象要素信息。利用改进的 WGEN 将我国 763 个站点校正后的月 GCM 数据降尺度为日尺度数据（Yao et al.，2020）。基于 1961~2000 年各气象站点 P、T_{max} 和 T_{min} 的实测数据，计算生成逐日 P、T_{max} 和 T_{min} 序列的输入参数。采用的随机降水模拟模型是两状态一阶马尔可夫链和两参数 Gamma 分布模型，该模型主要包括两个过程。

首先是用两状态一阶马尔可夫链模拟降水是否发生，即用干日或湿日（分别表示降水量为 0 和非 0）得到一组干湿日时间序列。该方法假定某天是否发生降水由前一天的干湿状态决定，与更早时是否降水无关。采用两参数 Gamma 分布模型对湿日进行降水量模拟，得到湿日降水量。

与降水相似，利用 WGEN 模型模拟生成 1961~2000 年逐日的 T_{max} 和 T_{min} 序列。关于 NWAI-WG 统计降尺度方法的细节可参考 Liu 和 Zuo（2012）。

4. 统计降尺度效果评价

为了评估 NWAI-WG 统计降尺度方法对各气候模式的降尺度效果，使用泰勒图法和泰勒技能评分 S 评估 NWAI-WG 统计降尺度方法的空间降尺度精度（Wang B et al.，2016），同时考虑用标准差和相关系数来综合评价 NWAI-WG 统计降尺度方法对 27 个 GCM 的降尺度精度。S 的计算方法为（Yao et al.，2020）

$$S = \frac{4(l+R)^2}{\left(\dfrac{\sigma_f}{\sigma_r} + \dfrac{\sigma_r}{\sigma_f}\right)^2 (1+R_0)^2}$$ （2-2）

式中，R 为相关系数；R_0 为 R 的最大值（R_0=0.999）；σ_f 和 σ_r 分别为模拟和观测气象要素时间序列的标准差；S 为泰勒技能评分。S 越大说明 GCM 的模拟效果越好。

利用年际变异性能评分（interannual variability skill score，IVS）方法评价 NWAI-WG 统计降尺度方法对 27 个 GCM 的时间降尺度精度（Zhu et al.，2020）：

$$IVS = \left(\frac{STD_m}{STD_o} - \frac{STD_o}{STD_m}\right)^2$$ （2-3）

式中，STD_m 和 STD_o 分别为模拟和观测气象要素时间序列的年际标准差；IVS 越小说明 GCM 的模拟效果越好。

2.1.4 SPEI 的计算

SPEI 是基于降水和参考作物腾发量（ET_0）计算得到的干旱指标，可表征气象干旱状况。本书基于 12 个月时间尺度 SPEI 分析 1961～2100 年我国 7 个分区及全国（港澳台地区数据暂缺）的干湿变化情况。SPEI 计算过程如下：

（1）计算月 ET_0。由于未来各情景模式中缺少风速等重要的气象数据，所以不能直接用 FAO56 推荐的 Penman-Monteith 公式计算月 ET_0。本书中使用 Berti 等（2014）提出的基于温度的方法计算月 ET_0：

$$ET_0 = \frac{0.00193R_a \times (T_{mean} + 17.81)(T_{max} - T_{min})^{0.517}}{\lambda}$$ （2-4）

式中，R_a 为地表辐射，$MJ/(m^2·d)$，其详细计算过程可参考 Allen 等（1998）；λ 为汽化潜热，λ=2.45MJ/kg^2；T_{max}、T_{mean} 和 T_{min} 分别为 2m 高处的最高气温、平均气温和最低气温，℃，且 T_{mean}=0.5×（T_{max}+T_{min}）。

（2）计算各个时间尺度下水分累积亏缺量 D_i：

$$D_i = P_i - ET_{0,i}$$ （2-5）

式中，P_i 为当前时间尺度下第 i 个月的降水，mm；$ET_{0,i}$ 为第 i 个月的 ET_0，mm。

构建各时间尺度下水分累积亏缺量时间序列 X_i^k：

$$X_i^k = \sum_{i-k+1}^{i} D_i$$ （2-6）

式中，k 为计算时间尺度。

（3）用三参数 log-Logistic 分布的概率密度函数描述水分亏缺量时间序列 X_i^k，其概率密度函数 $f(x)$ 和概率分布函数 $F(x)$ 的计算公式如下：

$$f(x) = \frac{\beta}{\alpha}\left(\frac{x-\gamma}{\alpha}\right)^{\beta-1}\left[1+\left(\frac{x-\gamma}{\alpha}\right)^{\beta}\right]^{2} \tag{2-7}$$

$$F(x) = \left[1+\left(\frac{\alpha}{x-\gamma}\right)^{\beta}\right]^{-1} \tag{2-8}$$

式中，α 为尺度参数；β 为形状参数；γ 为位置参数。α、β 和 γ 可通过线性矩法进行拟合：

$$\beta = \frac{2\omega_1-\omega_0}{6\omega_1-\omega_0-6\omega_2} \tag{2-9}$$

$$\alpha = \frac{(\omega_0-2\omega_1)\beta}{\Gamma(1+1/\beta)\Gamma(1-1/\beta)} \tag{2-10}$$

$$\gamma = \omega_0-\alpha\Gamma(1+1/\beta)\Gamma(1-1/\beta) \tag{2-11}$$

式中，$\Gamma(1+1/\beta)$ 为 $(1+1/\beta)$ 的 Gamma 分布函数；ω_s 为水分累积亏缺量 D_i 的概率加权矩（s=0，1，2），其计算公式如下：

$$\omega_s = \frac{1}{n}\sum_{i=1}^{n}\left(1-\frac{j-0.35}{n}\right)^{s}D_i \tag{2-12}$$

式中，D_i 的取值范围为（γ，$+\infty$）。

$P(D)$ 为给定时间尺度下大于 D 的概率，其计算公式为

$$P(D) = 1-F(x) \tag{2-13}$$

（4）计算 SPEI 指数。当 $P(D)\leqslant 0.5$ 时：

$$\mathrm{SPEI} = w-\frac{c_0+c_1w+c_2w^2}{1+d_1w+d_2w^2+d_3w^3}, \quad w=\sqrt{-2\ln P(D)} \tag{2-14}$$

当 $P(D)>0.5$ 时：

$$\mathrm{SPEI} = -\left(w-\frac{c_0+c_1w+c_2w^2}{1+d_1w+d_2w^2+d_3w^3}\right), \quad w=\sqrt{-2\ln[1-P(D)]} \tag{2-15}$$

式中，c_0、c_1、c_2、d_1、d_2 和 d_3 均为无量纲常数，其值分别为 2.515517、0.802853、0.010328、1.432788、0.189269 和 0.001308。

基于 SPEI 的不同取值将干旱分为五个等级，分别为正常、轻度干旱、中度干旱、严重干旱和极端干旱，各干旱等级下 SPEI 取值范围如表 2-4 所示。

表 2-4　基于 SPEI 指数的干旱等级分类

干旱等级	正常	轻度干旱	中度干旱	严重干旱	极端干旱
SPEI 取值	（-0.5，0.5]	（-1，-0.5]	（-1.5，-1]	（-2，-1.5]	（-∞，-2]

2.1.5　干旱变量的提取

游程理论是研究水文时间序列起伏变化过程的分析方法（马秀峰和夏军，2011）。该方法能够用于干旱事件的识别，提取干旱特征变量。干旱变量包括干旱历时（D）、干旱强度（S）和干旱频次（F）等（Wu and Chen，2019）。本书基于游程理论提取各干旱等级下干旱

事件的特征变量，其中 R_u、R_m 和 R_l 分别为各干旱等级下干旱事件的上、中和下阈值，可用于区别各干旱等级下不同的干旱情形，取值如表 2-5 所示。

表 2-5 各干旱等级下游程理论阈值

干旱等级	R_l 阈值	R_m 阈值	R_u 阈值
正常	—	—	—
轻度干旱	−1	−0.5	0.5
中度干旱	−1.5	−1.0	0.5
严重干旱	−2.0	−1.5	0.5
极端干旱	−2.5	−2.0	0.5

根据游程理论，各干旱等级下干旱事件可分为两种情形（Wu et al.，2017），如图 2-2 所示。其中，D_0、D_1 和 D_2 表示干旱历时；S_0、S_1 和 S_2 表示干旱强度。以极端干旱事件为例，第一种情形是当 SPEI<R_l（R_l=−2）时即认为发生了极端干旱，此时干旱历时为 D_0，干旱强度为 S_0（图 2-2）；第二种情形是指在干旱过程中出现了短暂的湿润，如图 2-2 中 d_0、d_1 和 d_2 所示。其中，在 d_1 时段 R_m<SPEI<R_u，且 d_1<6 个月。该情形下干旱历时为 D_2，干旱强度为 S_2。其他干旱等级下第一种情形中 SPEI 的值介于 R_l~R_m，第二种情形与极端干旱相同。

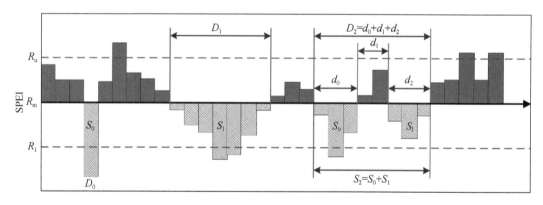

图 2-2 基于 SPEI 的干旱事件持续时间和严重度的游程理论

为便于对比，将未来时期分为 2021~2060 年和 2061~2100 年两个时期，与历史时期 1961~2000 年进行对比分析。

2.1.6 趋势检验

Mann-Kendall（M-K）方法是由世界气象组织推荐并被广泛应用的非参数检验方法，可用于检验水文序列的变化趋势（Yao et al.，2018）。在 M-K 检验中不要求被检样本服从一定的分布规律，同时该方法受少数异常值干扰较小。用统计量 Z 表征时间序列的变化趋势，当 Z>0 时表示时间序列有上升的变化趋势，当 Z<0 时表示时间序列有下降的趋势。在 0.05 显著性水平下，当 Z 的绝对值大于 1.96 时，时间序列有显著的上升或下降趋势。

M-K 检验的计算过程可参考 Yue 和 Wang（2002），此处不再赘述。

可以用 M-K 方法分析 1961～2000 年和 2021～2100 年 SSP1-2.6、SSP2-4.5、SSP3-7.0 和 SSP5-8.5 情景下所选气象站点年 P、T_{max} 和 T_{min} 等气象要素的变化趋势。

2.1.7　森斜率计算

为进一步研究时间序列趋势的大小，需要定量估计其变化趋势。Sen（1968）基于 Kendall's Tau 计算了趋势斜率的大小，称为森斜率，计算公式如下：

$$b = \text{Median}\left(\frac{x_j - x_i}{j - i}\right), \quad i < j \tag{2-16}$$

分别计算 1961～2000 年和 2021～2100 年 SSP1-2.6、SSP2-4.5、SSP3-7.0 和 SSP5-8.5 情景下各站点年 P、T_{max} 和 T_{min} 的森斜率，分析不同情景下各气象要素的变化情况。

2.1.8　不确定性分析

不确定性分析能够用来确定各因子对研究变量的贡献度大小。方差分析（ANOVA）方法在量化各种不确定性因子贡献度方面得到广泛的应用（Shi et al.，2020）。该方法能够将总方差划分为不同的来源，并识别不同来源对总方差的贡献。与其他不确定性分析方法相比，方差分析方法假设条件简单，同时考虑了各种来源的交互作用对总方差的贡献度大小（Vaghefi et al.，2019）。

利用方差分析方法同时考虑不同情景 SSPs、不同气候模式 GCM 及两者的交互作用对干旱指标 SPEI 的贡献度大小，分析 2021～2100 年 SPEI 干旱预测的不确定性，计算总平方和（SST）：

$$\text{SST} = \sum_{i=1}^{N_{\text{SSPs}}} \sum_{j=1}^{N_{\text{GCM}}} (\text{QX}_{ij} - \overline{\text{QX}_{\text{oo}}})^2 \tag{2-17}$$

式中，QX_{ij} 为第 i 个 SSPs 情景中第 j 个气候模式的 SPEI；$\overline{\text{OX}_{\text{oo}}}$ 为所有情景及所有模式 SPEI 的平均值；N_{SSPs} 和 N_{GCM} 分别为 SSPs 总数和 GCM 个数，其值分别为 4 和 27。

将 SST 分解成 SSPs 情景、GCM 及两者交互作用的平方和：

$$\text{SST} = \text{SS}_{\text{GCM}} + \text{SS}_{\text{SSPs}} + \text{SS}_{\text{GCM:SSPs}} \tag{2-18}$$

$$\text{SS}_{\text{GCM}} = N_{\text{SSPs}} \sum_{j=1}^{N_{\text{GCM}}} (\overline{\text{QX}_{oj}} - \overline{\text{QX}_{\text{oo}}})^2 \tag{2-19}$$

$$\text{SS}_{\text{SSPs}} = N_{\text{GCM}} \sum_{i=1}^{N_{\text{SSPs}}} (\overline{\text{QX}_{io}} - \overline{\text{QX}_{\text{oo}}})^2 \tag{2-20}$$

$$\text{SS}_{\text{GCM:SSPs}} = \sum_{i=1}^{N_{\text{SSPs}}} \sum_{j=1}^{N_{\text{GCM}}} (\text{QX}_{ij} - \overline{\text{QX}_{io}} - \overline{\text{QX}_{oj}} + 2\overline{\text{QX}_{\text{oo}}})^2 \tag{2-21}$$

式中，$\overline{\text{OX}_{io}}$ 为第 i 个 SSPs 情景中所有气候模式的 SPEI 平均值；$\overline{\text{OX}_{oj}}$ 为所有 SSPs 情景中第 j 个气候模式的 SPEI 平均值。

2.2 区域干旱时空分异机制及气候驱动效应

2.2.1 统计降尺度效果评价

分析计算各 GCM 下年 P、T_{max} 和 T_{min} 的泰勒技能评分 S，评估各 NWAI-WG 统计降尺度方法对各 GCM 数据的空间降尺度效果，如图 2-3 所示。图 2-3 中径向虚线表示 GCM 数据与观测数据之间的相关系数；弧线表示 GCM 的标准差大小。

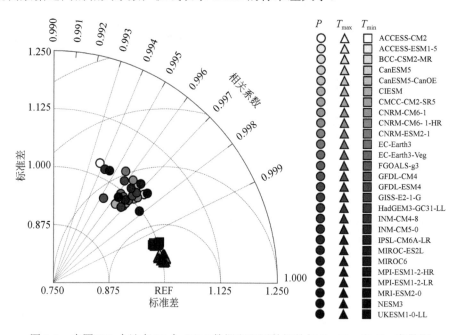

图 2-3 中国 763 个站点 27 个 GCM 数据和观测数据的年 P、T_{max} 和 T_{min} 泰勒图

由图 2-3 可知，各 GCM 下年 P、T_{max} 和 T_{min} 的 S 取值范围都在 0.99～1，说明 NWAI-WG 统计降尺度方法对年 P、T_{max} 和 T_{min} 的空间降尺度精度较高。

分析计算各 GCM 下年 P、T_{max} 和 T_{min} 的 IVS，可用于评估各 NWAI-WG 统计降尺度方法对各 GCM 数据的时间降尺度效果。图 2-4 给出了 1961～2000 年 27 个 GCM 降尺度年 P、T_{max} 和 T_{min} 的 IVS。可以看出，27 个 GCM 的年平均 P、T_{max} 和 T_{min} 的 IVS 平均值分别为 0.47、0.05 和 0.44。NWAI-WG 统计降尺度方法对 27 个 GCM 降尺度的总体效果较好。大多 GCM 的 IVS 都小于 1。

基于以上评价结果可知，NWAI-WG 统计降尺度方法对 1961～2100 年 CMIP6 中 27 个 GCM 数据年 P、T_{max} 和 T_{min} 的时间和空间降尺度效果较好，该数据能够用于进一步的研究。

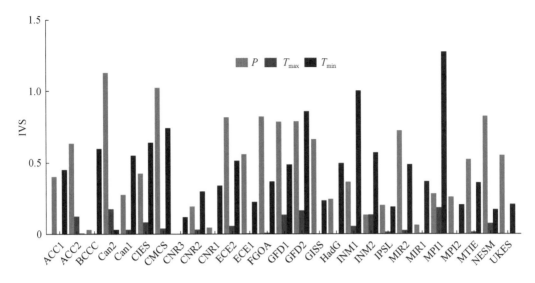

图 2-4　1961～2000 年中国 27 个 GCM 数据和观测数据的年 P、$T_{\max}$ 和 $T_{\min}$ 的 IVS

2.2.2　气象要素的时空变化规律

通过分析 1961～2000 年（历史时期）和 2021～2100 年（未来时期）SSP1-2.6、SSP2-4.5、SSP3-7.0 和 SSP5-8.5 情景下，各气象站点年 P、$T_{\max}$ 和 $T_{\min}$ 的变化趋势（数据未展示），结果表明：①1961～2000 年，Ⅰ区、Ⅱ区以及Ⅲ区、Ⅳ区、Ⅵ区和Ⅶ区的部分站点年 P 有增加趋势；而Ⅴ区大多数站点年 P 呈下降趋势。对于年 $T_{\max}$ 而言，除Ⅵ区大多站点的年 $T_{\max}$ 呈降低趋势外，其他分区大多站点的年 $T_{\max}$ 呈增加趋势。与年 $T_{\max}$ 相似，Ⅰ区、Ⅱ区、Ⅲ区、Ⅴ区、Ⅵ区和Ⅶ区的年 $T_{\min}$ 呈增加趋势，而Ⅵ区少数站点的年 $T_{\min}$ 呈下降趋势。②2021～2100 年，SSP1-2.6、SSP2-4.5、SSP3-7.0 和 SSP5-8.5 情景下几乎所有站点年 P、$T_{\max}$ 和 $T_{\min}$ 都呈增加趋势。对于年 P 而言，对比各个情景可以看出，从 SSP1-2.6 情景到 SSP5-8.5 情景，除了Ⅶ区，其他各个分区具有显著性增加趋势的站点数都明显增多。其中，Ⅰ区和Ⅳ区中 SSP2-4.5 情景与 SSP1-2.6 情景下年 P 没有显著增加的站点，而在 SSP3-7.0 情景和 SSP5-8.5 情景下显著增加站点数明显增多。Ⅱ区、Ⅴ区和Ⅵ区中 SSP5-8.5 情景下年 P 显著增加的站点数明显多于其他三个情景。各个情景下年 $T_{\max}$ 和年 $T_{\min}$ 在各个分区均呈显著增加趋势，各个情景之间差异不大。③与 1961～2000 年对比分析，对于年 P 而言，未来时期各情景下Ⅴ区和Ⅵ区年 P 变化趋势最大，所有站点都呈增加趋势；对于年 $T_{\max}$ 和年 $T_{\min}$ 而言，Ⅵ区年 $T_{\max}$ 和年 $T_{\min}$ 变化最大，该区 1961～2000 年部分站点年 $T_{\max}$ 和年 $T_{\min}$ 有下降趋势，2021～2100 年各情景下年 $T_{\max}$ 和年 $T_{\min}$ 都有显著增加趋势。

表 2-6 统计了 1961～2000 年和 2021～2100 年 SSP1-2.6、SSP2-4.5、SSP3-7.0 和 SSP5-8.5 情景下不同变化趋势下的站点数量。由表 2-6 可知：①1961～2000 年年 P 有增加或降低趋势的站点数相差不多，大多数站点年 P 变化趋势不显著，具有显著增加或降低趋势的站点分别为 58 个和 38 个；大多数站点年 $T_{\max}$ 和年 $T_{\min}$ 都有增加趋势，其中年 $T_{\max}$ 具有显著增加和不显著增加趋势的站点数分别为 184 个和 388 个，年 $T_{\min}$ 具有显著增加和不显著增加

趋势的站点数分别为 544 个和 170 个，2021～2100 年年 P 具有不显著增加趋势的站点数较多，而年 T_{max} 和年 T_{min} 具有显著增加趋势的站点数较多。②在 2021～2100 年，从 SSP1-2.6 情景到 SSP5-8.5 情景，年 P 呈显著增加趋势的站点数分别为 12 个、48 个、201 个和 430 个；年 T_{max} 呈显著增加的站点数分别为 750 个、763 个、763 个和 763 个；年 T_{min} 呈显著增加的站点数分别为 707 个、763 个、763 个和 763 个。说明基于以上四种情景，未来 80 年间（2021～2100 年）我国大多站点呈现出暖湿化趋势。

表 2-6　1961～2000 年和 2021～2100 年不同情景下年 P、T_{max} 和 T_{min}
不同变化趋势的站点数　　　　　　　　　　　　（单位：个）

气象要素	时期	情景	变化趋势			
			显著增加	不显著增加	显著降低	不显著降低
P	1961～2000 年	—	58	363	38	304
	2021～2100 年	SSP1-2.6	12	738	0	13
		SSP2-4.5	48	715	0	0
		SSP3-7.0	201	561	0	1
		SSP5-8.5	430	333	0	0
T_{max}	1961～2000 年	—	184	388	16	175
	2021～2100 年	SSP1-2.6	750	13	0	0
		SSP2-4.5	763	0	0	0
		SSP3-7.0	763	0	0	0
		SSP5-8.5	763	0	0	0
T_{min}	1961～2000 年	—	544	170	11	38
	2021～2100 年	SSP1-2.6	707	56	0	0
		SSP2-4.5	763	0	0	0
		SSP3-7.0	763	0	0	0
		SSP5-8.5	763	0	0	0

进一步估算 1961～2000 年和 2021～2100 年 SSP1-2.6、SSP2-4.5、SSP3-7.0 和 SSP5-8.5 情景下所选气象站点年 P、T_{max} 和 T_{min} 的森斜率，其空间分布具有如下特征：

（1）1961～2000 年，年 P 的森斜率变化范围是-8～18mm。Ⅱ区、Ⅲ区、Ⅳ区和Ⅵ区中少数站点与Ⅴ区中大多数站点年 P 的森斜率为负值，说明年降水量有减少趋势，减少幅度为-8～0mm。其他各分区中大多数站点年 P 的森斜率为正值，说明年降水量有增大趋势。其中，Ⅵ区和Ⅶ区中部分站点年 P 的森斜率增大幅度为 6～18mm。年 T_{max} 的森斜率变化范围是-0.03～0.12℃。Ⅵ区中大部分站点以及Ⅲ区和Ⅴ区中极少数站点年 T_{max} 的森斜率为负值，说明年 T_{max} 有减少趋势，减少幅度为-0.03～0℃。其他各分区中大多数站点年 T_{max} 有增大趋势，增大幅度为 0～0.08℃。年 T_{min} 森斜率的空间分布与年 T_{max} 相似，Ⅵ区中部分站点年 T_{min} 减少幅度为-0.03～0℃，Ⅰ区、Ⅱ区和Ⅳ区中部分站点年 T_{min} 增大幅度为 0.08～0.12℃。

（2）2021～2100 年，对于年 P 而言，SSP1-2.6、SSP2-4.5、SSP3-7.0 和 SSP5-8.5 情景下几乎所有站点年 P 森斜率均大于 0，说明未来时期我国所有分区大多数站点年 P 都有增大趋势。对比各个情景可以看出，从 SSP1-2.6 情景到 SSP5-8.5 情景，年 P 的森斜率逐渐增大，且呈现出自南向北逐渐蔓延的趋势。在 SSP1-2.6 情景下，仅Ⅵ区和Ⅶ区中部分站点年 P 的森斜率大于 2mm，而 SSP5-8.5 情景下Ⅲ区、Ⅳ区和Ⅵ区中的大部分站点年 P 的森斜率在 2mm 以上，Ⅵ区和Ⅶ区中部分站点年 P 的森斜率大于 4mm。对于年 T_{max} 而言，未来时期各情景下年 T_{max} 的森斜率均大于 0，说明未来时期我国所有分区大多数站点年 T_{max} 有增大趋势。对比不同情景，从 SSP1-2.6 情景到 SSP5-8.5 情景，年 T_{max} 的森斜率逐渐增大。SSP1-2.6、SSP2-4.5、SSP3-7.0 和 SSP5-8.5 情景下全国大多数站点年 T_{max} 的森斜率变化范围分别为 0～0.02℃、0.02～0.04℃、0.04～0.06℃和 0.06～0.12℃。就年 T_{min} 来说，未来时期 SSP1-2.6、SSP2-4.5 和 SSP3-7.0 情景下年 T_{min} 的森斜率空间分布与年 T_{max} 相似。在 SSP5-8.5 情景下，Ⅰ区、Ⅱ区和Ⅳ区年 T_{min} 的森斜率大于年 T_{max}；而Ⅵ区和Ⅶ区年 T_{min} 的森斜率小于年 T_{max}。

（3）与 1961～2000 年对比分析，对于年 P 而言，2021～2100 年 SSP1-2.6、SSP2-4.5、SSP3-7.0 和 SSP5-8.5 情景下所有站点年 P 森斜率都有不同程度的增大，从 SSP1-2.6 情景到 SSP5-8.5 情景，年 P 的森斜率增加幅度逐渐变大，且Ⅵ区和Ⅶ区增大幅度大于其他分区。对于年 T_{max} 和年 T_{min} 而言，2021～2100 年各情景下年 T_{max} 和年 T_{min} 的森斜率增加幅度都在 0～0.12℃，从 SSP1-2.6 情景到 SSP5-8.5 情景，年 T_{max} 和年 T_{min} 的森斜率增大幅度逐渐变大，在 SSP5-8.5 情景下，除Ⅴ区外，其他分区年 T_{min} 的森斜率增大幅度都在 0.06℃以上。SSP5-8.5 情景下Ⅰ区、Ⅱ区和Ⅳ区年 T_{min} 的森斜率增大幅度也在 0.06℃以上。

表 2-7 中统计了 1961～2000 年和 2021～2100 年 SSP1-2.6、SSP2-4.5、SSP3-7.0 和 SSP5-8.5 情景下不同森斜率变化范围对应的站点个数。

表 2-7　1961～2000 年和 2021～2100 年不同情景下年 P、T_{max} 和 T_{min} 不同森斜率
变化范围对应的站点个数　　　　　　　　　　（单位：个）

气象要素	范围	时期			
		1961～2000 年	2021～2100 年		
			SSP1-2.6	SSP2-4.5	SSP3-7.0	SSP5-8.5
年 P	−8～−2mm	130	0	0	0	0
	−2～0mm	213	10	0	1	0
	0～2mm	241	694	661	501	276
	2～4mm	76	59	102	260	453
	4～6mm	49	0	0	1	33
	6～18mm	49	0	0	0	1
年 T_{max}	−0.03～0℃	185	0	0	0	0
	0～0.02℃	369	763	3	0	0
	0.02～0.04℃	189	0	755	37	0
	0.04～0.06℃	12	0	5	676	127

气象要素	范围	时期				
		1961~2000 年	2021~2100 年			
			SSP1-2.6	SSP2-4.5	SSP3-7.0	SSP5-8.5
年 T_{max}	0.06~0.08℃	3	0	0	48	595
	0.08~0.12℃	5	0	0	2	41
年 T_{min}	-0.03~0℃	45	0	0	0	0
	0~0.02℃	269	763	16	0	0
	0.02~0.04℃	211	0	733	137	0
	0.04~0.06℃	132	0	14	470	374
	0.06~0.08℃	74	0	0	152	286
	0.08~0.12℃	29	0	0	4	103

由表 2-7 可知，1961~2000 年，年 P、年 T_{max} 和年 T_{min} 的森斜率小于 0 的站点个数分别为 343 个、185 个和 45 个，说明 1961~2000 年，我国大多站点年最高气温和年最低气温都有不同程度的增加，而各站点降水量则有增有减。这是因为在 CMIP6 气候模式中，主要结合气候变化趋势考虑不同温升情景，而各地区降水量多少的变化还与全球大气环流模式、极端气候事件以及自然灾害等因素有关。2021~2100 年，对比 SSP1-2.6、SSP2-4.5、SSP3-7.0 排放情景可以看出，年 P 的森斜率大多在 0~2mm，三个情景下的站点个数分别为 694 个、661 个和 501 个，SSP5-8.5 情景下有 453 个站点年 P 的森斜率在 2~4mm。年 T_{max} 和年 T_{min} 的森斜率在-0.03~0.12℃。从 SSP1-2.6 情景到 SSP5-8.5 情景，大多数站点年 T_{max} 的森斜率依次增大 0~0.02℃、0.02~0.04℃、0.04~0.06℃和 0.06~0.08℃，大多数站点年 T_{min} 的森斜率依次增大 0~0.02℃、0.02~0.04℃、0.04~0.06℃和 0.04~0.06℃，大致呈等差增长的变化规律。

2.2.3 SPEI 的时空变化规律

图 2-5 绘制了 SSP1-2.6 排放情景下不同分区与全国 27 个 GCM 1961~2100 年 12 个月时间尺度 SPEI 值及其分布密度的时间变化规律。其中*、**和***分别表示 0.01、0.001 和 0.0001 显著性水平（下同）。由图 2-5 可知，Ⅰ区中各气候模式下 SPEI 峰值呈下降趋势，由-0.28 降低到-1.13，其线性斜率为每月-0.0005，说明在 1961~2100 年我国西北温带和暖温带沙漠区（Ⅰ区）呈干燥化趋势。尽管年降水量和年气温增加，但降水的增加效应小于气温增加的效应，导致未来时期Ⅰ区干旱程度加剧。其他 6 个分区各气候模式下 SPEI 峰值呈显著增加趋势。到 2100 年，Ⅱ区、Ⅲ区、Ⅳ区、Ⅴ区、Ⅵ区和Ⅶ区的 SPEI 峰值分别增加了 0.17、1.01、0.84、0.84、1.01 和 1.01，表明在未来时期各分区有湿润化趋势。除Ⅱ区外，其他分区的湿润化趋势明显。

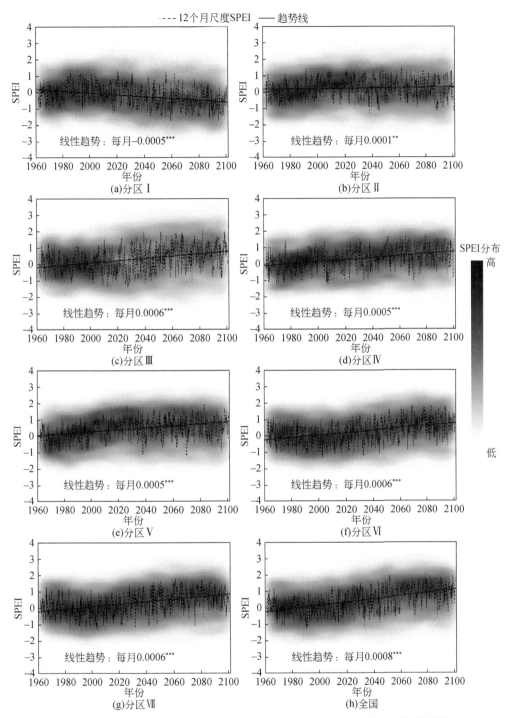

图 2-5　SSP1-2.6 排放情景下不同分区及全国 12 个月 SPEI 的时间变化规律

　　图 2-6 绘制了 SSP2-4.5 排放情景下不同分区及全国 27 个 GCM 1961～2100 年 12 个月时间尺度 SPEI 及其分布密度的时间变化规律。由图 2-6 可知，在 SSP2-4.5 排放情景下，Ⅰ区到Ⅶ区线性斜率值分别为每月-0.0003、0.0002、0.0007、0.0006、0.0007、0.0004 和 0.0004，

说明在该情景下，1961～2100 年我国西北温带和暖温带沙漠区呈干旱化趋势，而其他各分区呈湿润化趋势。与 SSP1-2.6 排放情景相似，Ⅲ区、Ⅳ区和Ⅴ区的 SPEI 峰值增加最大，其次是Ⅵ区和Ⅶ区，最后是Ⅱ区，说明Ⅲ区、Ⅳ区和Ⅴ区湿润化趋势明显。就全国而言，1961～2100 年有明显的湿润化趋势。

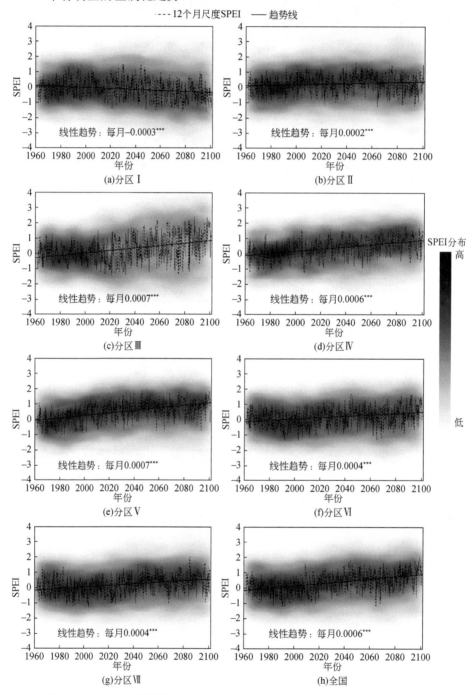

图 2-6　SSP2-4.5 排放情景下不同分区及全国 12 个月 SPEI 的时间变化规律

图 2-7 绘制了 SSP3-7.0 排放情景下不同分区及全国 27 个 GCM 1961～2100 年 12 个月

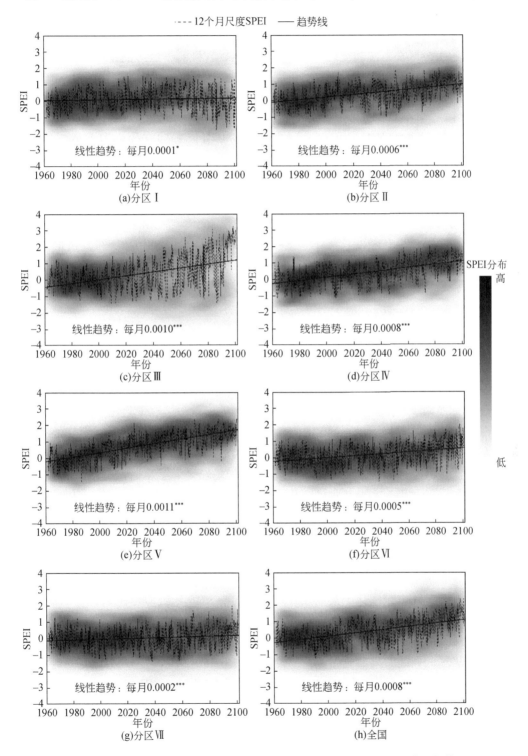

图 2-7　SSP3-7.0 排放情景下不同分区及全国 12 个月 SPEI 的时间变化规律

时间尺度 SPEI 及其分布密度的时间变化规律。由图 2-7 可知，在 SSP3-7.0 情景下各个分区 SPEI 的线性斜率都有增大趋势，Ⅰ区、Ⅱ区、Ⅲ区、Ⅳ区、Ⅴ区、Ⅵ区和Ⅶ区线性斜率值分别为每月 0.0001、0.0006、0.0010、0.0008、0.0011、0.0005 和 0.0002，说明在 SSP3-7.0 情景下全国所有分区都有湿润化趋势。其中，Ⅲ区、Ⅳ区和Ⅴ区湿润化趋势明显，而Ⅰ区和Ⅶ区湿润化程度较低。

图 2-8 绘制了 SSP5-8.5 排放情景下不同分区及全国 27 个 GCM 1961～2100 年 12 个月时间尺度 SPEI 及其分布密度的时间变化规律。由图 2-8 可知，除Ⅰ区外，在 SSP5-8.5 排放情景下其他分区 SPEI 的线性斜率呈增大趋势，从Ⅱ区到Ⅶ区线性斜率值分别为每月 0.0004、0.0014、0.0009、0.0011、0.0006 和 0.0006，说明在该情景下Ⅱ区到Ⅶ区呈湿润化趋势，其中Ⅲ区、Ⅳ区和Ⅴ区湿润化趋势明显。Ⅰ区的线性斜率值为每月 -0.0006，说明 1961～2100 年我国西北温带和暖温带沙漠区有明显的干旱化趋势。

对比不同情景下我国各分区干湿变化规律，可以看出，除 SSP3-7.0 排放情景下西北温带和暖温带沙漠区干旱有轻微减缓外，SSP1-2.6、SSP2-4.5 和 SSP5-8.5 排放情景下该地区干旱均呈现加剧趋势，其他 6 个分区在 SSP1-2.6、SSP2-4.5、SSP3-7.0 和 SSP5-8.5 排放情景下均为变湿趋势。从 SSP1-2.6 情景到 SSP5-8.5 排放情景，各分区湿润化趋势越来越明显。

2.2.4　干旱特征分析

1. 干旱频次

1）轻度干旱

历史时期及未来时期轻度干旱、中度干旱、严重干旱和极端干旱发生频次通过计算不同干旱等级下干旱次数得到。不同时期各情景下轻度干旱发生频次的空间分布具有如下特征：在历史时期，我国大部分地区轻度干旱发生频次都在 22 次以上。尤其在我国西北温带和暖温带沙漠区（Ⅰ区）和东南地区（Ⅵ区和Ⅶ区），轻度干旱发生频次为 30～40 次，高于我国其他地区。我国东北温带地区（Ⅳ区）和青藏高寒区（Ⅲ区）干旱发生频次最低，为 22～26 次。2021～2060 年，SSP1-2.6、SSP2-4.5、SSP3-7.0 和 SSP5-8.5 情景下我国各地区轻度干旱发生频次都较历史时期降低。对比各分区可以看出，各地区干旱发生频次大小规律不变。Ⅴ区干旱发生的频次降低明显，为 8～18 次，为全国轻度干旱发生频次最低的地区。对比各个情景可以发现，SSP3-7.0 情景下Ⅴ区轻度干旱发生频次低于其他分区，Ⅵ区和Ⅶ区轻度干旱发生频次高于其他分区。与 2021～2060 年类似，在 2061～2100 年，我国各地区轻度干旱发生的频次比历史时期低，降低幅度更大。其中，青藏高寒区（Ⅲ区）、东北温带地区（Ⅳ区）和华北暖温带区（Ⅴ区）大部分站点轻度干旱发生频次为 8～22 次，东南地区（Ⅵ区和Ⅶ区）大部分站点干旱发生频次为 26～34 次。不同分区之间对比发现，轻度干旱发生频次由大到小顺序依次为 SSP1-2.6＞SSP2-4.5＞SSP5-8.5＞SSP3-7.0。

表 2-8 统计了 1961～2000 年、2021～2060 年和 2061～2100 年 SSP1-2.6、SSP2-4.5、SSP3-7.0 和 SSP5-8.5 情景下全国轻度干旱等级各干旱频次范围所对应的站点数。

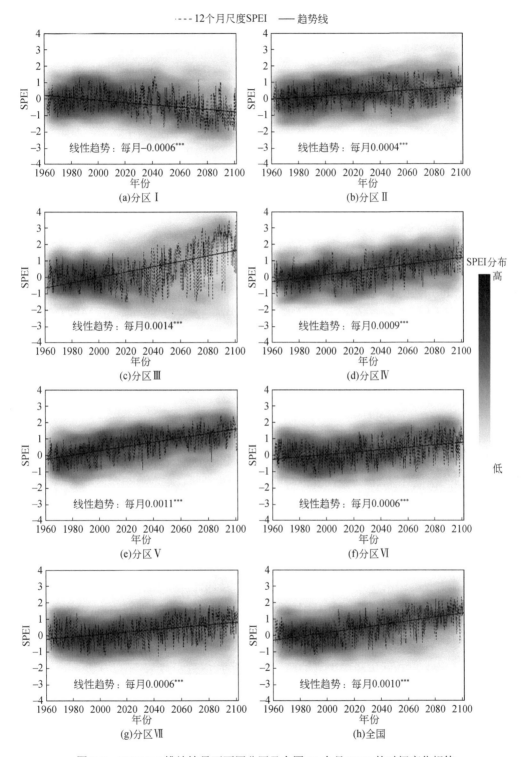

图 2-8 SSP5-8.5 排放情景下不同分区及全国 12 个月 SPEI 的时间变化规律

表 2-8　不同时期四个情景下轻度干旱等级各干旱频次范围所对应的站点数　　（单位：个）

时期	情景	干旱频次						
		8~14次	14~18次	18~22次	22~26次	26~30次	30~34次	34~40次
1961~2000 年	—	0	0	3	169	275	261	55
2021~2060 年	SSP1-2.6	0	15	102	160	286	174	26
	SSP2-4.5	2	26	99	157	234	219	26
	SSP3-7.0	14	64	114	186	153	147	85
	SSP5-8.5	0	34	112	179	273	130	35
2061~2100 年	SSP1-2.6	0	18	136	244	262	90	13
	SSP2-4.5	0	52	135	128	275	156	17
	SSP3-7.0	52	116	117	146	226	88	18
	SSP5-8.5	39	107	135	217	214	43	8

由表 2-8 可知，2021~2060 年和 2061~2100 年四个情景下轻度干旱发生频次比历史时期低。例如，历史时期有 760 个站点轻度干旱频次在 22 次以上，占全国统计总站点数的 99%以上；2021~2060 年和 2061~2100 年 SSP5-8.5 情景下轻度干旱频次在 22 次以上的站点数分别为 617 个和 482 个，分别占全国总站点数的 80.8%和 63.2%，说明未来时期我国轻度干旱频次比历史时期小。2021~2060 年和 2061~2100 年 SSP5-8.5 情景下轻度干旱频次在 8~22 次的站点数增加明显，分别为 146 个和 281 个。

2）中度干旱

1961~2000 年我国Ⅰ区、Ⅱ区、Ⅲ区、Ⅳ区和Ⅴ区中大多站点中度干旱发生频次在 15~20 次，Ⅵ区和Ⅶ区中大多站点中度干旱频次在 20~25 次。未来时期Ⅳ区和Ⅴ区中大多站点干旱频次较低，在 15 次以下；西北温带和暖温带沙漠区、中南亚热带区和南部热带区为我国中度干旱发生频次较高的地区，为 25~35 次。对比不同情景可以看出，从 SSP1-2.6 情景到 SSP5-8.5 情景，Ⅳ区和Ⅴ区中度干旱频次逐渐降低；西北温带和暖温带沙漠区、中南亚热带区和南部热带区中度干旱频次逐渐增加。与 1961~2000 年对比分析可以看出，不同情景下我国Ⅳ区和Ⅴ区中度干旱频次逐渐降低，其他地区中度干旱发生频次比历史时期有所增加，其中我国中南亚热带区和南部热带区以及西北温带和暖温带沙漠区大多站点中度干旱发生频次增加最为明显，由 1961~2000 年的 15~20 次增加到 25~35 次。

表 2-9 展示了 1961~2000 年、2021~2060 年和 2061~2100 年 SSP1-2.6、SSP2-4.5、SSP3-7.0 和 SSP5-8.5 情景下，全国不同地区中度干旱等级下各干旱频次范围内站点个数具有特定规律。1961~2000 年我国中度干旱发生频次在 15~20 次和 20~25 次的站点个数分别为 448 个和 309 个，占全国统计总站点个数的 99%以上。2021~2060 年和 2061~2100 年 SSP1-2.6、SSP2-4.5、SSP3-7.0 和 SSP5-8.5 情景下，中度干旱发生频次与历史时期相比有所增减，其中中度干旱等级下干旱频次在 10~25 次的占总站点数的 85%以上。以 SSP5-8.5 情景为例，2021~2060 年该情景下中度干旱频次在 25 次以上和 15 次以下的站点数分别为 62 个和 153 个，分别占全国总站点数的 8.1%和 20.1%；2061~2100 年该情景下中度干旱频次在 25 次以上和 15 次以下的站点数分别为 78 个和 221 个，分别占全国总站点数的 10.2%

和 29.0%，说明未来时期我国中度干旱频次主要分布在 15～25 次，相比较而言，中度干旱发生频次降低的站点数量增加较多，即有部分站点在未来时期各种情景下中度干旱发生频次有所降低。此外，与历史时期相比，2061～2100 年各情景下中度干旱发生频次降低的站点数量增加幅度大于 2021～2060 年，即 21 世纪后期我国大多数站点中度干旱发生频次降低幅度较大。

表 2-9　不同时期四个情景下中度干旱等级各干旱频次范围所对应的站点数　　（单位：个）

时期	情景	干旱频次						
		3～5 次	5～10 次	10～15 次	15～20 次	20～25 次	25～30 次	30～35 次
1961～2000 年	—	0	0	3	448	309	3	0
2021～2060 年	SSP1-2.6	0	3	127	282	277	71	3
	SSP2-4.5	0	21	115	253	323	44	7
	SSP3-7.0	2	56	155	233	208	94	15
	SSP5-8.5	0	20	133	278	270	53	9
2061～2100 年	SSP1-2.6	0	0	172	404	117	49	21
	SSP2-4.5	0	34	116	239	266	89	19
	SSP3-7.0	13	99	170	193	223	59	6
	SSP5-8.5	0	71	150	257	207	65	13

3）严重干旱

根据数据分析结果，1961～2000 年、2021～2060 年和 2061～2100 年 SSP1-2.6、SSP2-4.5、SSP3-7.0 和 SSP5-8.5 情景下中国不同地区严重干旱发生频次的空间分布具有如下规律：1961～2000 年除Ⅵ区中部分站点严重干旱发生频次在 10～15 次外，其他各分区中大多数站点严重干旱发生频次都在 0～10 次。2021～2060 年Ⅱ区、Ⅳ区和Ⅴ区大多站点及Ⅶ区中部分站点严重干旱频次在 0～10 次，其他各区中大多站点严重干旱频次在 10 次以上；西北温带和暖温带沙漠区、中南亚热带区和南部热带区为我国严重干旱发生频次较高的地区，其干旱频次在 25～35 次。2061～2100 年除了Ⅱ区、Ⅳ区和Ⅴ区中大多站点严重干旱发生频次在 0～10 次外，Ⅵ区中也有部分站点严重干旱频次在 0～10 次。其他各区中大多站点严重干旱频次在 10 次以上。对比不同情景可以看出，从 SSP1-2.6 情景到 SSP5-8.5 情景，西北温带和暖温带沙漠区、中南亚热带区和南部热带区严重干旱频次逐渐增加，其他分区严重干旱频次变化不大。与 1961～2000 年对比分析可以看出，不同情景下我国Ⅳ区和Ⅴ区中严重干旱频次变化不大，其他地区严重干旱发生频次比历史时期有所增加，其中我国中南亚热带区和南部热带区以及西北温带和暖温带沙漠区大多站点严重干旱发生频次增加最为明显，由 1961～2000 年的 0～10 次增加到 25～35 次。

表 2-10 给出了 1961～2000 年、2021～2060 年和 2061～2100 年 SSP1-2.6、SSP2-4.5、SSP3-7.0 和 SSP5-8.5 情景下，全国严重干旱等级各干旱频次范围内站点个数。可以看出，1961～2000 年我国严重干旱发生频次在 5～10 次和 10～15 次的站点个数分别为 665 个和 98 个，分别占全国统计总站点数的 87.2% 和 12.8%。2021～2060 年和 2061～2100 年四个情景下严重干旱发生频次与 1961～2000 年相比有所增加，严重干旱频次在 10～25 次的占

总站点数的 50% 以上。以 SSP5-8.5 情景为例，2021～2060 年和 2061～2100 年该情景下严重干旱频次在 15 次以上的站点数分别为 106 个和 178 个，分别占全国站点总数的 13.9% 和 23.3%，说明未来时期我国严重干旱频次有增加趋势，且在 2061～2100 年我国严重干旱频次增加站点数量比 2021～2060 年多。

表 2-10 不同时期四个情景下严重干旱等级各干旱频次范围对应的站点数　　　　（单位：个）

时期	情景	干旱频次						
		0～5 次	5～10 次	10～15 次	15～20 次	20～25 次	25～30 次	30～35 次
1961～2000 年	—	0	665	98	0	0	0	0
2021～2060 年	SSP1-2.6	8	349	307	74	24	1	0
	SSP2-4.5	37	275	369	68	13	1	0
	SSP3-7.0	91	270	303	76	22	1	0
	SSP5-8.5	35	303	319	87	17	2	0
2061～2100 年	SSP1-2.6	3	485	186	38	34	15	2
	SSP2-4.5	51	226	330	97	46	10	3
	SSP3-7.0	157	201	267	105	29	3	1
	SSP5-8.5	69	229	287	97	53	25	3

4）极端干旱

根据数据分析结果，1961～2000 年、2021～2060 年和 2061～2100 年 SSP1-2.6、SSP2-4.5、SSP3-7.0 和 SSP5-8.5 情景下，中国不同地区极端干旱发生频次的空间分布具有一定的规律。1961～2000 年我国所有分区中大多数站点极端干旱发生频次都在 1～3 次。2021～2060 年 Ⅱ 区、Ⅳ 区、Ⅴ 区和 Ⅵ 区大多站点极端干旱频次在 1～5 次，其他各区中大多站点极端干旱频次在 5 次以上；西北温带和暖温带沙漠区、中南亚热带区和南部热带区为我国极端干旱发生频次较高的地区，为 11～20 次。2061～2100 年除了 Ⅱ 区、Ⅳ 区、Ⅴ 区和 Ⅵ 区中大多站点极端干旱频次在 1～5 次外，Ⅶ 区中也有部分站点极端干旱频次在 1～5 次。其他各区中大多站点极端干旱频次在 5 次以上。对比不同情景可以看出，从 SSP1-2.6 到 SSP5-8.5 情景，西北温带和暖温带沙漠区、中南亚热带区和南部热带区极端干旱频次逐渐增加，尤其在 2061～2100 年，西北温带和暖温带沙漠区极端干旱频次增加明显。其他分区极端干旱频次变化不大。同样地，与 1961～2000 年对比分析可以看出，不同情景下我国 Ⅳ 区和 Ⅴ 区中极端干旱频次变化不大，其他地区极端干旱发生频次比历史时期有所增加，其中我国中南亚热带区和南部热带区以及西北温带和暖温带沙漠区大多站点极端干旱发生频次增加最为明显，由 1961～2000 年的 1～3 次增加到 11～20 次。

表 2-11 展示了 1961～2000 年、2021～2060 年和 2061～2100 年三个时期 SSP1-2.6、SSP2-4.5、SSP3-7.0 和 SSP5-8.5 情景下，全国极端干旱等级干旱频次范围内站点个数。由表 2-11 可知，1961～2000 年我国所有分区极端干旱发生频次都在 1～3 次。2021～2060 年和 2061～2100 年四个情景下极端干旱发生频次与历史时期相比有不同程度的增加，极端干旱等级下干旱频次在 3～13 次的占总站点数的 70% 以上。以 SSP5-8.5 情景为例，2021～2060 年和 2061～2100 年该情景下极端干旱频次在 3 次以上的站点数分别为 568 个和 587 个，分

别占全国总站点数的 74.4%和 76.9%，说明未来时期我国极端干旱频次有增加趋势，且在 2061～2100 年极端干旱频次增加站点数量较 2021～2060 年多。

表 2-11　不同时期四个情景下极端干旱等级下各干旱频次范围对应的站点数　（单位：个）

时期	情景	干旱频次						
		1～3 次	3～5 次	5～7 次	7～9 次	9～11 次	11～13 次	13～20 次
1961～2000 年	—	763	0	0	0	0	0	0
2021～2060 年	SSP1-2.6	239	335	127	32	18	11	1
	SSP2-4.5	214	364	135	30	17	3	0
	SSP3-7.0	263	293	140	52	12	3	0
	SSP5-8.5	195	348	138	49	20	13	0
2061～2100 年	SSP1-2.6	314	310	60	31	17	14	17
	SSP2-4.5	173	285	175	65	25	20	20
	SSP3-7.0	290	182	174	53	34	19	11
	SSP5-8.5	176	227	177	73	37	25	48

综上所述，从 SSP1-2.6 情景到 SSP5-8.5 情景我国各分区干旱频次变化幅度逐渐增大。1961～2000 年、2021～2060 年和 2061～2100 年四种干旱等级下中度干旱和严重干旱发生频次相当，轻度干旱发生频次高于其他水平干旱，极端干旱发生频次最低。

2. 干旱历时

1）轻度干旱

图 2-9 展示了 1961～2000 年、2021～2060 年和 2061～2100 年 SSP1-2.6、SSP2-4.5、SSP3-7.0 和 SSP5-8.5 情景下，我国各地区轻度干旱等级下干旱历时的小提琴图。由图 2-9 可知，1961～2000 年我国各分区及全国轻度干旱历时大多都在 5 个月以下。从Ⅰ区到Ⅶ区及全国轻度干旱等级下干旱历时依次为 2.7 个月、2.9 个月、2.8 个月、3 个月、2.6 个月、2.3 个月、2.3 个月和 2.5 个月。轻度干旱历时较长的区域主要分布在我国Ⅰ区、Ⅱ区、Ⅲ区和Ⅳ区。2021～2060 年和 2061～2100 年我国各分区及全国轻度干旱历时无论从数值分布上还是从均值上对比均比历史时期低。在同一时期相同情景下，Ⅰ区、Ⅱ区、Ⅲ区和Ⅳ区轻度干旱历时大于其他分区。对比不同情景可知，在 SSP1-2.6 情景下，轻度干旱历时的数值分布较为集中，而其他三种情景下轻度干旱历时较为分散，说明在其他三种情景下可能会出现较长历时的轻度干旱。以Ⅲ区为例，在 SSP3-7.0 情景下，2021～2060 年和 2061～2100 年都出现较长历时的轻度干旱。全国各分区中同一时期不同情景下轻度干旱历时均值差异不大。

表 2-12 展示了未来 2021～2060 年和 2061～2100 年 SSP1-2.6、SSP2-4.5、SSP3-7.0 和 SSP5-8.5 下 7 个分区和全国轻度干旱等级下干旱历时较历史时期的变化情况。由表 2-12 可知，2021～2060 年和 2061～2100 年各个分区轻度干旱历时和历史时期相比均有所降低。其中，Ⅲ区轻度干旱历时平均值降低幅度最大，2021～2060 年和 2061～2100 年该区轻度干旱历时平均值分别降低 0.46 个月和 0.73 个月；Ⅶ区轻度干旱历时平均值降低幅度最小，2021～2060 年和 2061～2100 年该区轻度干旱历时平均值分别降低 0.25 个月和 0.30 个月。

对比不同情景，在 SSP5-8.5 情景下，轻度干旱历时的降低值大于其他三种情景。以Ⅲ区为例，与历史时期相比，2061～2100 年 SSP1-2.6、SSP2-4.5、SSP3-7.0 和 SSP5-8.5 情景下轻度干旱历时降低值分别为 0.78 个月、0.72 个月、0.57 个月和 0.83 个月。

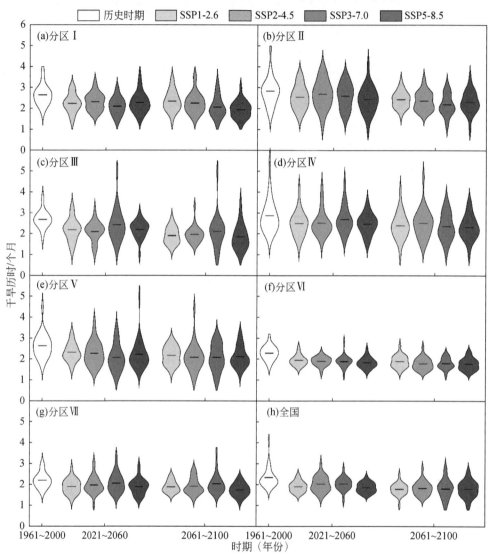

图 2-9　三个时期不同情景下中国各分区及全国轻度干旱历时小提琴图

表 2-12　我国不同分区及全国未来时期不同情景下轻度干旱历时较历史时期干旱历时变化（单位：个月）

时期	情景	分区							全国
		Ⅰ	Ⅱ	Ⅲ	Ⅳ	Ⅴ	Ⅵ	Ⅶ	
2021～2060 年	SSP1-2.6	-0.41	-0.28	-0.49	-0.38	-0.33	-0.36	-0.30	-0.43
	SSP2-4.5	-0.33	-0.14	-0.58	-0.36	-0.37	-0.40	-0.23	-0.31
	SSP3-7.0	-0.54	-0.23	-0.26	-0.18	-0.57	-0.41	-0.14	-0.30
	SSP5-8.5	-0.37	-0.39	-0.49	-0.41	-0.42	-0.46	-0.31	-0.48

续表

时期	情景	分区							全国
		I	II	III	IV	V	VI	VII	
2061~2100 年	SSP1-2.6	-0.30	-0.40	-0.78	-0.49	-0.47	-0.41	-0.32	-0.50
	SSP2-4.5	-0.39	-0.46	-0.72	-0.36	-0.57	-0.51	-0.28	-0.51
	SSP3-7.0	-0.58	-0.64	-0.57	-0.52	-0.57	-0.50	-0.16	-0.53
	SSP5-8.5	-0.71	-0.52	-0.83	-0.56	-0.53	-0.53	-0.45	-0.54

2）中度干旱

图 2-10 展示了 1961~2000 年、2021~2060 年和 2061~2100 年 SSP1-2.6、SSP2-4.5、SSP3-7.0 和 SSP5-8.5 情景下我国 7 个分区和全国中度干旱等级下干旱历时的小提琴图。

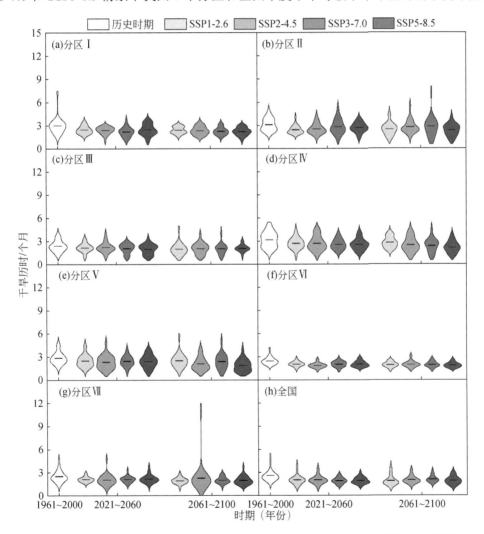

图 2-10　三个时期不同情景下中国不同分区及全国中度干旱等级下干旱历时小提琴图

由图 2-10 可知，历史时期我国各分区及全国中度干旱等级下干旱历时与轻度干旱相差不大，各分区干旱历时平均值为 3 个月左右。未来时期各排放情景下我国各分区及全国中度干旱等级下干旱历时平均值比历史时期低。未来时期中度干旱历时分布与历史时期有所差异，个别中度干旱事件会出现较长历时。例如，2061～2100 年 SSP3-7.0 情景下Ⅱ区可能会有历时 8 个月的中度干旱事件；2061～2100 年 SSP2-4.5 情景下Ⅶ区可能会有历时 12 个月的中度干旱事件。未来时期不同情景下各分区中度干旱历时下降幅度规律不明显。总的来说，未来时期相同情景下Ⅰ区、Ⅱ区、Ⅳ区和Ⅴ区中度干旱历时降低幅度最大，即未来时期相同情景下，我国北方地区中度干旱等级下干旱历时大于Ⅵ区和Ⅶ区。

表 2-13 展示了 2021～2060 年和 2061～2100 年 SSP1-2.6、SSP2-4.5、SSP3-7.0 和 SSP5-8.5 情景下 7 个分区和全国中度干旱等级下干旱历时较历史时期的变化情况。由表 2-13 可知，2021～2060 年和 2061～2100 年各个分区中度干旱历时和历史时期相比均有所降低。其中，Ⅰ区中度干旱历时平均值降低幅度最大，2021～2060 年和 2061～2100 年该区中度干旱历时平均值分别降低 0.76 个月和 0.90 个月。Ⅶ区中度干旱历时平均值降低幅度最小，2021～2060 年和 2061～2100 年该区中度干旱历时平均值分别降低 0.30 个月和 0.30 个月。2061～2100 年各分区中度干旱历时下降幅度比 2021～2060 年大。对比不同情景，在未来时期各情景下中度干旱历时降低值相差不大。

表 2-13　我国不同分区及全国未来时期不同情景下中度干旱历时较历史时期干旱历时变化（单位：个月）

时期	情景	分区							全国
		Ⅰ	Ⅱ	Ⅲ	Ⅳ	Ⅴ	Ⅵ	Ⅶ	
2021～2060 年	SSP1-2.6	-0.74	-0.88	-0.30	-0.51	-0.53	-0.54	-0.37	-0.55
	SSP2-4.5	-0.65	-0.56	-0.14	-0.61	-0.84	-0.74	-0.24	-0.64
	SSP3-7.0	-0.99	-0.48	-0.32	-0.66	-0.47	-0.54	-0.27	-0.68
	SSP5-8.5	-0.67	-0.56	-0.49	-0.64	-0.45	-0.53	-0.33	-0.84
2061～2100 年	SSP1-2.6	-0.77	-0.74	-0.48	-0.58	-0.34	-0.52	-0.41	-0.66
	SSP2-4.5	-0.85	-0.11	-0.42	-0.61	-0.71	-0.58	-0.02	-0.62
	SSP3-7.0	-1.06	-0.39	-0.36	-0.80	-0.71	-0.64	-0.40	-0.56
	SSP5-8.5	-0.93	-0.91	-0.32	-0.93	-1.05	-0.75	-0.37	-0.78

3）严重干旱

图 2-11 展示了 1961～2000 年、2021～2060 年和 2061～2100 年 SSP1-2.6、SSP2-4.5、SSP3-7.0 和 SSP5-8.5 情景下 7 个分区和全国严重干旱等级下干旱历时的小提琴图。

由图 2-11 可知，历史时期我国各分区及全国严重干旱等级下干旱历时与轻度干旱和中度干旱相差不大，各分区干旱历时平均值也在 3 个月左右。就各分区而言，Ⅰ区、Ⅱ区、Ⅲ区和Ⅳ区中严重干旱历时大于其他分区，即我国北方干旱半干旱地区及半湿润地区严重干旱历时较长，该结论与轻度干旱历时相类似。与轻度干旱和中度干旱类似，未来时期各排放情景下我国各分区及全国严重干旱等级下干旱历时平均值比历史时期低。另外，在未来时期部分情景下部分严重干旱事件会出现较长历时。例如，2061～2100 年 SSP3-7.0 情景下Ⅳ区中可能会有历时 11 个月的严重干旱事件。除了Ⅲ区严重干旱历时降低大于其他分区外，未来时期不同情景下各分区严重干旱历时下降幅度规律不明显。总的来说，未来时期相同情景下Ⅲ区中严重干旱等级下干旱历时降低幅度最大，其他分区干旱历时变化不大。

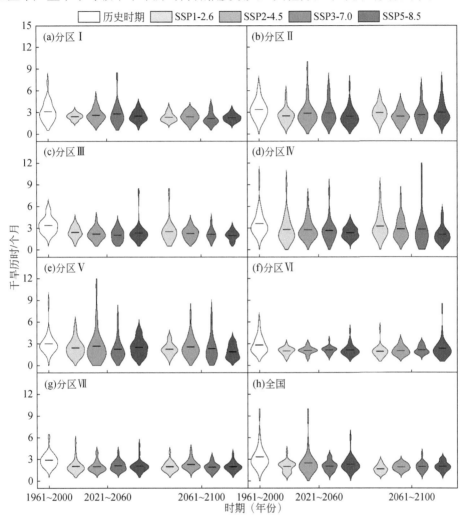

图 2-11　三个时期不同情景下中国不同分区及全国严重干旱等级下干旱历时小提琴图

表 2-14 展示了未来 2021～2060 年和 2061～2100 年 SSP1-2.6、SSP2-4.5、SSP3-7.0 和 SSP5-8.5 情景下我国 7 个分区和全国严重干旱历时较历史时期的变化情况。可以看出，2021～2060 年和 2061～2100 年各个分区严重干旱历时和历史时期相比均有所降低。其中，Ⅲ区严重干旱历时平均值降低幅度最大，2021～2060 年和 2061～2100 年该区严重干旱历时平均值分别降低 1.19 个月和 1.31 个月。Ⅳ区严重干旱历时平均值降低幅度最小，2021～2060 年和 2061～2100 年该区严重干旱历时平均值分别降低 0.64 个月和 0.70 个月。对比不同情景，2021～2060 年Ⅱ区和Ⅳ区 SSP5-8.5 情景的降低值大于其他三种情景，2061～2100 年Ⅲ区、Ⅳ区、Ⅴ区 SSP5-8.5 情景的降低值大于其他三种情景。以Ⅲ区为例，与历史时期相比，2061～2100 年 SSP1-2.6、SSP2-4.5、SSP3-7.0 和 SSP5-8.5 情景下严重干旱历时降低值分别为 1.16 个月、1.19 个月、1.41 个月和 1.47 个月。

表 2-14   我国不同分区及全国未来时期不同情景下严重干旱历时较历史时期干旱历时变化（单位：个月）

时期	情景	分区							全国
		I	II	III	IV	V	VI	VII	
2021～2060 年	SSP1-2.6	-0.74	-0.85	-0.92	-0.32	-0.79	-0.80	-1.00	-1.34
	SSP2-4.5	-0.56	-0.74	-1.19	-0.31	-0.21	-0.65	-0.95	-1.00
	SSP3-7.0	-0.37	-0.47	-1.47	-0.70	-0.82	-0.74	-1.05	-1.24
	SSP5-8.5	-0.44	-1.29	-1.19	-1.21	-0.70	-0.70	-0.84	-1.17
2061～2100 年	SSP1-2.6	-0.80	-0.55	-1.16	-0.11	-1.00	-1.12	-0.96	-1.80
	SSP2-4.5	-0.70	-1.20	-1.19	-0.63	-0.44	-0.76	-0.76	-1.48
	SSP3-7.0	-0.94	-0.89	-1.41	-0.72	-0.85	-0.69	-1.23	-1.52
	SSP5-8.5	-0.87	-0.60	-1.47	-1.34	-1.22	-0.60	-1.05	-1.28

4）极端干旱

图 2-12 展示了 1961～2000 年、2021～2060 年和 2061～2100 年 SSP1-2.6、SSP2-4.5、

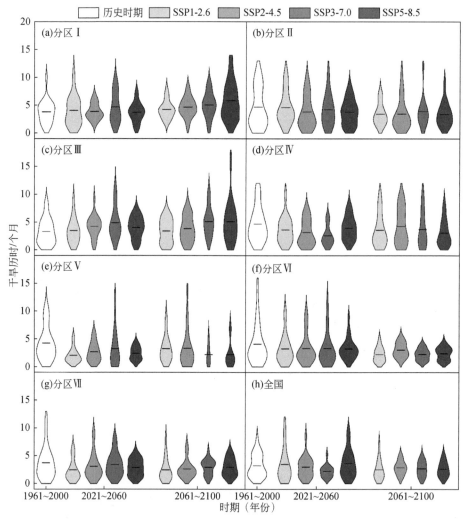

图 2-12   三个时期不同情景下中国不同分区及全国极端干旱等级下干旱历时小提琴图

SSP3-7.0 和 SSP5-8.5 情景下我国 7 个分区和全国极端干旱等级下干旱历时的小提琴图。可以看出，1961～2000 年我国各分区及全国极端干旱等级下干旱历时平均值与其他 3 种干旱等级下干旱历时平均值相差不大，但干旱历时的分布范围比其他三个干旱等级大，大多在 0～10 个月。2021～2060 年和 2061～2100 年各个情景下Ⅰ区和Ⅲ区极端干旱历时比历史时期长，平均干旱历时增加 1 个月左右，其他各分区极端干旱历时比历史时期短，说明未来时期我国西北温带和暖温带沙漠区和青藏高寒区有可能遭遇长历时的极端干旱事件，而其他分区极端干旱历时则有变短趋势。

表 2-15 展示了未来时期 2021～2060 年和 2061～2100 年 SSP1-2.6、SSP2-4.5、SSP3-7.0 和 SSP5-8.5 情景下我国 7 个分区和全国极端干旱等级下干旱历时较历史时期的变化情况。

表 2-15　我国不同分区及全国未来时期不同情景下极端干旱历时较历史时期干旱历时变化（单位：个月）

时期	情景	分区							全国
		Ⅰ	Ⅱ	Ⅲ	Ⅳ	Ⅴ	Ⅵ	Ⅶ	
2021～2060 年	SSP1-2.6	0.19	−0.19	−0.32	−0.62	−2.16	−0.74	−0.70	0.42
	SSP2-4.5	−0.05	−1.23	1.09	−1.63	−1.53	−0.93	−0.13	0.35
	SSP3-7.0	0.68	−1.22	1.47	−2.03	−0.96	−0.76	0.11	−0.52
	SSP5-8.5	−0.50	−1.35	0.50	−0.44	−2.10	−0.69	−0.35	0.73
2061～2100 年	SSP1-2.6	0.71	−1.91	0.25	−1.44	−0.92	−2.20	−1.25	0.10
	SSP2-4.5	1.12	−1.46	0.32	−1.10	−1.27	−1.17	−0.21	0.15
	SSP3-7.0	1.06	−1.35	1.51	−0.89	−2.74	−1.75	−0.29	−0.41
	SSP5-8.5	1.86	−1.50	0.41	−1.35	−2.35	−1.26	0.07	0.06

对比未来时期 SSP1-2.6、SSP2-4.5、SSP3-7.0 和 SSP5-8.5 情景下极端干旱历时变化可以发现，未来时期各气候情景模式下不同分区极端干旱历时变化规律不一致。未来时期Ⅰ区和Ⅲ区极端干旱历时有增加趋势，而其他各分区极端干旱历时有减少趋势，说明未来时期我国西北温带和暖温带沙漠区和青藏高寒区应多注意应对长历时极端干旱事件。具体来说，2061～2100 年我国西北温带和暖温带沙漠区 SSP1-2.6、SSP2-4.5、SSP3-7.0 和 SSP5-8.5 情景下极端干旱历时分别增加了 0.71 个月、1.12 个月、1.06 个月和 1.86 个月，而青藏高寒区 SSP1-2.6、SSP2-4.5、SSP3-7.0 和 SSP5-8.5 情景下极端干旱历时分别增加了 0.25 个月、0.32 个月、1.51 个月和 0.41 个月。

3. 干旱强度

1）轻度干旱

图 2-13 绘制了 1961～2000 年、2021～2060 年和 2061～2100 年 4 个情景下 7 个分区和全国轻度干旱等级下干旱强度变化的小提琴图。

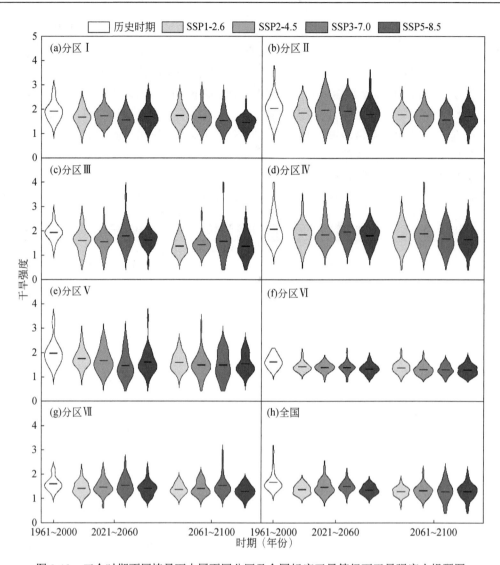

图 2-13   三个时期不同情景下中国不同分区及全国轻度干旱等级下干旱强度小提琴图

由图 2-13 可知，1961～2000 年轻度干旱等级下干旱强度平均值在 1～2。其中，Ⅰ区、Ⅱ区、Ⅲ区、Ⅳ区和Ⅴ区轻度干旱等级下干旱强度大于Ⅵ区和Ⅶ区，可见轻度干旱等级下干旱强度较大的区域主要分布在我国北方地区。未来时期（2021～2060 年和 2061～2100 年）四种情景轻度干旱等级下干旱强度与历史时期相比有降低趋势。在同一时期相同情景下，Ⅰ区、Ⅱ区、Ⅲ区和Ⅳ区轻度干旱等级下干旱强度大于其他分区。对比不同情景可知，在 SSP1-2.6 情景下，轻度干旱等级下干旱强度的数值分布较为集中，而其他三种情景下轻度干旱等级下干旱强度值的分布较为分散，说明在 SSP2-4.5、SSP3-7.0 和 SSP5-8.5 情景下可能会出现较大强度的轻度干旱。以Ⅲ区为例，在 SSP3-7.0 情景下，2021～2060 年和 2061～2100 年都出现较大强度的轻度干旱。对比各个气候排放情景，在多数分区中 SSP5-8.5 情景轻度干旱等级下干旱强度变化值略大于其他三个情景。

表 2-16 展示了未来时期 2021~2060 年和 2061~2100 年各个情景下我国 7 个分区和全国轻度干旱等级下干旱强度较历史时期的变化情况。可以看出，2021~2060 年和 2061~2100 年各个分区轻度干旱等级下干旱强度和历史时期相比均有所降低，且 2061~2100 年下降幅度较大。其中，Ⅲ区轻度干旱等级下干旱强度平均值降低幅度最大，2021~2060 年和 2061~2100 年该区轻度干旱等级下干旱强度平均值分别降低 0.29 和 0.49；Ⅶ区轻度干旱等级下干旱强度平均值降低幅度最小，2021~2060 年和 2061~2100 年该区轻度干旱历时平均值分别降低 0.14 和 0.19。对比不同情景，在 SSP5-8.5 情景下，轻度干旱等级下干旱强度的降低值大于其他三种情景。以Ⅲ区为例，与历史时期相比，2061~2100 年 SSP1-2.6、SSP2-4.5、SSP3-7.0 和 SSP5-8.5 情景下轻度干旱等级下干旱强度降低值分别为 0.55、0.49、0.36 和 0.56。

表 2-16　我国不同分区及全国未来不同情景下轻度干旱等级下干旱强度较历史时期干旱强度变化情况

时期	情景	分区							全国
		Ⅰ	Ⅱ	Ⅲ	Ⅳ	Ⅴ	Ⅵ	Ⅶ	
2021~2060 年	SSP1-2.6	-0.25	-0.21	-0.32	-0.23	-0.20	-0.21	-0.19	-0.30
	SSP2-4.5	-0.20	-0.08	-0.37	-0.23	-0.27	-0.24	-0.13	-0.21
	SSP3-7.0	-0.37	-0.12	-0.14	-0.11	-0.43	-0.24	-0.06	-0.18
	SSP5-8.5	-0.22	-0.25	-0.31	-0.27	-0.31	-0.29	-0.18	-0.33
2061~2100 年	SSP1-2.6	-0.18	-0.28	-0.55	-0.32	-0.34	-0.24	-0.22	-0.40
	SSP2-4.5	-0.25	-0.32	-0.49	-0.20	-0.42	-0.32	-0.19	-0.35
	SSP3-7.0	-0.39	-0.48	-0.36	-0.41	-0.40	-0.33	-0.07	-0.39
	SSP5-8.5	-0.46	-0.35	-0.56	-0.42	-0.38	-0.34	-0.29	-0.38

2）中度干旱

图 2-14 展示了 1961~2000 年、2021~2060 年和 2061~2100 年 SSP1-2.6、SSP2-4.5、SSP3-7.0 和 SSP5-8.5 情景下我国 7 个分区和全国中度干旱等级下干旱强度变化的小提琴图。可以看出，1961~2000 年我国各分区及全国中度干旱等级下干旱强度平均值在 3 左右。

Ⅳ区和Ⅴ区中度干旱等级下干旱强度均值大于其他分区，在干旱强度分布上呈现出均值附近多，由均值向两侧逐渐降低的规律。2021~2060 年和 2061~2100 年除了Ⅵ区和Ⅶ区中度干旱等级下干旱强度均值较低外，其他分区中度干旱等级下干旱强度均值相差不大。也就是说，未来时期我国北方各地区中度干旱等级下干旱强度大于南方地区。2021~2060 年和 2061~2100 年 SSP1-2.6、SSP2-4.5、SSP3-7.0 和 SSP5-8.5 情景下中度干旱等级下干旱强度分布与历史时期相近，也有个别情景下中度干旱等级下干旱强度分布与历史时期不太相同，个别干旱事件会出现较大干旱强度。例如，Ⅶ区 2061~2100 年 SSP2-4.5 情景出现了干旱强度超过 12 的中度干旱事件，这与中度干旱等级下长干旱历时有关。

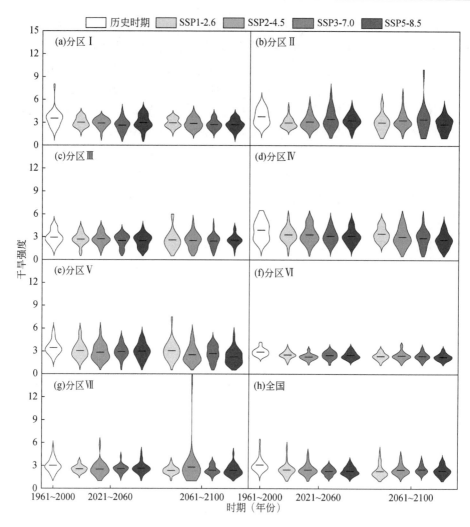

图 2-14 三个时期不同情景下中国不同分区及全国中度干旱等级下干旱强度小提琴图

表 2-17 对比了未来时期 2021～2060 年和 2061～2100 年 SSP1-2.6、SSP2-4.5、SSP3-7.0 和 SSP5-8.5 情景下我国 7 个分区和全国中度干旱等级下干旱强度较历史时期的变化情况。可以看出，2021～2060 年和 2061～2100 年 SSP1-2.6、SSP2-4.5、SSP3-7.0 和 SSP5-8.5 情景下，我国各分区及全国中度干旱等级下干旱强度较历史时期均有所降低。SSP5-8.5 情景下，2061～2100 年各分区中度干旱等级下干旱强度降低幅度基本上大于 2021～2060 年。从 I 区到VII区，2021～2060 年中度干旱等级下干旱强度与历史时期降低值分别为 0.68、0.69、0.50、0.78、0.51、0.52 和 0.38；2061～2100 年中度干旱等级下干旱强度与历史时期相比降低值分别为 1.13、1.15、0.30、1.13、1.27、0.78 和 0.43。其他三种情景下，2061～2100 年各分区中度干旱等级下干旱强度降低幅度与 2021～2060 年相差不大。除III区的中度干旱等级下干旱强度降低幅度较低外，其他各分区的中度干旱等级下干旱强度降低幅度相当。总的来说，未来同一时期各分区中度干旱等级下干旱强度与历史时期均有所降低，降低幅度相当。SSP5-8.5 情景下中度干旱等级下干旱强度降低幅度稍大于 SSP1-2.6、SSP2-4.5 和 SSP3-7.0 情景。

表 2-17　我国不同分区及全国未来不同情景下中度干旱等级下干旱强度较历史时期干旱强度变化情况

时期	情景	分区							全国
		I	II	III	IV	V	VI	VII	
2021~2060 年	SSP1-2.6	−0.75	−1.05	−0.33	−0.61	−0.60	−0.52	−0.45	−0.58
	SSP2-4.5	−0.63	−0.67	−0.14	−0.77	−1.00	−0.79	−0.28	−0.70
	SSP3-7.0	−1.09	−0.60	−0.35	−0.78	−0.54	−0.53	−0.32	−0.77
	SSP5-8.5	−0.68	−0.69	−0.50	−0.78	−0.51	−0.52	−0.38	−0.95
2061~2100 年	SSP1-2.6	−0.75	−0.93	−0.52	−0.68	−0.32	−0.53	−0.45	−0.74
	SSP2-4.5	−0.87	−0.19	−0.44	−0.73	−0.85	−0.59	0.04	−0.65
	SSP3-7.0	−0.98	−0.47	−0.40	−0.97	−0.83	−0.67	−0.48	−0.61
	SSP5-8.5	−1.13	−1.15	−0.30	−1.13	−1.27	−0.78	−0.43	−0.87

3）严重干旱

图 2-15 展示了 1961~2000 年、2021~2060 年和 2061~2100 年 SSP1-2.6、SSP2-4.5、

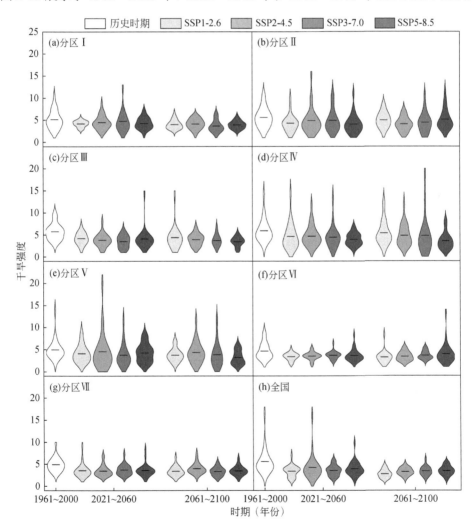

图 2-15　三个时期不同情景下中国不同分区及全国严重干旱等级下干旱强度小提琴图

SSP3-7.0 和 SSP5-8.5 情景下，我国 7 个分区和全国严重干旱等级下干旱强度变化的小提琴图。可以看出，历史时期我国各分区及全国严重干旱等级下干旱强度平均值在 5 左右。Ⅲ区和Ⅳ区中严重干旱等级下干旱强度大于其他分区。2021~2060 年和 2061~2100 年不同情景下我国各分区严重干旱等级下干旱强度小于 5，较历史时期有所降低。严重干旱等级下干旱强度的分布在总体规律上与历史时期相近，但干旱强度的最大值较历史时期相差较大。例如，2021~2060 年Ⅴ区的 SSP2-4.5 情景下，出现了干旱强度大于 20 的严重干旱事件；2021~2060 年和 2061~2100 年Ⅶ区各个情景下严重干旱等级下干旱强度均小于历史时期的峰值；对比未来相同时期各分区可以发现，未来时期我国北方各分区仍然是严重干旱等级下干旱强度较大的分区，且容易出现强度较大的严重干旱事件。

　　表 2-18 统计了未来时期 2021~2060 年和 2061~2100 年各个情景下我国 7 个分区和全国严重干旱等级下干旱强度较历史时期的变化情况。可以看出，2021~2060 年和 2061~2100 年各个分区严重干旱等级下干旱强度和历史时期相比均有所降低。其中，Ⅲ区严重干旱等级下干旱强度平均值降低幅度最大，2021~2060 年和 2061~2100 年该区严重干旱等级下干旱强度平均值分别降低 1.95 和 2.13；Ⅰ区严重干旱等级下干旱强度平均值降低幅度最小，2021~2060 年和 2061~2100 年该区严重干旱等级下干旱强度平均值分别降低 0.72 和 1.22。对比不同情景，2021~2060 年Ⅱ区和Ⅳ区 SSP5-8.5 情景的降低值大于其他三个情景，2061~2100 年Ⅲ区、Ⅳ区、Ⅴ区 SSP5-8.5 情景的降低值大于其他三个情景。

表 2-18　我国不同分区及全国未来不同情景下严重干旱等级下干旱强度较历史时期干旱强度变化情况

时期	情景	分区							全国
		Ⅰ	Ⅱ	Ⅲ	Ⅳ	Ⅴ	Ⅵ	Ⅶ	
2021~2060 年	SSP1-2.6	-1.08	-1.21	-1.50	-0.43	-1.24	-1.24	-1.59	-2.22
	SSP2-4.5	-0.75	-1.12	-1.94	-0.23	-0.16	-0.96	-1.52	-1.60
	SSP3-7.0	-0.51	-0.63	-2.46	-1.03	-1.31	-1.09	-1.67	-2.02
	SSP5-8.5	-0.53	-2.08	-1.90	-1.88	-1.04	-1.03	-1.33	-1.95
2061~2100 年	SSP1-2.6	-1.18	-0.73	-2.35	-0.06	-1.60	-1.77	-1.59	-3.05
	SSP2-4.5	-0.98	-1.88	-1.90	-0.87	-0.63	-1.18	-1.16	-2.46
	SSP3-7.0	-1.41	-1.36	-1.92	-1.06	-1.38	-1.01	-2.02	-2.54
	SSP5-8.5	-1.29	-0.83	-2.35	-2.10	-1.94	-0.91	-1.66	-2.10

4）极端干旱

　　图 2-16 展示了 1961~2000 年、2021~2060 年和 2061~2100 年 SSP1-2.6、SSP2-4.5、SSP3-7.0 和 SSP5-8.5 情景下，我国 7 个分区和全国极端干旱等级下干旱强度变化的小提琴图。由图 2-16 可知，1961~2000 年我国各分区及全国极端干旱等级下干旱强度平均值在 10 左右。与其他分区相比，Ⅳ区和Ⅴ区极端干旱平均值较高，为我国极端干旱等级下干旱强度较大的地区。未来时期Ⅰ区和Ⅲ区是我国极端干旱等级下干旱强度较高的地区，特别是在 2061~2100 年 SSP3-7.0 和 SSP5-8.5 情景下，极端干旱等级下干旱强度无论是均值还是峰值都大于其他各区。此外，未来时期Ⅰ区和Ⅲ区极端干旱等级下干旱强度的分布范围

远大于历史时期,说明未来时期这两个分区极端干旱等级下干旱强度较大。未来时期 II 区和 IV 区中极端干旱等级下干旱强度的分布范围与历史时期相近,各个情景之间没有明显差异。未来时期 V 区中极端干旱等级下干旱强度较历史时期有所降低,不同情景极端干旱等级下干旱强度分布范围也有所差异。VI 区极端干旱等级下干旱强度分布范围比历史时期逐渐降低,说明在未来时期这两个分区发生较大强度极端干旱的可能性较低。

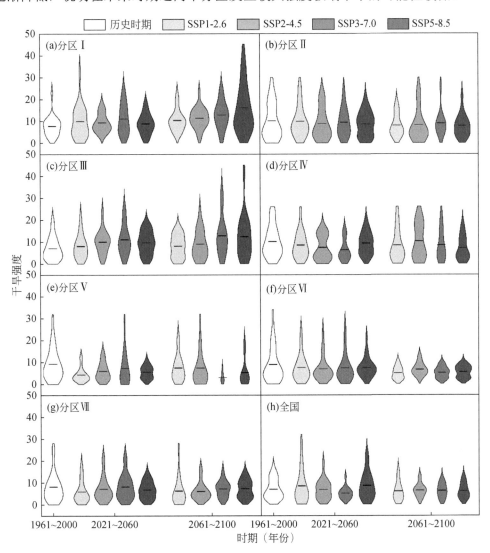

图 2-16　三个时期不同情景下中国不同分区及全国极端干旱等级下干旱强度小提琴图

表 2-19 统计了未来时期 2021～2060 年和 2061～2100 年 SSP1-2.6、SSP2-4.5、SSP3-7.0 和 SSP5-8.5 情景下,我国 7 个分区和全国极端干旱等级下干旱强度较历史时期的变化情况。可以看出,未来时期 I 区和 III 区中所有情景及 VII 区部分情景极端干旱水平下干旱强度比历史时期干旱强度大。其他各分区极端干旱等级下干旱强度比历史时期小,说明未来时期我国西北温带和暖温带沙漠区和青藏高寒区有可能遭遇更大强度的极端干旱事件,而其他分

区极端干旱等级下干旱强度则有降低趋势。2061～2100 年各分区极端干旱等级下干旱强度变化幅度大于 2021～2060 年。以 I 区为例，2021～2060 年 SSP1-2.6、SSP2-4.5、SSP3-7.0和 SSP5-8.5 情景下，极端干旱等级下干旱强度比历史时期分别增加了 1.50、0.90、2.55 和0.37；2061～2100 年各情景极端干旱等级下干旱强度比历史时期分别增加了 3.04、3.94、4.12 和 6.86。对比未来时期各气候情景极端干旱等级下干旱强度变化可以发现，未来时期各分区不同气候情景极端干旱等级下干旱强度变化规律不一致。就全国而言，SSP5-8.5 情景极端干旱等级下干旱强度变化大于其他情景。

表 2-19　我国不同分区及全国不同情景下极端干旱等级下干旱强度较历史时期干旱强度变化情况

时期	情景	分区							全国
		I	II	III	IV	V	VI	VII	
2021～2060 年	SSP1-2.6	1.50	−0.54	0.00	−0.84	−4.71	−1.1	−0.91	1.83
	SSP2-4.5	0.90	−2.00	3.79	−3.3	−3.26	−1.97	0.10	1.25
	SSP3-7.0	2.55	−2.38	4.24	−3.97	−1.67	−1.47	1.03	−0.75
	SSP5-8.5	0.37	−2.53	2.14	−0.49	−4.39	−0.84	−0.27	2.42
2061～2100 年	SSP1-2.6	3.04	−3.55	1.43	−2.92	−1.88	−4.57	−2.49	0.76
	SSP2-4.5	3.94	−2.19	1.67	−1.82	−2.80	−2.08	0.01	0.65
	SSP3-7.0	4.12	−2.11	5.61	−1.79	−5.91	−3.52	0.12	−0.35
	SSP5-8.5	6.86	−2.57	2.13	−2.84	−4.91	−2.37	0.85	1.03

综上所述，与 1961～2000 年相比，2021～2060 年和 2061～2100 年轻度干旱、中度干旱和严重干旱的干旱历时和干旱强度逐渐降低，极端干旱等级下干旱历时和干旱强度与历史时期相比逐渐增加。未来时期我国发生严重干旱和极端干旱的站点个数和干旱频次都明显增加，严重干旱频次和极端干旱频次也呈上升趋势。2021～2060 年和 2061～2100 年 I区和III区极端干旱等级下干旱历时和干旱强度有增大趋势，且 SSP5-8.5 情景下干旱历时和干旱强度大于其他排放情景。就全国而言，综合对比不同排放情景，SSP1-2.6 情景下干旱发生频次大于其他排放情景，而 SSP5-8.5 情景下各干旱等级下干旱历时和干旱强度大于其他排放情景。

2.3　本 章 小 结

采用 NWAI-WG 统计降尺度方法对年 P、年 T_{max} 和年 T_{min} 数据进行空间和时间降尺度的效果较好，其中泰勒技能评分 S 为 0.99～1，年际变异性技能评分 IVS 小于 0.47。基于12 个月时间尺度 SPEI 分析结果发现，未来时期（2021～2100 年）SSP1-2.6、SSP2-4.5、SSP3-7.0 和 SSP5-8.5 情景下，我国西北温带和暖温带沙漠区干旱化趋势可能会加大，而其他地区的干旱化趋势得到缓解，甚至出现湿润化趋势。

从 SSP1-2.6 情景到 SSP5-8.5 情景，我国青藏高寒区、东北温带地区和华北暖温带区 SPEI 的线性斜率逐渐增大。与 1961～2000 年相比，2021～2060 年和 2061～2100 年西北温带和暖温带沙漠区和青藏高寒区极端干旱发生的频次、干旱历时和干旱强度均有所增加，轻度、中度和严重干旱历时和干旱强度降低。华北暖温带区干旱频次比其他分区低。就全国而言，未来时期 SSP1-2.6 情景下干旱频次大于其他三个情景；SSP5-8.5 情景下极端干旱历时和干旱强度大于其他情景。

第3章 冬小麦生育期气象和农业干旱时空演变规律

本章将我国冬小麦种植区划分为三个分区，基于 1~9 个月时间尺度下 SPEI、SMDI$_{0~10}$ 和 SMDI$_{10~40}$，分析 1981~2015 年三个分区冬小麦生育期内各个月的干旱演变规律，接着利用降尺度后的 CMIP6 中 4 个排放情景的 27 个 GCM 数据，基于 SPEI 分析 2021~2100 年三个分区冬小麦生育期 SSP1-2.6、SSP2-4.5、SSP3-7.0 和 SSP5-8.5 情景下，1~9 个月时间尺度气象干旱时空演变规律；最后利用 DSSAT-CERES-Wheat 模型模拟的未来时期冬小麦生育期内土壤水分数据计算 SMDI$_{0~10}$ 和 SMDI$_{10~40}$，分析 2021~2100 年三个分区冬小麦生育期内各情景下 1~9 个月时间尺度农业干旱时空演变规律，从而为下一步分析冬小麦生育期内多时间尺度气象干旱和农业干旱对冬小麦生长和产量的影响做铺垫。

3.1 基于气象-GLDAS 数据融合的农业干旱评估方法体系

3.1.1 研究区概况

冬小麦受降水、气温、光照、热量等因素的影响，主要分布在我国北方地区，包括河南、山东、河北、陕西和安徽、江苏北部等。我国北方地区年降水量季节差异较大，呈现出夏秋季节多、春季和冬季少的特点。我国冬小麦种植区的主要种植模式是冬小麦和夏玉米轮作，每年 10 月左右进行冬小麦播种，次年 6 月左右开始收获，6~10 月为夏玉米的主要生长时段。在我国整个冬小麦生育期降水较少，水分已经成为限制冬小麦产量的重要因素之一。

根据冬小麦种植区的地理位置状况及冬小麦播种面积和产量多寡等条件，将冬小麦种植区划分为 3 个分区，依次为新疆地区（1 区）、黄淮海平原地区（2 区）和其他地区（3 区）。其中，黄淮海平原地区是我国冬小麦的主要产区，包括河南、河北、山东、安徽北部及北京和天津等地区。其冬小麦播种面积超过我国冬小麦总播种面积的 85%，总产量占全国冬小麦总产量的 90% 以上（毛留喜等，2019）。新疆地区冬小麦主要分布在新疆中南部，冬小麦产量占全国冬小麦总产量的 5% 左右（毛留喜等，2019）。近年来，随着全球气候变暖的逐渐加剧，我国新疆地区冬小麦播种面积有增大趋势（陈实，2020）。

按照国际制土壤质地分类标准并结合研究区各农业气象站点土壤的黏粒、粉粒、砂粒含量，对各站点的土壤类型进行分类（吴克宁和赵瑞，2019）。黄淮海平原地区和新疆地区大部分站点的土壤类型为黏壤土，其他地区大部分站点土壤类型为壤质黏土。

各研究区的农业气象站点空间分布及地理高程如图 3-1 所示。

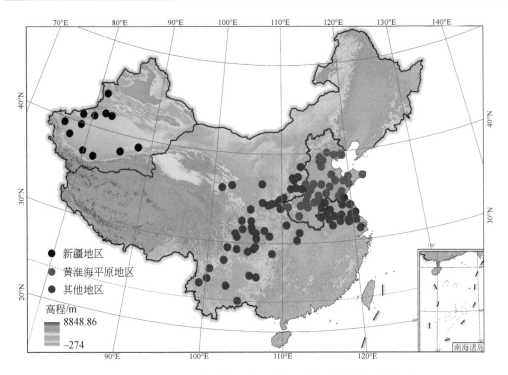

图 3-1　冬小麦种植区农业气象站点及高程空间分布图

3.1.2　气象数据

从中国气象数据网（http://data.cma.cn/）下载 1961～2018 年全国 108 个农业气象站的气象数据，包括逐日降水量、日最高气温、日最低气温、2m 高处的风速、相对湿度和日照时数等。对存在数据缺失的部分站点，采用邻近站的气象数据进行代替。

3.1.3　GLDAS 土壤水分数据

谷歌地球引擎（GEE）是由谷歌公司与卡内基梅隆大学和美国地质调查局将卫星图像与地理空间数据集结合，共同开发的一个能对大量全球尺度地球科学资料进行在线分析和可视化处理的地理空间云存储和计算平台。GEE 平台存放着包含植被、土壤水分、径流和其他数据在内的 PB 量级的遥感数据集，并且每日更新（Kumar and Mutanga，2018）。与传统的 EVNI 遥感影像数据处理工具相比，GEE 处理遥感影像更快速方便，能用于干旱监测、粮食安全、水资源管理以及环境保护等各个领域（Gorelick et al.，2017）。此外，GEE 还具有强大的编译计算能力，不仅提供在线的 JavaScript API，同时也提供了离线的 Python API，用户可根据需要对其进行自主编译（Mutanga and Kumar，2019）。

所选的 108 个农业气象站点的基本信息如表 3-1 所示。

从 GEE 平台下载 1948～2018 年全国所有地区 0～10cm 和 10～40cm 土层的逐日土壤含水量（$SW_{0\sim10}$ 和 $SW_{10\sim40}$）数据。该数据是由全球陆地数据同化系统（GLDAS）计算得到的，其空间分辨率为 0.25°×0.25°（Rodell et al.，2004）。

表 3-1 冬小麦种植区农业气象站点的基本信息

分区	站点	纬度（°N）	经度（°E）	分区	站点	纬度（°N）	经度（°E）
	涉县	36.56	113.66		喀什	39.47	75.98
	肥乡	36.55	114.8		阿合奇	40.93	78.45
	新乡	35.31	113.88		巴楚	39.8	78.57
	汤阴	35.93	114.35	新疆地区	若羌	39.03	88.17
	涿州	39.48	115.96		莎车	38.43	77.27
	容城	39.05	115.85		和田	37.13	79.93
	霸州	39.12	116.38		且末	38.15	85.55
	三河	39.96	117.08		于田	36.86	81.66
	唐山	39.67	118.15		平武	32.42	104.52
	昌黎	39.71	119.16		绵阳	31.47	104.68
	河间	38.45	116.08		双流	30.58	103.92
	惠民	37.5	117.53		汉源	29.35	102.68
	莱州	37.18	119.93		犍为	29.2	103.95
	文登	37.18	122.03		西昌	27.9	102.27
	聊城	36.48	115.96		丽江	26.83	100.47
黄淮海平原地区	泰安	36.16	117.15		保山	25.12	99.18
	淄博	36.83	118		大理	25.7	100.18
	寒亭	36.75	119.18		昆明	25.02	102.68
	胶州	36.3	120		文山	23.38	104.25
	菏泽	35.25	115.43		凤翔	34.51	107.38
	济宁	35.45	116.58		武功	34.25	108.22
	莒县	35.58	118.83	其他地区	大荔	34.88	109.91
	临沂	35.05	118.35		渭南	34.5	109.46
	卢氏	34.05	111.03		咸阳	34.4	108.71
	汝州	34.18	112.83		成县	33.75	105.71
	郑州	34.72	113.65		商州	33.86	109.96
	许昌	34.01	113.85		广元	32.43	105.85
	杞县	34.53	114.78		郧西	35.1	110.42
	南阳	33.03	112.58		房县	32.03	110.77
	曹县	34.81	115.55		苍溪	31.73	105.92
	商丘	34.45	115.66		南部	31.33	106.05
	伊宁	43.95	81.33		营山	31.07	106.55
新疆地区	阿克苏	41.16	80.23		宣汉	31.37	107.72
	拜城	41.78	81.9		钟祥	31.17	112.57
	库车	41.72	82.95		广安	30.47	106.63

分区	站点	纬度（°N）	经度（°E）	分区	站点	纬度（°N）	经度（°E）
	万州	30.76	108.4		砀山	34.42	116.33
	江陵	30.33	112.18		沭阳	34.1	118.75
	泸县	28.98	105.45		赣榆	34.83	119.13
	沙坪坝	29.52	106.48		滨海	34.03	119.81
	江津	29.31	106.25		亳州	33.87	115.77
	酉阳	28.83	108.77		蒙城	33.28	116.53
	贵德	36.03	101.43		宿州	33.63	116.98
	民和	36.32	102.85		盱眙	33	118.51
	定州	38.51	113		大丰	33.2	120.48
其他地区	汾阳	37.25	111.76	其他地区	阜阳	32.87	115.73
	太谷	37.41	112.58		寿县	32.55	116.78
	环县	36.58	107.3		凤阳	32.87	117.55
	介休	37.05	111.93		滁州	32.3	118.3
	临汾	36.06	111.5		兴化	32.98	119.83
	安泽	36.16	112.25		扬州	32.41	119.41
	长治	36.05	113.06		丹徒	32.18	119.47
	灌县	30.98	103.66		如皋	32.38	120.5
	普定	26.31	105.75		合肥	31.87	117.23
	惠水	26.16	106.66		昆山	31.41	120.95

首先在 GEE 平台上将栅格土壤含水量数据提取到各农业气象站点，单位是 kg/m²。为了便于研究，将不同深度土层中的 GLDAS 土壤含水量数据单位转化为 m³/m³（朱智和师春香，2014）：

$$\theta = \frac{w}{\rho \times h} \times 100\% \qquad (3-1)$$

式中，θ 为土壤体积含水量，%；w 为 GLDAS 的土壤含水量，kg/m²；ρ 为常温下水的密度，ρ=1000kg/m³；h 为土层厚度，分别取 0.1m 和 0.3m。

在使用 GLDAS 的 SW 数据进行研究之前，需要对该产品的准确性进行验证。在以往的研究中，刘丽伟等（2019）和刘欢欢等（2018）分别对比了 1992～2012 年及 2011～2013 年多种 SW 产品的计算精度，指出 GLDAS 产品 SW 的计算精度较高，皮尔逊相关系数在 0.82 以上，能够准确反映中国各地区 SW 的变化规律。

从中国气象数据网下载全国 108 个农业气象站的实测 $SW_{0～10}$ 数据，并计算其与 GLDAS 的 $SW_{0～10}$ 的皮尔逊相关系数。大部分站点中 GLDAS 土壤水分数据与观测数据的相关性较好，能够用于后续研究。

3.1.4 干旱指标计算

1. SPEI 的计算

为研究冬小麦全生育期的干旱情况,同时计算了 1961~2018 年各农业气象站和各分区 1~9 个月时间尺度的 SPEI 及 2021~2100 年 SSP1-2.6、SSP2-4.5、SSP3-7.0 和 SSP5-8.5 的 27 个 GCM 1~9 个月时间尺度的 SPEI,计算过程参考 2.1.4 节。

2. SMDI 的计算

SMDI 是一个基于土壤含水量的干旱指数,它能够反映作物根区的短期干旱情况,而且没有季节性差异。SMDI 常用于农业干旱监测相关研究中,能够很好地表征农业干旱特征(Wambua,2019)。SMDI 的计算公式如下:

$$SD_{i,j} = \begin{cases} \dfrac{SW_{i,j} - MSW_j}{MSW_j - \min SW_j} \times 100 & SW_{i,j} \leqslant MSW_j \\ \dfrac{SW_{i,j} - MSW_j}{\max SW_j - MSW_j} \times 100 & SW_{i,j} > MSW_j \end{cases} \tag{3-2}$$

$$SMDI_{i,j} = \begin{cases} 0.5 SMDI_{i,j-1} + \dfrac{SD_{i,j}}{50} & j > 1 \\ \dfrac{SD_{i,j}}{50} & j = 1 \end{cases} \tag{3-3}$$

式中,$SD_{i,j}$ 为第 i 年第 j 月的土壤水分亏缺,%($i=1$,2,…,67;$j=1$,2,…,12);$SW_{i,j}$ 为第 i 年第 j 月土层平均土壤含水量,mm;MSW_j 为第 j 月土层中长期土壤含水量的中位数,mm;$\max SW_j$ 为第 j 月土层中长期土壤含水量的最大值,mm;$\min SW_j$ 为第 j 月土层中长期土壤含水量的最小值,mm。

先计算 1981~2015 年冬小麦生育期 $SMDI_{0\sim10}$ 和 $SMDI_{10\sim40}$,后基于 CMIP6 中未来时期数据计算 SSP1-2.6、SSP2-4.5、SSP3-7.0 和 SSP5-8.5 情景下,27 个 GCM 下 2021~2100 年冬小麦生育期内 1~9 个月时间尺度 $SMDI_{0\sim10}$ 和 $SMDI_{10\sim40}$。

表 3-2 是基于 SPEI 和 SMDI 对干旱级别进行划分。

表 3-2　基于 SPEI 和 SMDI 的干旱级别

分类	SPEI	SMDI
正常	$-0.5 < SPEI < 0.5$	$-1.0 < SMDI < 1.0$
轻度干旱	$-1.0 < SPEI \leqslant -0.5$	—
中度干旱	$-1.5 < SPEI \leqslant -1.0$	$-2.0 < SMDI \leqslant -1.0$
严重干旱	$-2.0 < SPEI \leqslant -1.5$	—
极端干旱	$SPEI \leqslant -2.0$	$SMDI \leqslant -2.0$

3.2　作物生育期干旱耦合演变及水分胁迫阈值

3.2.1　历史时期冬小麦生育期内干旱变化规律

1. SPEI 变化规律

图 3-2 展示了 1981～2015 年三个分区冬小麦生育期（10 月至次年 6 月）内 1～9 个月时间尺度 SPEI 的时间变化。由图 3-2 可知，各分区冬小麦生育期内各月份不同时间尺度 SPEI 变化有所不同。黄淮海平原地区是我国冬小麦的主产区，1981～2015 年，几乎每年冬小麦生育期内各个月份都发生了不同程度的气象干旱。同一月份各个时间尺度 SPEI 也不相同，表征的干旱和湿润情况也有所差异。其中，1981～2000 年该地区 SPEI 大多大于 0，相对较为湿润，气象干旱事件较少；另外，1999 年 10 月～2000 年 5 月发生的气象干旱事件较为严重；在 2000 年以后，黄淮海平原地区气象干旱事件明显增多，尤其是 3 月和 5 月，为气象干旱发生较为频繁的时间段。由图 3-2 可以明显看出，2011 年 3～6 月，该区各个时间尺度 SPEI 都小于正常值较多，说明在该段时间内黄淮海平原地区发生了持续性的严重干旱。

事实上，由图 3-2（a1）～图 3-2（a3）可以看出，2010 年 10～12 月，该区就开始发生干旱，尽管在 2010 年 11 月 1 个月时间尺度 SPEI 与 2010 年 12 月 1 个月和 2 个月时间尺度 SPEI 都大于 0，但旱情没有得到缓解，直到 2011 年 4 月干旱才进一步升级。由图 3-2（b1）～图 3-2（b9）可以看出，1981～2015 年，该地区也有不同程度的干旱事件发生，在 20 世纪 80 年代早期和 21 世纪初晚期新疆地区发生了严重干旱，在 2010 年以后的 3～5 月，几乎每年都会有干旱发生。胡文峰等（2019）在分析新疆地区多时间尺度干旱变化特征时也得到类似结论，其中 2011～2015 年变干趋势明显。

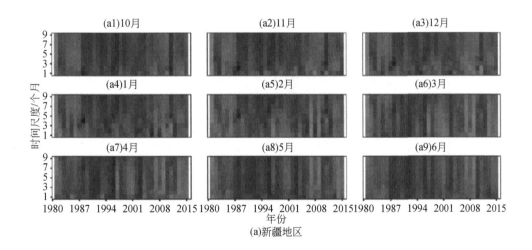

(a)新疆地区

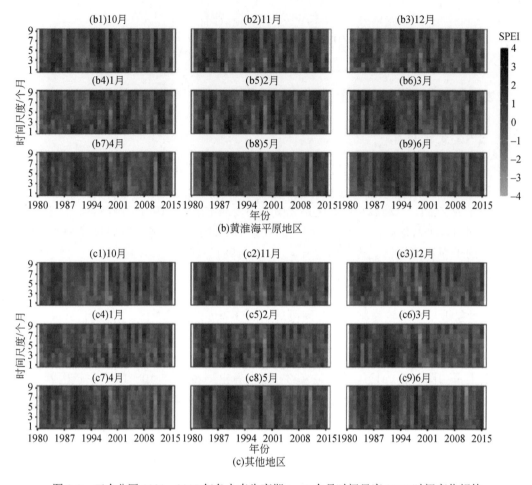

图 3-2　三个分区 1981～2015 年冬小麦生育期 1～9 个月时间尺度 SPEI 时间变化规律

另外，1981～2015 年，其他地区也发生过不同程度的干旱事件，和黄淮海平原地区类似，该分区在 2000 年和 2011 年冬小麦生育期内发生过较为严重的干旱事件。另外，3 月和 4 月为该区发生干旱较为频繁的时期，尤其在 2000 年以后，受多种因素的影响，该分区干旱事件发生较多。这与在《中国气象灾害大典》、水利部历年发布的《中国水旱灾害公报》、中国气象数据网发布的干旱专题数据产品以及网络记载的干旱灾害等基本一致。

总的来说，整个冬小麦生育期内黄淮海平原地区和其他地区气象干旱较新疆地区更为频繁，尤其是 2011 年 3～6 月，黄淮海平原地区和其他地区都发生了极端干旱的情况，这与 2011 年历史记录的我国干旱情况相吻合。另外，与黄淮海平原地区和其他地区相比，新疆地区在大多数年份很少有特别严重的干旱事件发生，这与李剑锋等（2012）的研究结果相一致。

2. SMDI 变化规律

图 3-3 绘制了 1981～2015 年三个分区冬小麦生育期 1～9 个月时间尺度 $SMDI_{0\sim10}$ 的时间变化。

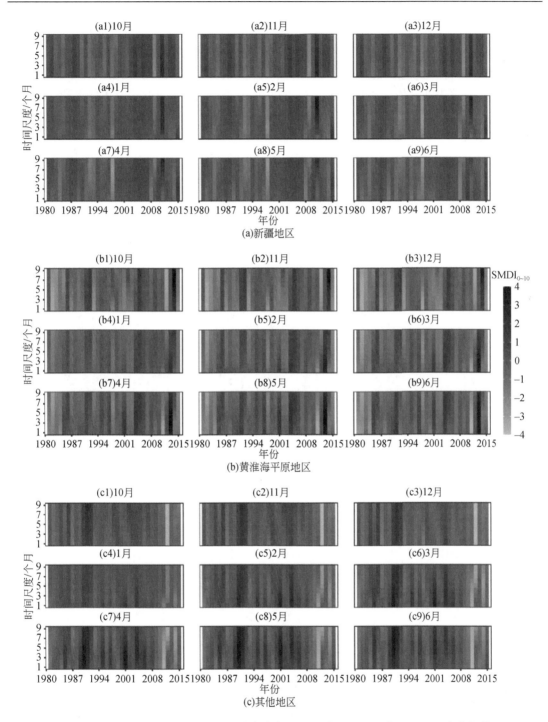

图 3-3　三个分区 1981~2015 年冬小麦生育期 1~9 个月时间尺度 $SMDI_{0~10}$ 变化规律

由图 3-3 可知，1981~2015 年三个分区冬小麦生育期内各个月份 $SMDI_{0~10}$ 变化大体一致。其中，在黄淮海平原地区，1981~2015 年，该地区冬小麦生育期内各个月份都有农业干旱发生，其中较为严重的农业干旱事件发生在 1982 年、1990 年、2000 年和 2011 年，与气象干旱相比，土层各个时间尺度 $SMDI_{0\sim10}$ 具有较高的一致性。此外，该地区在 2013～2014 年也出现过 SMDI 大于正常值较多的湿润情况，这可能与冬小麦生育期外的降水有关。新疆地区在 2000 年之前农业干旱发生较为频繁，在 2000 年左右，$SMDI_{0\sim10}$ 小于正常值较多，说明该地区发生过农业干旱事件。在 2000 年之后，该地区农业干旱事件也常有发生，但没有 2000 年之前频繁。其他地区在 2011～2014 年 $SMDI_{0\sim10}$ 小于正常值较多，发生过较为严重的农业干旱。在 2000 年之前，该地区也发生过不同程度的农业干旱。1981～2015 年，该地区 0～10cm 土层农业干旱呈加重趋势。对比三个分区，黄淮海平原地区农业干旱发生更为频繁；在不同的年份各个分区农业干旱均时有发生。例如，20 世纪 80 年代早期，黄淮海平原地区农业干旱较其他两个分区更为严重；1999 年 10 月～2000 年 6 月，几乎整个冬小麦生育期三个分区都有农业干旱持续发生；在 2011 年和 2014 年黄淮海平原地区和其他地区农业干旱的严重程度大于新疆地区，并持续了整个冬小麦生育期。

图 3-4 为 1981～2015 年各分区冬小麦生育期 1～9 个月时间尺度 $SMDI_{10\sim40}$ 的变化。

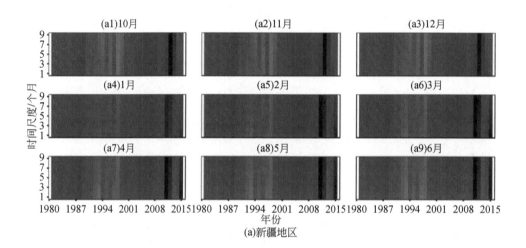

(a)新疆地区

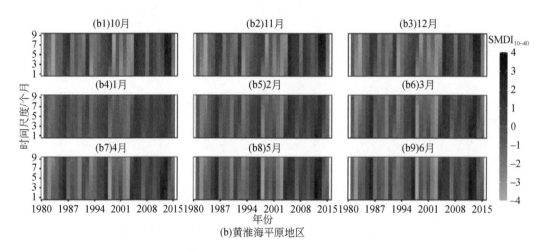

(b)黄淮海平原地区

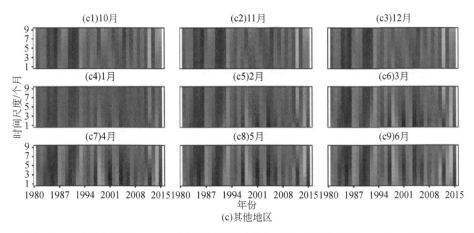

图 3-4　三个分区 1981～2015 年冬小麦生育期 1～9 个月时间尺度 SMDI$_{10～40}$ 时间变化规律

由图 3-4 可知，1981～2015 年黄淮海平原地区 10～40cm 土层冬小麦生育期各月农业干旱主要发生在 2000 年之前，2000 年后农业干旱有减轻趋势。1982 年、1997 年和 2003 年 10～40cm 土层干旱较严重。对比各月可以发现，在每年 1～2 月 10～40cm 土层干旱较轻，而其他月份农业干旱较为严重，这与冬小麦的需水规律有关，1～2 月冬小麦处于越冬期和返青前期，作物有效根系层需水量较少，而从 3 月开始，该地区冬小麦大多都开始进入返青期和拔节期，冬小麦需水量也会变大。1981～2000 年 10～40cm 土层干旱较重，2000 年之后干旱有减轻趋势。其他地区 1981～2015 年 10～40cm 土层干旱发生次数较多，且在冬小麦生育期的 4～6 月农业干旱较严重，1～3 月干旱相对较轻。1981～2015 年冬小麦生育期内各月干旱有增大趋势。对比各分区不同土层干旱状况可知，与 0～10cm 土层相比，新疆地区和其他地区 10～40cm 土层农业干旱更严重。黄淮海平原地区中 10～40cm 土层的干旱程度较 0～10cm 土层低，尤其是 2010～2015 年，10cm 以下土层基本没有发生干旱，呈现湿润化状态。

对比冬小麦生育期 1～9 个月时间尺度 SPEI 与 SMDI$_{0～10}$ 和 SMDI$_{10～40}$ 的变化规律，可以看出，冬小麦生育期内气象干旱指标 SPEI 的变化波动大，而农业干旱指标 SMDI 变化较为平稳。

3.2.2　未来时期冬小麦生育期内干旱变化规律

1. SPEI 变化规律

图 3-5 展示了 2021～2100 年 SSP1-2.6 情景下黄淮海平原地区、新疆地区及其他地区冬小麦生育期内各个月份 1～9 个月时间尺度 SPEI 的时间变化规律。

图 3-5 中，在黄淮海平原地区，2021～2100 年 10～12 月 4～9 个月时间尺度 SPEI 和次年 1～3 月 6～9 个月时间尺度 SPEI 值较大，长时间尺度下基本不发生干旱，多发生短时间尺度干旱。2021～2100 年 10～12 月 1～3 个月时间尺度 SPEI、次年 1～3 月 1～6 个月时间尺度 SPEI 及次年 4～6 月 1～9 个月时间尺度 SPEI 基本呈现正负交替，即存在干湿交替的现象。对比各个月份可以看出，未来时期 SSP1-2.6 情景下 1 月和 2 月该区干旱较为频繁，

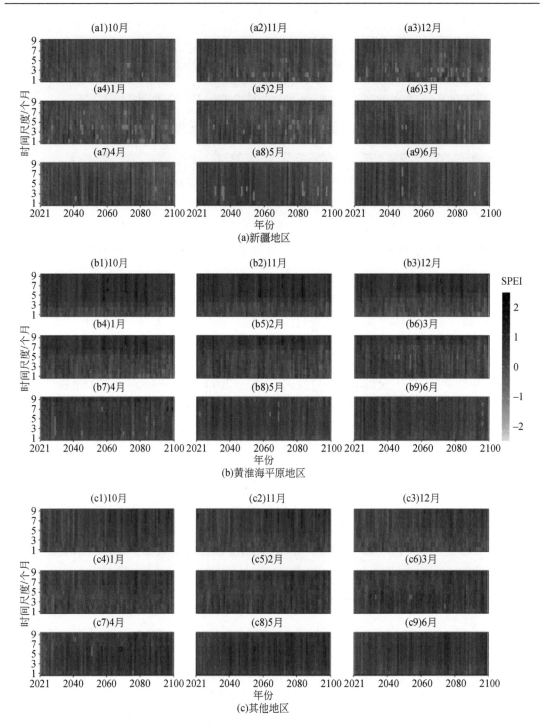

图 3-5 2021~2100 年 SSP1-2.6 情景下三个分区冬小麦生育期 1~9 个月时间尺度 SPEI 变化规律

2080~2100 年，3~6 月也有干旱发生。在新疆地区，2021~2100 年冬小麦生育期内干旱发生较多，尤其是在 10 月至次年 2 月该地区出现较为严重的干旱。在 2021~2100 年的前半段，3~6 月该地区干旱事件相对较少。到 21 世纪末期，几乎整个冬小麦生育期内都发生了不同程度的干旱。对于其他地区来说，SSP1-2.6 情景下在冬小麦生育期短时间尺度发生干旱较多，12 月和 1 月发生干旱较多，3～6 月发生干旱较少。整体来说，2021～2060 年的 12 月至次年 1 月干旱发生频次较高。在 2061～2100 年干旱发生频次较低，SPEI 值在正常范围内波动。

综上所述，在未来时期 SSP1-2.6、SSP2-4.5、SSP3-7.0 和 SSP5-8.5 情景下黄淮海平原地区气象干旱多发生在冬小麦生育期的 10 月至次年 2 月，且多为中短时间尺度（1～6 个月时间尺度）的气象干旱。相比而言，新疆地区冬小麦生育期内气象干旱发生较为频繁，几乎在冬小麦生育期中各个月份都有干旱发生，且干旱强度较大。未来时期冬小麦其他种植区内气象干旱多以 1～6 个月时间尺度的中短时间尺度干旱为主，多发生在冬小麦生育期的 10 月至次年 2 月。对比各个情景可以发现，从 SSP1-2.6 情景到 SSP5-8.5 情景，2021～2100 年各分区冬小麦生育期内干旱发生次数逐渐降低。

2. SMDI 变化规律

图 3-6 绘制了 2021～2100 年 SSP1-2.6 情景下三个分区冬小麦生育期内各个月份 0～10cm 土层 1～9 个月时间尺度 $SMDI_{0\sim10}$ 的时间变化规律。

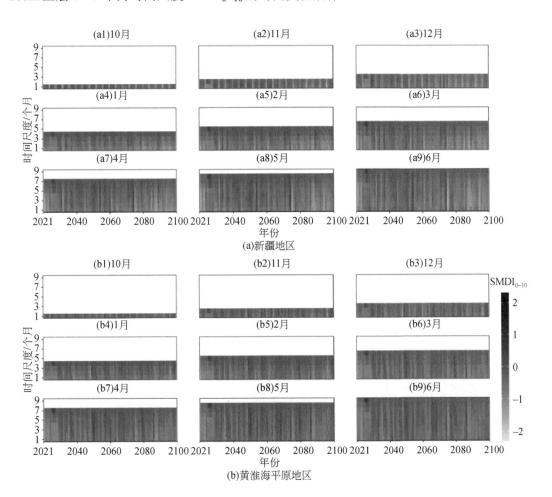

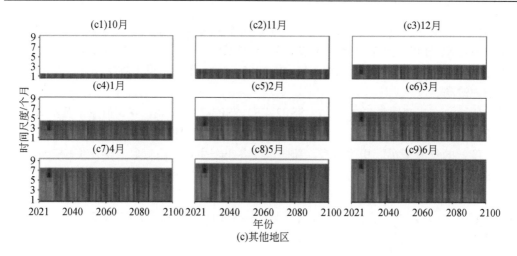

(c)其他地区

图 3-6 2021~2100 年 SSP1-2.6 情景下各分区冬小麦生育期 1~9 个月时间尺度 $SMDI_{0\sim10}$ 时间变化规律

由图 3-6 可知,2021~2100 年,SSP1-2.6 情景下各分区冬小麦生育期内 0~10cm 土层 1~9 个月时间尺度 $SMDI_{0\sim10}$ 变化不大,说明该土层内不同时间尺度 $SMDI_{0\sim10}$ 表征的干湿变化基本一致。在黄淮海平原地区,2021~2100 年 SSP1-2.6 情景下大多年份冬小麦生育期内 $SMDI_{0\sim10}$ 在 0 附近波动,表现为轻微干旱,同一生育期中各个月份之间变化不大。在新疆地区,2021~2100 年 $SMDI_{0\sim10}$ 总体变化规律与黄淮海平原地区相似,但干旱程度略大于黄淮海平原地区,尤其在 2080 年以后冬小麦生育期内的 4~6 月,干旱程度有所增大。2021~2080 年冬小麦生育期内的 1 月和 2 月,4 个月时间尺度和 5 个月时间尺度 $SMDI_{0\sim10}$ 有湿润化趋势。对于其他地区,在 2021~2030 年冬小麦生育期内,1~6 月干旱程度较大。在 2031~2100 年,冬小麦生育期内干旱不明显,$SMDI_{0\sim10}$ 基本处于正常值附近。

图 3-7 绘制了 2021~2100 年 SSP1-2.6 情景下三个分区冬小麦生育期内各个月份 10~40cm 土层 1~9 个月时间尺度 $SMDI_{10\sim40}$ 的时间变化规律。

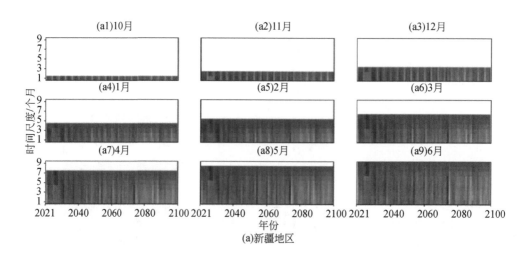

(a)新疆地区

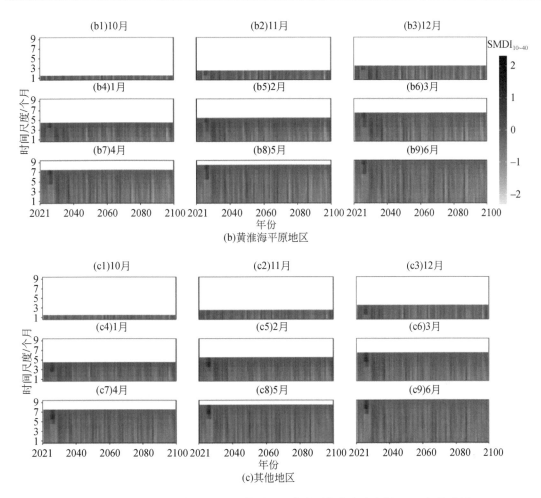

图 3-7　2021～2100 年 SSP1-2.6 情景下三个分区冬小麦生育期 1～9 个月时间
尺度 $SMDI_{10\sim40}$ 时间变化规律

由图 3-7 可知，除个别年份外，2021～2100 年冬小麦生育期内 10～40cm 土层各时间
尺度 $SMDI_{10\sim40}$ 变化不大。在黄淮海平原地区，2021～2100 年冬小麦生育期内 1～3 月 3～
6 个月时间尺度 $SMDI_{10\sim40}$ 略大于 0，说明在 1～3 月 3～6 个月时间尺度下较为湿润，而在
1 个月和 2 个月时间尺度下呈干旱状态。2061～2100 年冬小麦生育期内 1～5 月干旱程度较
大，其他月份干旱程度较小。在新疆地区，2021～2060 年冬小麦生育期各月份干旱化趋势
不明显，2061～2100 年冬小麦生育期各月份干旱化趋势较为明显，尤其是在 4～6 月，干
旱程度有所增大。其他地区 10～40cm 土层内冬小麦生育期中各月份干旱程度与 0～10cm
土层相近，冬小麦生育期内干旱不明显，基本在正常值范围内波动。对比三个分区可知，
黄淮海平原地区和新疆地区干旱化程度略高于其他地区。

图 3-8 绘制了 2021～2100 年 SSP2-4.5 情景下三个分区冬小麦生育期各月 1～9 个月时
间尺度 $SMDI_{0\sim10}$ 的时间变化规律。

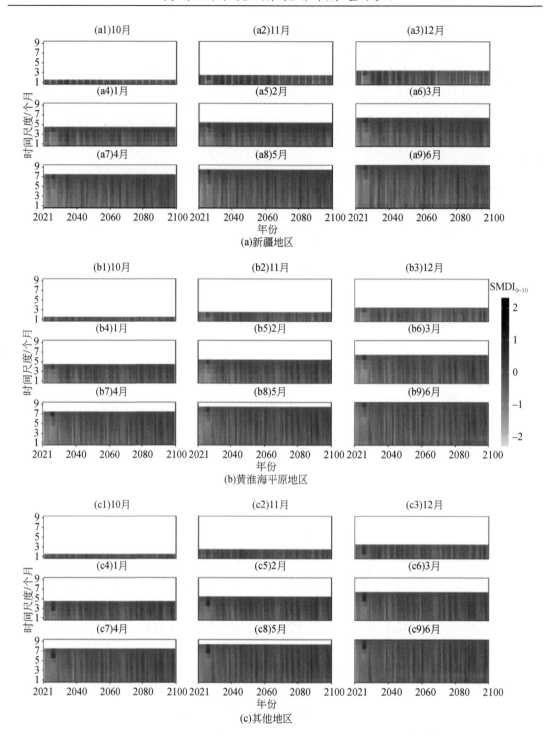

图3-8 2021～2100年SSP2-4.5情景下三个分区冬小麦生育期1～9个月时间尺度$SMDI_{0～10}$时间变化规律

由图3-8可知，在黄淮海平原地区，2021～2060年SSP2-4.5情景下冬小麦生育期0～10cm土层各月份干旱化程度较大，尤其在1～6月，各时间尺度$SMDI_{0～10}$均表现出不同程度的干旱。2061～2100 年 SSP2-4.5 情景下冬小麦生育期 0～10cm 土层各月份干旱有所减轻，在 2080 年以后冬小麦生育期内干旱化程度降低明显。总的来说，2021～2100 年 SSP2-4.5 情景下黄淮海平原地区冬小麦生育期内 0～10cm 土层干旱有减轻趋势。在新疆地区，2021～2040 年 SSP2-4.5 情景下冬小麦生育期内 0～10cm 土层各月份干旱化程度较高。从 2040 年开始，冬小麦生育期内 0～10cm 土层各月份干旱都有所减轻，其中在冬小麦生育期内 3～6 月，干旱减轻程度较大。与黄淮海平原地区和新疆地区相比，其他地区在 SSP2-4.5 情景下 0～10cm 土层干旱化程度较低。2021～2030 年冬小麦生育期内干旱化程度相对较大，从 2030 年开始各月份干旱化程度逐渐降低，甚至出现轻微湿润。

图 3-9 绘制了 2021～2100 年 SSP3-7.0 情景下三个分区冬小麦生育期内各个月份 0～10cm 土层 1～9 个月时间尺度 $SMDI_{0\sim10}$ 的时间变化规律。

由图 3-9 可知，在黄淮海平原地区，2021～2060 年 SSP3-7.0 情景下冬小麦生育期 0～10cm 土层各月份各时间尺度 $SMDI_{0\sim10}$ 均表现出不同程度的干旱，其中在 1～6 月干旱化程度较大。2061～2100 年 SSP3-7.0 情景下冬小麦生育期 0～10cm 土层各月份干旱有所减轻，在 2080 年以后冬小麦生育期内干旱化程度降低明显，有变湿润趋势。总的来说，2021～2100

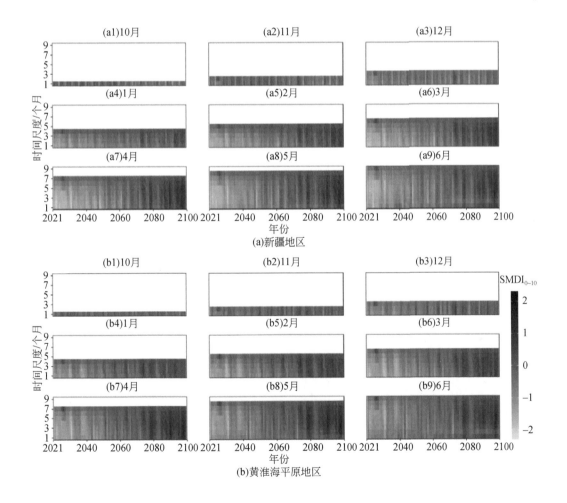

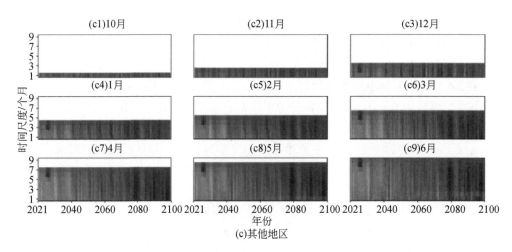

(c)其他地区

图3-9　2021～2100年SSP3-7.0情景下各分区冬小麦生育期1～9个月时间尺度$SMDI_{0\sim10}$变化规律

年在 SSP3-7.0 情景下黄淮海平原地区冬小麦生育期内各月份 0～10cm 土层干旱有减轻趋势。在新疆地区，2021～2060 年 SSP3-7.0 情景下冬小麦生育期 0～10cm 土层各月份各时间尺度 $SMDI_{0\sim10}$ 均表现出不同程度的干旱，其中在 3～6 月干旱化程度较大。2061～2100 年 SSP3-7.0 情景下冬小麦生育期 0～10cm 土层各月份干旱有降低趋势，在 2080 年以后冬小麦生育期 3～6 月 0～10cm 土层有变湿润趋势。

对于 0～10cm 土层，SSP3-7.0 情景下 2021～2100 年新疆地区冬小麦生育期内各月份 0～10cm 土层干旱程度逐渐降低。在其他地区，与 SSP2-4.5 情景相似，在 SSP3-7.0 情景下 2021～2030 年该分区 2～6 月 0～10cm 土层干旱程度较大，从 2031 年开始冬小麦生育期内各个月 0～10cm 土层干旱程度逐渐减轻。在 2080 年之后，该分区 1～6 月有变湿趋势。

图 3-10 展示了 2021～2100 年 SSP3-7.0 情景下三个分区冬小麦生育期内各个月份 10～40cm 土层 1～9 个月时间尺度 $SMDI_{10\sim40}$ 的时间变化规律。

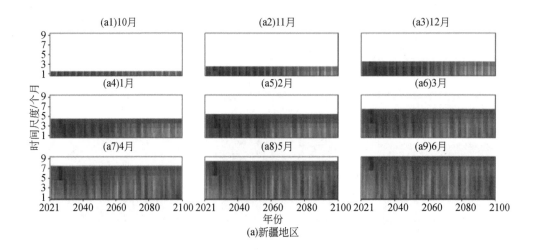

(a)新疆地区

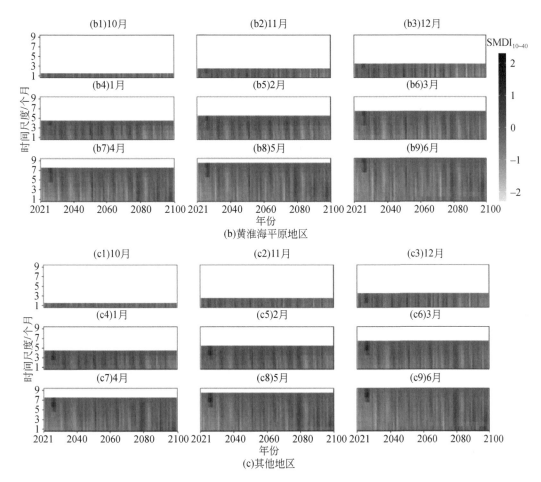

图 3-10　2021～2100 年 SSP3-7.0 情景下各分区冬小麦生育期 1～9 个月时间
尺度 SMDI$_{10\sim40}$ 的时间变化规律

由图 3-10 可知，在黄淮海平原地区，2021～2060 年 SSP3-7.0 情景下冬小麦生育期 1～3 月 10～40cm 土层 3～5 个月时间尺度 SMDI$_{10\sim40}$ 表现为轻微湿润，其他短时间尺度 SMDI$_{10\sim40}$ 表现为轻度干旱。2061～2100 年 SSP3-7.0 情景下冬小麦生育期 10～40cm 土层 1～4 月干旱化程度较大，且有减轻趋势。

总体上，2021～2100 年在 SSP5-8.5 情景下新疆地区冬小麦生育期内各月 0～10cm 土层干旱程度逐渐降低，2080 年以后冬小麦生育期 1～6 月有变湿润趋势。其他地区在 SSP5-8.5 情景下，2021～2030 年冬小麦生育期的 2～6 月期间，0～10cm 土层干旱程度相对较大，从 2031 年开始冬小麦生育期内各个月份 0～10cm 土层干旱程度逐渐减轻。在 2080 年之后，该分区 1～6 月 0～10cm 土层 1～9 个月时间尺度 SMDI$_{0\sim10}$ 有变湿趋势。

3.3　本 章 小 结

1981～2015 年三个分区冬小麦生育期内 1～9 个月时间尺度气象干旱指标 SPEI 的变化

波动大，而农业干旱指标 SMDI 变化较为平稳；整个冬小麦生育期内黄淮海平原地区和其他地区气象干旱较新疆地区更为频繁；黄淮海平原地区 1～9 个月时间尺度 SMDI 在 0～10cm 土层和 10～40cm 土层农业干旱发生频次大于其他两个分区；与 0～10cm 土层相比，黄淮海平原地区和其他地区 10～40cm 土层农业干旱更为严重。新疆地区 10～40cm 土层的干旱程度较 0～10cm 土层低。

2021～2100 年在 SSP1-2.6、SSP2-4.5、SSP3-7.0 和 SSP5-8.5 情景下，10 月到次年 2 月冬小麦干旱发生频次较高；从 SSP1-2.6 情景到 SSP5-8.5 情景，各分区冬小麦生育期内气象干旱发生次数逐渐降低。2021～2100 年 4 个情景下冬小麦生育期内各时间尺度农业干旱变化不大，0～10cm 土层农业干旱多发生在 3～6 月，10～40cm 土层农业干旱多发生在 1～4 月。从 SSP1-2.6 情景到 SSP5-8.5 情景，各分区冬小麦生育期内农业干旱有增加趋势。

第4章 冬小麦生长和产量变化规律

冬小麦是我国主要的粮食作物之一，在我国粮食生产中的作用毋庸置疑。本章先用
DSSAT-CERES-Wheat 模型对我国冬小麦产区 108 个农业气象站点的冬小麦参数进行调整，
然后模拟 1981～2015 年三个分区各站点冬小麦开花期和成熟期、地上部分生物量、LAI_{max}
及冬小麦产量，分析历史时期各分区冬小麦生长和产量变化规律，接着利用降尺度后的
CMIP6 中 SSP1-2.6、SSP2-4.5、SSP3-7.0 和 SSP5-8.5 四个排放情景下 27 个气候模式数据
和 DSSAT-CERES-Wheat 模型，模拟 2021～2100 年各站点冬小麦开花期和成熟期、地上部
分生物量、LAI_{max} 及冬小麦产量，分析未来时期各分区冬小麦生长和产量变化规律。

4.1 基于 DSSAT-CERES-Wheat 模型的多要素耦合模拟方法

4.1.1 气象和作物数据

我国冬小麦主产区为主要研究区，研究区概况参考 3.1.1 节。从中国气象数据网下载研
究区 108 个农业气象站点冬小麦产量数据、生育期数据和气象数据。主要包括 1992～2013
年 108 个农业气象站点冬小麦各生育期数据和 2001～2013 年冬小麦产量数据；各农业气象
站点的气象数据详见 3.1.2 节。

冬小麦生长共包括播种期、出苗期、分蘖期、越冬期、返青期、拔节期、开花期、灌
浆期和成熟期 9 个生育期（曹卫星，2017）。基于 1992～2013 年各站点实测的冬小麦生育
期数据计算出各个生育期儒历日（DOY）平均值，如图 4-1 所示。图 4-1 中各生育期内自
北向南各站点儒历日逐渐变小，南部各站点冬小麦生育期都较北部地区各站点有所提前。
以冬小麦开花期和成熟期为例，其他地区的西南部各站点开花期较为提前，其儒历日为 40～

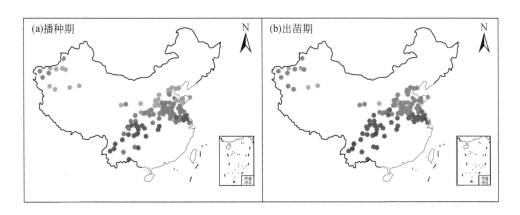

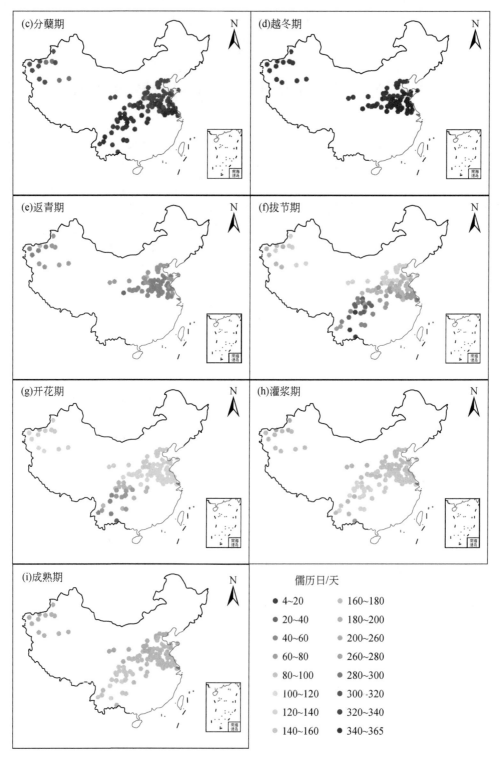

图 4-1 冬小麦种植区农业气象站点冬小麦各个生育期儒历日的空间分布图

80 天，黄淮海平原地区各站点开花期儒历日为 100～120 天，新疆地区各站点开花期儒历日为 120～140 天；其他地区的西南部各站点成熟期相对较早，其儒历日在 150 天左右，向北各站点成熟期儒历日逐渐变大，新疆地区各站点冬小麦成熟期儒历日为 160～180 天。

　　为便于分析研究，结合我国 108 个农业气象站点观测的冬小麦各生育期数据计算冬小麦各生育期儒历日的上四分位数、中位数和下四分位数，并推算出各冬小麦生育期所对应的月份，如表 4-1 所示。表 4-1 中冬小麦整个生育期为每年的 10 月到次年 6 月。

表 4-1　冬小麦种植区各站点冬小麦各生育日期儒历日统计特征

生育期	下四分位数/天	中位数/天	上四分位数/天	月份
播种期	278	284	297	10
出苗期	288	294	306	10
分蘖期	308	316	331	11
越冬期	332	341	348	12
返青期	52	59	68	2
拔节期	76	90	105	3
开花期	106	116	124	4
灌浆期	135	144	150	5
成熟期	150	157	165	6

4.1.2　土壤数据

　　从中国科学院国家青藏高原科学数据中心国家科技资源共享服务平台下载土壤水文数据集和土壤特征数据集数据，其中，中国土壤水文数据集中包括 0～4.5cm、4.5～9.1cm、9.1～16.6cm、16.6～28.9cm、28.9～49.3cm、49.3～82.9cm 和 82.9～138.3cm 土层深度的饱和土壤含水量（SAT）、凋萎系数（WP）、田间持水量（FC）和饱和导水率（SHC）等土壤物理参数（Dai et al.，2013）；土壤特征数据集中包括 0～30cm 和 30～100cm 土层深度处土壤黏粒、粉粒及砂粒含量数据。另外，从 GEE 平台下载 1948～2018 年全国所有地区 0～10cm 和 10～40cm 土层的逐日土壤含水量数据，有关 GLDAS 土壤水分数据集已在 3.1.3 节进行详细介绍，在此不再赘述。

4.1.3　DSSAT-CERES-Wheat 模型

1. 模型概述

　　DSSAT v4.7 模型是一个广泛应用的作物生长过程模型，可用来模拟 42 种作物的生长发育过程（Hoogenboom et al.，2019）。DSSAT 模型主要由土壤模块、气象模块、作物管理模块和试验模块四个部分组成（Hoogenboom et al.，2019）。其中，DSSAT-CERES-Wheat 模型是 DSSAT 模型的子模块，主要用于冬小麦的生长过程模拟。该模型一般是以天为步长，从冬小麦播种日期或播种日期之前开始模拟冬小麦的生长发育、干物质形成、产量积累以及根区土壤水分的运动和消耗过程。在进行模拟时，需要输入的数据主要包括冬小麦生育期的逐日气象数据、土壤物理和化学性质数据、作物管理数据、试验观测数据和作物遗传参数等。模型最终的输出数据主要包括冬小麦物候期、生育期内根区土层中土壤水分、冬小麦生长过程中积累生物量、叶面积指数和收获时的产量等。该模型根据 Ritchie（1998）提出的水量平衡方法模拟土壤水分，可以模拟各层土壤中的水分运动和根系吸水过程。

2. 模型遗传参数的校正和验证

结合 DSSAT-GLUE 中的广义似然不确定性估计（GLUE）方法估计冬小麦的遗传参数。该方法将模拟结果与实测结果进行对比，采用极大似然估计方法和贝叶斯算法对冬小麦的遗传参数进行估计（He et al.，2010）。在 DSSAT-GLUE 程序中通过两轮 GLUE 调参过程对冬小麦遗传参数进行估计，分别估计冬小麦的物候期参数和生长参数。一般情况下，为了确保参数估计的准确性，两轮估计中 DSSAT-GLUE 都运行 5000 次。在本书中，每个站点都进行了 30000 次运行才得到各个站点的冬小麦遗传参数。

DSSAT-CERES-Wheat 模型中包括 P1V、P1D、P5、G1、G2、G3 和 PHINT 共 7 个遗传参数，其中前 3 个为物候期参数，后 4 个为生长参数，如表 4-2 所示。

表 4-2　DSSAT-CERES-Wheat 模型中冬小麦遗传参数名称及取值范围

参数名称	参数定义	参数范围	单位
P1V	最适温度条件下通过春化阶段所需天数	5~65	天
P1D	光周期系数	0~95	%
P5	籽粒灌浆期积温	300~800	℃·d
G1	开花期单位植株冠层质量的籽粒数	15~30	个/g
G2	最佳条件下标准籽粒质量	20~65	mg
G3	成熟期非胁迫条件下单位植株茎穗标准干质量	1~2	g
PHINT	完成一个冬小麦叶片生长所需的积温	60~100	℃·d

表 4-2 展示了全国各农业气象站点冬小麦遗传参数，基于农业气象站 2001~2005 年的冬小麦开花期、成熟期和产量对冬小麦遗传参数进行校正，用 2006~2013 年的冬小麦开花期、成熟期和产量对冬小麦遗传参数进行验证，用验证后的冬小麦遗传参数，结合 DSSAT-CERES-Wheat 模型，模拟各站点历史和未来时期冬小麦开花期和成熟期、地上部分生物量、LAI_{max} 及冬小麦产量。

3. 模型模拟过程

在利用 GLUE 方法完成 DSSAT-CERES-Wheat 模型中冬小麦遗传参数的校正和验证后，需要对历史时期和未来时期各站点的冬小麦生长过程和产量进行模拟。为了探究自然条件下干旱对冬小麦产量的影响，用 DSSAT-CERES-Wheat 模型模拟雨养条件下 1981~2015 年各个站点的冬小麦开花期和成熟期、地上部分生物量、LAI_{max} 及冬小麦产量。对于未来时期，由于缺乏实测的播种日期数据，在模拟时输入的播种日期为历史时期实测播种日期的平均值，选用条播的种植方式，播种深度为 5cm，行距为 25cm，播种密度为 400 万株/hm^2（姚宁等，2015）。假定未来时期各农业气象站点中各土层的土壤结构不变，黏粒、粉粒、砂粒含量也与历史时期相同，而后结合气象数据对 2021～2100 年 SSP1-2.6、SSP2-4.5、SSP3-7.0 和 SSP5-8.5 四个情景下各站点的冬小麦开花期和成熟期、地上部分生物量、LAI$_{max}$ 及冬小麦产量进行模拟。另外，在模拟过程中也没有考虑冬小麦品种变化的影响。

将未来时期分为两个时段，分别为 2021～2060 年和 2061～2100 年，分别分析未来时期各时段冬小麦开花期和成熟期、成熟期地上部分生物量、LAI$_{max}$ 及冬小麦产量的变化规律。

4. 模型评价方法

本书所选用的 DSSAT-CERES-Wheat 模型评价指标包括决定系数（R^2）、均方根误差（RMSE）和相对均方根误差（RRMSE），R^2、RMSE 和 RRMSE 的计算公式如下：

$$R^2 = \left(\frac{\sum\limits_{i=1}^{n}(O_i - \overline{O})(S_i - \overline{S})}{\sqrt{\sum\limits_{i=1}^{n}(O_i - \overline{O})^2}\sqrt{\sum\limits_{i=1}^{n}(S_i - \overline{S})^2}} \right)^2 \tag{4-1}$$

$$\text{RMSE} = \sqrt{\frac{1}{n}\sum\limits_{i=1}^{n}(S_i - O_i)^2} \tag{4-2}$$

$$\text{RRMSE} = \frac{\text{RMSE}}{\overline{O}} \times 100\% \tag{4-3}$$

式中，S_i 表示第 i 个模拟值（$i=1$，2，$\cdots$，13）；$\overline{S}$ 表示 S_i 的平均值；O_i 表示第 i 个观测值；$\overline{O}$ 表示 O_i 的平均值。一般地，R^2 越大表明模型模拟效果越好，RMSE 和 RRMSE 越小则表明模型模拟效果越好。

4.2　冬小麦生产力时空演变及多情景响应

4.2.1　DSSAT-CERES-Wheat 模型评价结果

图 4-2 给出了各农业气象站点冬小麦遗传参数 P1V、P1D、P5、G1、G2、G3 和 PHINT 的校正结果，可以看出，7 个冬小麦遗传参数值（表 4-3）在不同的范围内变化不同，并且在不同的站点各遗传参数的取值也不相同。

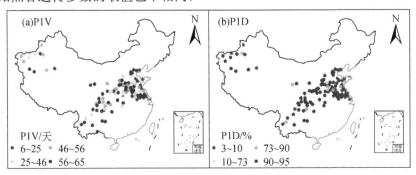

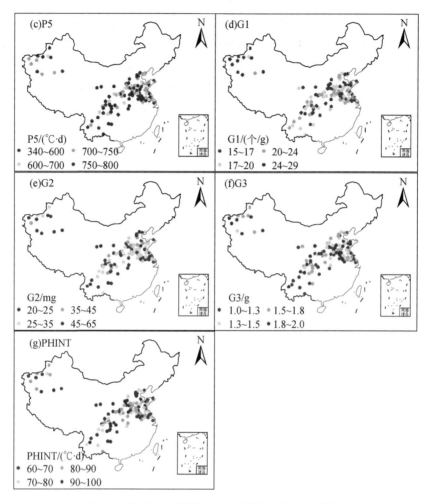

图4-2　各农业气象站点冬小麦遗传参数空间分布

DSSAT-CERES-Wheat 模型的模拟结果如图 4-3 所示，其中图 4-3（a）～图 4-3（c）中

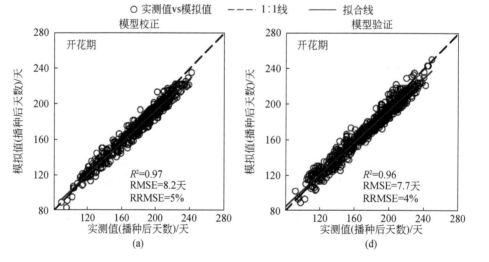

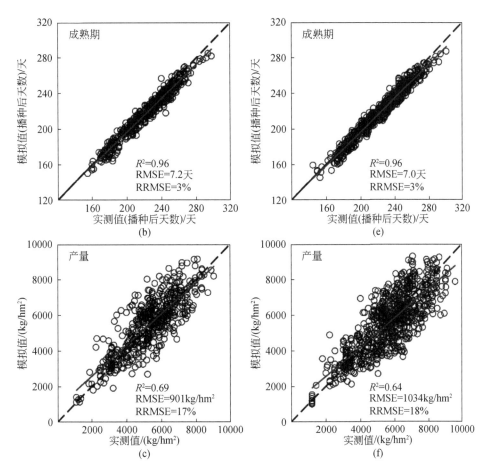

图 4-3 冬小麦开花期、成熟期和产量实测值与模拟值对比

分别给出了冬小麦开花期、成熟期和产量的模型校正结果，图 4-3（d）～图 4-3（f）分别
给出了冬小麦开花期、成熟期和产量的模型验证结果。

表 4-3 全国各农业气象站点冬小麦遗传参数

站名	站号	缩写	遗传参数					
			P1V/天	P1D/%	P5/(℃·d)	G1/(个/g)	G2/mg	G3/g	PHINT/(℃·d)
伊宁	51431	XJYN	49.25	93.91	778.9	24.85	29.53	1.592	81.68
阿克苏	51628	XJAK	26.42	94.36	796.0	16.44	30.01	1.732	65.39
拜城	51633	XJBB	8.67	73.25	626.4	17.61	60.27	1.661	76.07
库车	51644	XJKF	55.91	92.79	799.2	27.38	24.23	1.078	83.24
喀什	51709	XJKS	46.09	94.93	722.1	27.66	21.88	1.901	68.83
阿合奇	51711	XJAH	40.21	6.17	534.4	15.45	25.42	1.617	81.01
巴楚	51716	XJBC	34.38	92.26	749.4	27.22	23.91	1.029	60.7
若羌	51777	XJRQ	5.30	3.17	346.4	24.68	60.50	1.015	60.11
莎车	51811	XJSC	54.79	94.14	735.3	16.49	36.40	1.957	80.05

站名	站号	缩写	遗传参数						
			P1V/天	P1D/%	P5/(℃·d)	G1/(个/g)	G2/mg	G3/g	PHINT/(℃·d)
和田	51828	XJHT	60.20	93.81	777.3	15.37	24.52	1.406	85.66
且末	51855	XJQM	51.01	94.85	743.2	20.96	20.85	1.688	97.4
于田	51931	XJYT	58.76	94.78	701.9	24.14	21.00	1.261	97.48
贵德	52868	QHGD	64.10	89.66	763.6	17.45	22.97	1.248	65.43
民和	52876	QHMH	63.62	94.30	770.6	16.52	45.15	1.623	69.6
定州	53696	HBDZ	43.27	94.44	777.5	15.13	29.56	1.63	79.85
汾阳	53769	SSFY	63.97	94.01	799.8	19.18	26.83	1.58	96.17
太谷	53775	SSTG	57.56	94.85	763.2	16.43	41.21	1.398	91.19
环县	53821	GSHX	51.21	94.40	794.8	15.35	20.09	1.809	99.68
介休	53863	SSJX	54.05	94.55	742.3	27.22	20.13	1.48	94.16
临汾	53868	SXLF	59.52	94.42	649.7	15.17	25.93	1.303	85.58
安泽	53877	SXAZ	62.72	94.54	721.5	15.32	20.43	1.808	94.97
长治	53882	SSCZ	55.17	94.65	583.7	15.51	21.11	1.265	96.61
涉县	53886	HBSX	58.31	50.77	642.6	17.09	35.25	1.305	81.6
肥乡	53980	HHFX	63.65	94.51	721.4	17.51	28.20	1.901	72.13
新乡	53986	HNXX	61.08	84.77	743.2	20.43	25.00	1.261	84.18
汤阴	53991	HNTY	51.17	94.78	773.0	17.76	31.55	1.948	87.93
涿州	54502	HBZZ	64.42	94.45	799.7	21.89	22.52	1.645	67.63
容城	54503	HBRC	57.56	94.51	796.7	21.22	20.6	1.666	62.35
霸州	54518	HBBZ	58.89	94.37	792.8	18.33	25.82	1.907	62.93
三河	54520	HBSH	58.81	94.00	783.9	19.30	22.86	1.491	75.04
唐山	54534	HBTS	59.41	94.49	708.5	26.29	20.35	1.508	74.9
昌黎	54540	HBCL	61.00	94.26	750.0	27.69	25.07	1.197	95.22
河间	54614	HBHJ	31.66	93.51	703.1	18.45	41.62	1.428	95.96
惠民	54725	SDHM	64.48	94.17	606.3	24.03	23.88	1.962	94.24
莱州	54749	SDLZ	57.83	94.78	749.8	15.26	27.49	1.812	90.12
文登	54777	SDWD	38.49	85.67	593.1	15.11	20.05	1.449	67.77
聊城	54806	SDLC	45.46	93.93	795.0	15.57	39.18	1.457	85.7
泰安	54827	SDTA	32.39	8.50	449.9	19.44	63.45	1.866	78.07
淄博	54830	SDZB	60.10	94.66	727.9	15.93	36.45	1.303	88.8
寒亭	54843	SDHT	40.66	92.79	723.2	16.15	27.48	1.244	90.89
胶州	54849	SDJZ	31.08	89.24	793.4	16.69	29.61	1.22	89.7
菏泽	54906	SDHZ	64.55	93.83	785.0	21.69	32.90	1.78	86.67
济宁	54915	SDJN	60.00	94.19	795.4	18.77	29.84	1.576	62.66

续表

站名	站号	缩写	遗传参数						
			P1V/天	P1D/%	P5/(℃·d)	G1/(个/g)	G2/mg	G3/g	PHINT/(℃·d)
莒县	54936	SDLX	57.91	93.34	732.5	17.65	26.70	1.862	95.64
临沂	54938	SDLY	51.69	88.00	731.9	21.40	21.39	1.486	72.2
灌县	56188	SCGX	55.30	94.52	733.7	16.74	37.37	1.728	60.81
平武	56193	SCPW	62.76	94.69	791.7	22.13	21.66	1.663	64.45
绵阳	56196	SCMY	61.11	94.62	566.6	19.44	24.09	1.857	82.63
双流	56288	SCSL	58.82	94.03	782.5	18.54	26.49	1.447	78.47
汉源	56376	SCHY	6.133	4.87	659.0	27.03	30.61	1.979	71.85
犍为	56389	SCJW	24.64	94.06	795.3	28.22	26.54	1.835	75.69
西昌	56571	SCXC	37.24	92.71	770.8	20.41	29.53	1.275	63.75
丽江	56651	YNLJ	44.32	94.78	767.4	23.03	20.53	1.293	65.21
保山	56748	YNBS	61.70	91.57	765.2	20.05	22.75	1.969	79.5
大理	56751	YNDL	62.11	87.50	710.7	17.64	22.82	1.121	92.77
昆明	56778	YNKM	64.91	93.08	584.1	19.59	23.59	1.122	77.43
文山	56994	YNWS	9.24	80.90	767.6	17.28	28.48	1.198	86.3
凤翔	57025	SXFX	61.26	93.89	655.1	24.46	24.05	1.23	98.68
武功	57034	SXWG	43.86	94.75	737.5	27.05	26.59	1.41	82.91
大荔	57043	SXDL	47.54	93.63	736.3	18.74	22.01	1.63	92.77
渭南	57045	SXWN	64.98	94.28	750.6	23.15	24.65	1.18	92.02
咸阳	57048	SXXY	43.48	93.64	693.7	20.50	27.41	1.19	88.56
卢氏	57067	HNLS	57.59	94.38	557.0	18.00	28.47	1.75	85.75
汝州	57075	HNRZ	38.40	94.49	780.9	23.25	26.17	1.17	98.86
郑州	57083	HNZZ	58.97	71.35	787.4	20.50	27.30	1.41	63.44
许昌	57089	HNXC	48.59	93.28	777.2	17.69	33.24	1.08	73.89
杞县	57096	HNQX	51.57	94.59	731.9	20.71	27.77	1.09	71.50
成县	57102	GSCX	63.32	94.95	798.7	17.09	43.26	1.90	63.95
商州	57143	SXSZ	25.32	93.27	744.9	18.46	20.90	1.64	76.28
南阳	57178	HNNY	54.02	91.08	776.7	28.58	21.07	1.39	85.07
广元	57206	SCGY	55.49	94.53	695.3	23.61	31.77	1.27	75.86
郧西	57251	HBYX	53.09	94.65	715.7	18.01	28.90	1.09	83.07
房县	57259	HBFX	61.38	94.98	675.9	16.93	30.67	1.68	84.56
苍溪	57303	SCCX	26.39	92.81	787.5	23.16	53.06	1.87	67.90
南部	57314	SCNB	52.36	92.39	770.1	16.68	27.02	1.33	74.06
营山	57318	SCYS	38.98	93.41	765.8	20.95	21.27	1.61	94.66
宣汉	57326	SCXH	60.26	94.97	793.7	25.44	24.87	1.00	61.24

续表

站名	站号	缩写	遗传参数						
			P1V/天	P1D/%	P5/(℃·d)	G1/(个/g)	G2/mg	G3/g	PHINT/(℃·d)
钟祥	57378	HBZX	59.83	94.64	770.3	16.02	20.91	1.35	82.08
广安	57415	SCGA	55.36	94.73	791.6	15.84	39.15	1.66	90.20
万州	57432	SCWZ	51.66	94.37	745.4	18.60	34.66	1.16	99.58
江陵	57476	HBJL	39.69	92.96	787.1	17.76	20.06	1.21	76.26
泸县	57508	SCHX	17.48	94.41	698.9	20.63	37.82	1.75	99.25
沙坪坝	57516	SCSP	42.15	89.55	798.8	15.40	20.15	1.52	69.08
江津	57517	SCJJ	60.26	86.41	718.2	26.68	23.25	1.41	92.66
酉阳	57633	SCYY	61.09	94.29	786.3	15.36	20.40	1.06	68.94
普定	57808	GZPD	61.16	94.99	754.8	16.46	62.72	1.06	97.74
惠水	57912	GZHS	63.45	92.25	798.6	18.33	21.54	1.73	91.16
曹县	58002	HNCX	62.02	94.64	743.9	16.6	31.79	1.19	89.40
商丘	58005	HNSQ	64.86	87.80	663.6	15.03	22.08	1.91	86.16
砀山	58015	AHDS	62.50	94.10	545.6	16.40	31.83	1.96	68.54
沭阳	58038	JSSY	45.73	92.99	685.6	17.70	27.00	1.48	70.86
赣榆	58040	JSCY	58.71	94.11	730.5	15.76	27.54	1.49	61.39
滨海	58049	JSBH	48.64	94.52	791.4	15.99	22.16	1.98	71.29
亳州	58102	AHHX	64.11	94.10	587.3	15.70	31.22	1.26	71.34
蒙城	58118	AHMC	44.62	94.43	785.9	15.93	25.82	1.92	92.15
宿州	58122	AHSX	40.49	92.14	786.2	17.71	30.26	1.31	86.18
盱眙	58138	JSXY	61.52	94.99	705.4	17.03	31.09	1.64	84.42
大丰	58158	JSDF	41.63	92.95	699.5	15.88	21.75	1.99	99.14
阜阳	58203	AHFY	13.94	92.25	780.3	21.40	34.96	1.10	66.92
寿县	58215	AHSY	45.45	93.34	759.4	19.13	22.93	1.82	63.62
凤阳	58222	AHFF	57.51	94.95	791.9	15.67	20.12	1.35	94.58
滁州	58236	AHCX	59.15	94.28	768.0	21.51	21.92	1.54	70.51
兴化	58243	JSXH	60.80	94.99	799.4	22.51	20.41	1.76	69.60
扬州	58245	JSYZ	57.15	94.74	694.4	15.12	21.95	1.40	67.22
丹徒	58252	JSDT	57.58	93.88	753.3	15.42	20.41	1.13	88.19
如皋	58255	JSRB	17.51	94.26	700.1	15.80	28.09	1.87	71.16
合肥	58321	AHHF	62.88	94.36	744.7	21.61	26.23	1.06	82.66
昆山	58356	JSKS	53.96	93.52	779.7	19.55	22.69	1.94	90.91

由图 4-3 可知,DSSAT-CERES-Wheat 模型对冬小麦开花期校正和验证的 R^2 分别为 0.97 和 0.96,RMSE 分别为 8.2 天和 7.7 天,RRMSE 分别为 5%和 4%;对冬小麦成熟期校正和

验证的 R^2 均为 0.96，RMSE 分别为 7.2 天和 7.0 天，RRMSE 均为 3%，说明该冬小麦开花期和成熟期的模拟值和实测值基本一致，该模型对冬小麦关键生育期的模拟精度较高。DSSAT-CERES-Wheat 模型对冬小麦产量的校正和验证的 R^2 分别为 0.69 和 0.64，RMSE 分别为 901kg/hm^2 和 1034kg/hm^2，RRMSE 分别为 17% 和 18%，可以看出，该模型对冬小麦产量的模拟也在可接受的范围之内。DSSAT-CERES-Wheat 模型对冬小麦产量的模拟没有对开花期和成熟期的模拟效果好，总体上该模型的模拟结果还是能够接受的，说明 DSSAT-CERES-Wheat 模型能够用于冬小麦生长过程的模拟。

4.2.2　冬小麦生育期气象要素变化规律

图 4-4 为 1981～2100 年 SSP1-2.6、SSP2-4.5、SSP3-7.0 和 SSP5-8.5 情景下，黄淮海平原地区、新疆地区以及其他地区冬小麦生育期内最高气温的时间变化。图 4-4 中黑线表示 27 个 GCM 中冬小麦生育期内最高气温的平均值；阴影区的顶部和底部边界分别表示 27 个 GCM 中冬小麦生育期内最高气温的第 90 分位数和第 10 分位数。由图 4-4 可知，1981～2000 年，黄淮海平原地区冬小麦生育期内最高气温多年平均值为 15℃，新疆地区冬小麦生育期内最高气温多年平均值为 13.96℃，其他地区冬小麦生育期内最高气温多年平均值为 16.4℃。1981～2000 年，三个分区冬小麦生育期内最高气温都有增加趋势。未来时期（2021～2100 年）不同排放情景下各分区冬小麦生育期内最高气温都有增加趋势，各分区增加幅度不同。至 2100 年冬小麦生育期末，黄淮海平原地区 SSP1-2.6、SSP2-4.5、SSP3-7.0 和 SSP5-8.5 情景下最高气温分别是 17.15℃、18.15℃、19.16℃和 20.27℃；新疆地区四个情景下最高气温分别是 15.77℃、17.25℃、18.91℃和 19.83℃；其他地区四个情景下最高气温分别是 18.53℃、19.63℃、20.96℃和 21.96℃。可以看出，未来时期不同情景下冬小麦生育期内最高气温按各情景由高到低排序分别是 SSP5-8.5、SSP3-7.0、SSP2-4.5 和 SSP1-2.6。各分区冬小麦生育期内最高气温由高到低排序依次为其他地区、黄淮海平原地区和新疆地区。

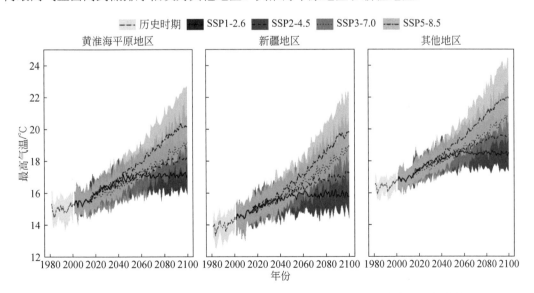

图 4-4　1981～2100 年不同情景下三个分区冬小麦生育期内最高气温时间变化

图 4-5 给出了 1981～2100 年 SSP1-2.6、SSP2-4.5、SSP3-7.0 和 SSP5-8.5 情景下黄淮海平原地区、新疆地区以及其他地区冬小麦生育期内最低气温的时间变化规律。

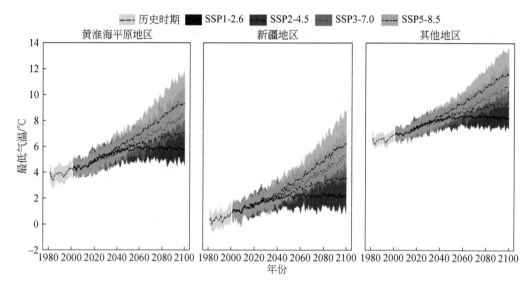

图 4-5　1981～2100 年不同情景下三个分区冬小麦生育期内最低气温时间变化

由图 4-5 可知，1981～2000 年，黄淮海平原地区冬小麦生育期内最低气温的多年平均值为 3.89℃，新疆地区冬小麦生育期内最低气温的多年平均值为 0.48℃，其他地区冬小麦生育期内最低气温的多年平均值为 6.59℃。新疆地区冬小麦生育期内最低气温明显低于其他两个分区。1981～2000 年，三个分区冬小麦生育期内最低气温都有增加趋势。同样地，未来时期（2021～2100 年）不同排放情景下各分区冬小麦生育期内最低气温也有增加趋势，但增加幅度不同。至 2100 年冬小麦生育期末期，黄淮海平原地区 SSP1-2.6、SSP2-4.5、SSP3-7.0 和 SSP5-8.5 情景下最低气温分别是 5.8℃、7.02℃、8.52℃和 9.28℃；新疆地区四个情景下最低气温分别是 2.12℃、3.55℃、5.5℃和 6.23℃；其他地区四个情景下最低气温分别是 8.28℃、9.37℃、10.83℃和 11.55℃。可以看出，未来时期不同情景下冬小麦生育期内最低气温按各情景由高到低排序分别是 SSP5-8.5、SSP3-7.0、SSP2-4.5 和 SSP1-2.6。对比各个分区可以看出，各分区冬小麦生育期内最低气温由高到低排序依次为其他地区、黄淮海平原地区和新疆地区。

4.2.3　历史时期冬小麦生长和产量变化

1. 冬小麦生育期内 LAI_{max} 变化

图 4-6 给出了 1981～2015 年三个分区在雨养条件下 DSSAT-CERES-Wheat 模型模拟的冬小麦生育期内 LAI_{max} 年际变化情况。图 4-6 中各箱形图内的黑色实线表示该年所有站点冬小麦生育期内 LAI_{max} 的中位数；箱子的上下边界线分别表示 LAI_{max} 的上四分位数和下四分位数；箱子上方和下方的晶须线分别表示 LAI_{max} 的第 90 分位数和第 10 分位数；箱子晶须线两侧的黑色实心圆点表示异常值。由图 4-6 可知，黄淮海平原地区、新疆地区和其他

地区冬小麦生育期内 LAI_{max} <10，其中黄淮海平原地区和其他地区冬小麦生育期内 LAI_{max} 较高，平均值在 6 左右；新疆地区冬小麦生育期内 LAI_{max} 较低，平均值在 4 左右。与黄淮海平原地区和其他地区相比，1981～2015 年，新疆地区冬小麦生育期内 LAI_{max} 平均值波动较大。

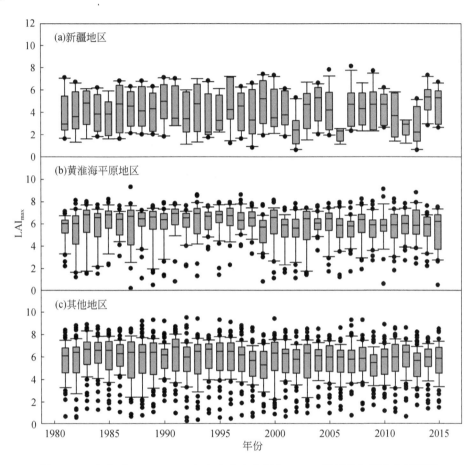

图 4-6　三个分区 1981～2015 年冬小麦生育期内 LAI_{max} 模拟值年际变化箱形图

2. 冬小麦成熟期地上部分生物量变化

图 4-7 给出了 1981～2015 年三个分区雨养条件下 DSSAT-CERES-Wheat 模型模拟的冬小麦成熟期地上部分生物量年际变化情况。图 4-7 中各箱形图内的黑色实线表示该年所有站点冬小麦成熟期地上部分生物量的中位数；箱子的上下边界线分别表示成熟期地上部分生物量的上四分位数和下四分位数；箱子上方和下方的晶须线分别表示成熟期地上部分生物量的第 90 分位数和第 10 分位数；箱子晶须线两侧的黑色实心圆点表示异常值。

由图 4-7 可知，黄淮海平原地区、新疆地区和其他地区冬小麦成熟期地上部分生物量 <15000kg/hm²，其中其他地区冬小麦成熟期地上部分生物量平均值较大，平均值在 10000kg/hm² 左右；黄淮海平原地区冬小麦成熟期地上部分生物量平均值略小于其他地区；

新疆地区冬小麦成熟期地上部分生物量最低，平均值在 5000kg/hm² 左右。与黄淮海平原地区和其他地区相比，1981～2015 年，新疆地区冬小麦成熟期地上部分生物量平均值波动较大。

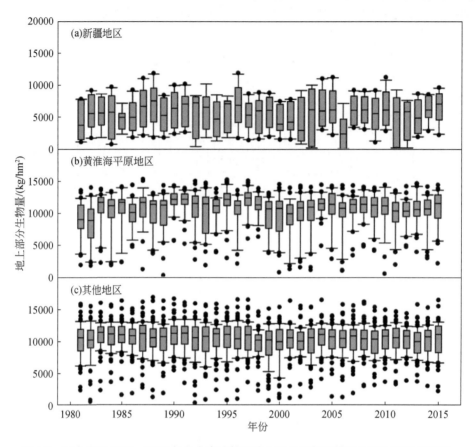

图 4-7　三个分区 1981～2015 年冬小麦成熟期地上部分生物量模拟值年际变化箱形图

3. 冬小麦产量变化

图 4-8 给出了三个分区雨养条件下模拟的冬小麦 1981～2015 年产量变化情况。

图 4-8 中各箱形图内的黑色实线表示该年所有站点冬小麦产量的中位数；箱子的上下边界线分别表示冬小麦产量的上四分位数和下四分位数；箱子上方和下方的晶须线分别表示冬小麦产量的第 90 分位数和第 10 分位数；箱子晶须线两侧的黑色实心圆点表示异常值。可以看出，黄淮海平原地区、新疆地区和其他地区冬小麦产量都小于 10000kg/hm²。1981～2015 年各个分区冬小麦产量有较大的变化。总的来说，在雨养条件下其他地区冬小麦产量平均值在 4000kg/hm² 左右，大于黄淮海平原地区和新疆地区。新疆地区冬小麦产量最小，其平均产量在 2000kg/hm² 左右。黄淮海平原地区冬小麦产量平均值波动较大。在干旱年份，冬小麦产量明显较低。例如，2011 年 4 月和 5 月发生较为严重的干旱，导致该地区在 2011 年产量明显低于其他年份。新疆地区冬小麦生育期内降水量较少，造成该地区冬小麦产量也较低。

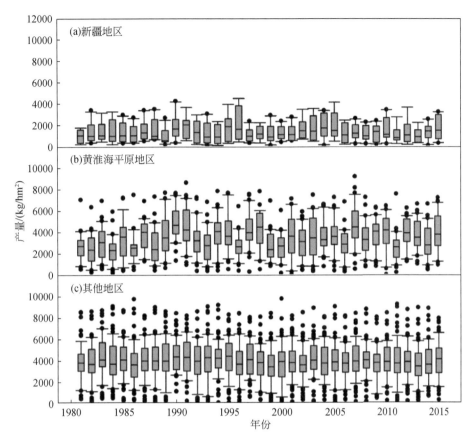

图 4-8　三个分区 1981～2015 年冬小麦产量模拟值年际变化箱形图

4.2.4　未来时期冬小麦生长和产量变化

1. 冬小麦关键生育期变化

图 4-9 给出了 2021～2060 年和 2061～2100 年 SSP1-2.6、SSP2-4.5、SSP3-7.0 和 SSP5-8.5 情景下三个分区冬小麦开花期（播种后天数）的小提琴图。图 4-9 中的黑色实线表示 CMIP6 分区中各站点 27 个 GCM 开花期（播种后天数）的平均值。

由图 4-9 可知，在 2021～2060 年新疆地区大多站点开花期在 180～210 天，平均值在 190 天左右；黄淮海平原地区大多站点开花期在 170～200 天，平均值为 185 天左右；其他地区开花期较短，为 160 天左右。三个分区不同情景下开花期平均值相差不大，新疆地区在 SSP1-2.6、SSP2-4.5、SSP3-7.0 和 SSP5-8.5 情景下开花期的平均值分别是 196 天、192 天、187 天和 186 天；黄淮海平原地区四个情景下开花期的平均值分别是 190 天、187 天、185 天和 182 天；其他地区四个情景下开花期的平均值分别是 162 天、160 天、157 天和 155 天。2061～2100 年，除了三个分区的冬小麦开花期不同外，同一分区不同情景下冬小麦开花期也有较大差异。具体来说，新疆地区 2061～2100 年在 SSP1-2.6、SSP2-4.5、SSP3-7.0 和 SSP5-8.5 情景下开花期的平均值分别是 194 天、186 天、179 天和 172 天；黄淮海平原

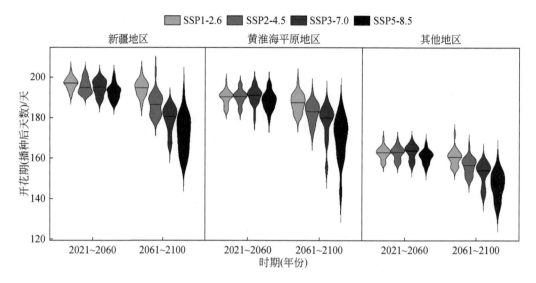

图 4-9 2021~2060 年和 2061~2100 年不同情景下三个分区冬小麦开花期（播种后天数）

地区 2061~2100 年四个情景下开花期平均值分别为 187 天、182 天、177 天和 170 天；其他地区 2061~2100 年四个情景下开花期的平均值分别是 160 天、156 天、152 天和 147 天。可以看出，2061~2100 年三个分区不同情景下开花期由长到短排序都是 SSP1-2.6＞SSP2-4.5＞SSP3-7.0＞SSP5-8.5，各情景的开花期相差天数在 5 天左右。此外，从 SSP1-2.6 情景到 SSP5-8.5 情景，各分区冬小麦开花期分布范围也逐渐变大。以黄淮海平原地区为例，SSP1-2.6、SSP2-4.5、SSP3-7.0、SSP5-8.5 情景下冬小麦开花期分布范围分别是 173~205 天、162~200 天、144~198 天和 128~199 天，说明在 SSP5-8.5 排放情景下，同一分区各站点冬小麦生育期存在较大的变异性。另外，与 2021~2060 年相比，2061~2100 年各分区冬小麦开花期都有所提前。具体来说，新疆地区四个情景下开花期提前天数平均值分别为 2 天、6 天、8 天和 14 天；黄淮海平原地区四个情景下开花期提前天数平均值分别为 3 天、5 天、8 天和 12 天；其他地区四个情景下开花期提前天数平均值分别为 2 天、4 天、5 天和 8 天。说明各分区在相同情景下冬小麦开花期提前天数相差不大，不同情景下开花期提前天数从大到小依次是 SSP5-8.5、SSP3-7.0、SSP2-4.5 和 SSP1-2.6。

图 4-10 给出了 2021~2060 年和 2061~2100 年 SSP1-2.6、SSP2-4.5、SSP3-7.0 和 SSP5-8.5 情景下三个分区冬小麦成熟期（播种后天数）的小提琴图。

由图 4-10 可知，在 2021~2060 年新疆地区大多站点成熟期在 217~251 天，平均值为 235 天左右；黄淮海平原地区大多站点成熟期在 223~247 天，平均值为 233 天左右；其他地区成熟期较短，为 210 天左右。三个分区不同情景下成熟期平均值相差不大，新疆地区在 SSP1-2.6、SSP2-4.5、SSP3-7.0 和 SSP5-8.5 四个情景下成熟期的平均值分别是 239 天、236 天、237 天和 234 天；黄淮海平原地区在四个情景下成熟期的平均值分别是 234 天、234 天、235 天和 233 天；其他地区四个情景下成熟期的平均值分别是 211 天、211 天、212 天和 209 天。在 2061~2100 年，与开花期类似，除了三个分区的冬小麦成熟期不同外，同一分区不同情景下冬小麦成熟期也有较大差异。具体来说，黄淮海平原地区 2061~2100 年在 SSP1-2.6、SSP2-4.5、SSP3-7.0 和 SSP5-8.5 情景下成熟期平均值分别为 232 天、228 天、224

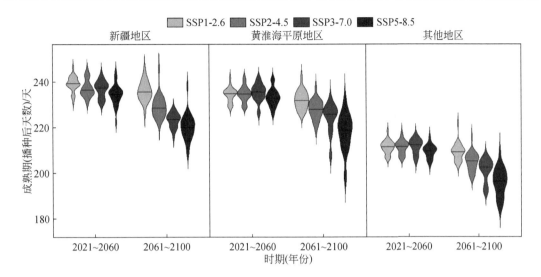

图 4-10 2021～2060 年和 2061～2100 年不同情景下三个分区冬小麦成熟期（播种后天数）

天和 218 天；新疆地区 2061～2100 年在四个情景下成熟期的平均值分别是 236 天、229 天、223 天和 220 天；其他地区 2061～2100 年在四个情景下成熟期的平均值分别是 209 天、205 天、201 天和 196 天。可以看出，2061～2100 年三个分区不同情景下成熟期由长到短排序都是 SSP1-2.6＞SSP2-4.5＞SSP3-7.0＞SSP5-8.5，各情景的成熟期相差天数在 4 天左右。此外，从 SSP1-2.6 情景到 SSP5-8.5 情景，各分区冬小麦成熟期分布范围也逐渐变大。以黄淮海平原地区为例，SSP1-2.6、SSP2-4.5、SSP3-7.0、SSP5-8.5 情景下冬小麦成熟期分布范围分别是 219～251 天、211～245 天、200～239 天和 184～246 天，说明在 SSP5-8.5 排放情景下，同一分区各站点冬小麦生育期存在较大的变异性。另外，与 2021～2060 年相比，2061～2100 年各分区冬小麦成熟期都有所提前。具体来说，黄淮海平原地区四个情景下成熟期提前天数平均值分别为 2 天、8 天、11 天和 15 天；新疆地区四个情景下成熟期提前天数平均值分别为 3 天、8 天、13 天和 14 天；其他地区四个情景下成熟期提前天数平均值分别为 2 天、4 天、11 天和 13 天。说明各分区在相同情景下冬小麦成熟期提前天数相差不大，不同情景下成熟期提前天数从大到小依次是 SSP5-8.5、SSP3-7.0、SSP2-4.5 和 SSP1-2.6。

2. 冬小麦生育期内 LAI_{max} 变化

图 4-11 给出了 2021～2060 年和 2061～2100 年 SSP1-2.6、SSP2-4.5、SSP3-7.0 和 SSP5-8.5 情景下 27 个 GCM 三个分区冬小麦 LAI_{max} 小提琴图。

由图 4-11 可知，在 2021～2060 年黄淮海平原地区和其他地区冬小麦生育期内 LAI_{max} 较大，新疆地区冬小麦生育期内 LAI_{max} 较小。具体来说，新疆地区大多站点 LAI_{max} 在 2.1～4.6，平均值在 3 左右；黄淮海平原地区大多站点 LAI_{max} 在 7.8～12.1，平均值在 10 左右；其他地区 LAI_{max} 在 8.1～10.2，平均值在 9 左右。三个分区不同情景下冬小麦生育期内 LAI_{max} 平均值不同，同一分区不同情景下冬小麦生育期内 LAI_{max} 相差不大。具体来说，黄淮海平原地区 SSP1-2.6、SSP2-4.5、SSP3-7.0 和 SSP5-8.5 情景下冬小麦生育期内 LAI_{max} 平均值分别是 10、9.9、9.7 和 10.2；新疆地区四个情景下冬小麦生育期内 LAI_{max} 平均值分别是 3.1、

3.3、3.5 和 3.6；其他地区四个情景下冬小麦生育期内 LAI_{max} 平均值分别是 9.8、9.5、8.9 和 9.5。在 2061～2100 年，除了三个分区的冬小麦生育期内 LAI_{max} 不同外，同一分区不同 情景的 LAI_{max} 也有较大差异。具体来说，黄淮海平原地区 2061～2100 年在 SSP1-2.6、 SSP2-4.5、SSP3-7.0 和 SSP5-8.5 情景下冬小麦生育期内 LAI_{max} 平均值分别为 10.6、10.9、 10.4 和 10.5；新疆地区 2061～2100 年四个情景下冬小麦生育期内 LAI_{max} 平均值分别是 3.3、 4.3、5.4 和 5.8；其他地区 2061～2100 年四个情景下冬小麦生育期内 LAI_{max} 平均值分别是 10.5、10.1、9.1 和 9.4。可以看出，2061～2100 年新疆地区在 SSP1-2.6 情景到 SSP5-8.5 情 景下冬小麦生育期内 LAI_{max} 逐渐增大，黄淮海平原地区各情景下冬小麦生育期内 LAI_{max} 相差不大，其他地区 SSP1-2.6 情景到 SSP5-8.5 情景下冬小麦生育期内 LAI_{max} 逐渐降低。 此外，与 2021～2060 年相比，2061～2100 年新疆地区各情景下冬小麦生育期内 LAI_{max} 平 均值增大，其值的分布范围也变大。不同时期黄淮海平原地区和其他地区冬小麦生育期内 LAI_{max} 变化不大。

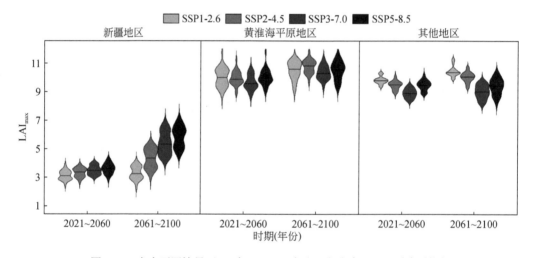

图 4-11 未来不同情景下 27 个 GCM 三个分区冬小麦 LAI_{max} 小提琴图

3. 冬小麦成熟期地上部分生物量变化

图 4-12 给出了 2021～2060 年和 2061～2100 年 SSP1-2.6、SSP2-4.5、SSP3-7.0 和 SSP5-8.5 情景的 27 个 GCM 三个分区冬小麦成熟期地上部分生物量变化的小提琴图。

由图 4-12 可知，未来时期冬小麦成熟期地上部分生物量变化规律与冬小麦生育期内 LAI_{max} 相似。在 2021～2060 年，黄淮海平原地区和其他地区冬小麦成熟期地上部分生物量 较大，新疆地区冬小麦成熟期地上部分生物量较小。具体来说，新疆地区冬小麦成熟期时 地上部分生物量平均值在 4800kg/hm^2 左右；黄淮海平原地区冬小麦成熟期时地上部分生物 量在 10000～18000kg/hm^2，平均值在 13000kg/hm^2 左右；其他地区冬小麦成熟期地上部分 生物量平均值在 14000kg/hm^2 左右。三个分区不同情景下冬小麦成熟期地上部分生物量平 均值不同，同一分区不同情景下冬小麦成熟期地上部分生物量相差不大。具体来说，黄淮 海平原地区在 SSP1-2.6、SSP2-4.5、SSP3-7.0 和 SSP5-8.5 情景下冬小麦成熟期地上部分生物量平均值分别是 13025kg/hm²、12915kg/hm²、12758kg/hm² 和 13110kg/hm²；新疆地区四个情景下冬小麦成熟期地上部分生物量平均值分别是 4021kg/hm²、4149kg/hm²、4293kg/hm² 和 4349kg/hm²；其他地区四个情景下冬小麦成熟期地上部分生物量平均值分别是 14976kg/hm²、14455kg/hm²、13699kg/hm² 和 14474kg/hm²。在 2061～2100 年，除了三个分区的冬小麦成熟期地上部分生物量不同外，同一分区不同情景的地上部分生物量也有较大差异。具体来说，黄淮海平原区 2061～2100 年在 SSP1-2.6、SSP2-4.5、SSP3-7.0 和 SSP5-8.5 情景下冬小麦成熟期地上部分生物量平均值分别为 13730kg/hm²、14335kg/hm²、14682kg/hm² 和 15266kg/hm²；新疆地区 2061～2100 年四个情景下冬小麦成熟期地上部分生物量平均值分别是 4156kg/hm²、4991kg/hm²、5900kg/hm² 和 6408kg/hm²；其他地区 2061～2100 年四个情景下冬小麦成熟期地上部分生物量平均值分别是 15982kg/hm²、15433kg/hm²、14225kg/hm² 和 15047kg/hm²。

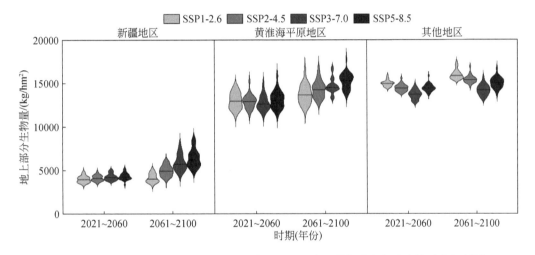

图 4-12　未来不同情景下 27 个 GCM 三个分区冬小麦成熟期地上部分生物量小提琴图

可以看出，2061～2100 年黄淮海平原地区和新疆地区 SSP1-2.6 情景到 SSP5-8.5 情景下冬小麦成熟期地上部分生物量逐渐增大，而其他地区 SSP1-2.6 情景到 SSP5-8.5 情景下冬小麦成熟期地上部分生物量变化规律与其相反。此外，与 2021～2060 年相比，2061～2100 年黄淮海平原地区和新疆地区各情景下冬小麦成熟期地上部分生物量平均值增大，其值的分布范围也变大。不同时期其他地区冬小麦成熟期地上部分生物量变化不大。

4. 未来时期冬小麦产量变化

图 4-13 给出了 2021～2060 年和 2061～2100 年 SSP1-2.6、SSP2-4.5、SSP3-7.0 和 SSP5-8.5 情景下 27 个 GCM 三个分区冬小麦产量变化小提琴图。

由图 4-13 可知，在 2021～2060 年黄淮海平原地区冬小麦产量最大，其次是其他地区，新疆地区冬小麦产量最低。具体来说，新疆地区冬小麦产量平均值在 1500kg/hm² 左右；黄淮海平原地区冬小麦产量在 3500～5400kg/hm²，平均值在 4300kg/hm² 左右；其他地区冬小麦产量平均值在 3800kg/hm² 左右。三个分区不同情景下冬小麦产量平均值不同，同一分区不同情景下冬小麦产量相差不大。具体来说，黄淮海平原地区在 SSP1-2.6、SSP2-4.5、SSP3-7.0 和 SSP5-8.5 情景下冬小麦产量平均值分别是 4246kg/hm²、4188kg/hm²、4069kg/hm² 和 4241kg/hm²；新疆地区四个情景下冬小麦产量平均值分别是 1564kg/hm²、1624kg/hm²、1678kg/hm² 和 1699kg/hm²；其他地区四个情景下冬小麦产量平均值分别是 4006kg/hm²、3859kg/hm²、3630kg/hm² 和 3861kg/hm²。2061～2100 年，除了三个分区的冬小麦产量不同外，同一分区不同情景的冬小麦产量也有较大差异。具体来说，黄淮海平原地区 2061～2100 年在 SSP1-2.6、SSP2-4.5、SSP3-7.0 和 SSP5-8.5 情景下冬小麦产量平均值分别为 4476kg/hm²、4618kg/hm²、4551kg/hm² 和 4704kg/hm²；新疆地区 2061～2100 年四个情景下冬小麦产量平均值分别是 1619kg/hm²、1944kg/hm²、2246kg/hm² 和 2393kg/hm²；其他地区 2061～2100 年四个情景下冬小麦产量平均值分别是 4266kg/hm²、4097kg/hm²、3696kg/hm² 和 3906kg/hm²。

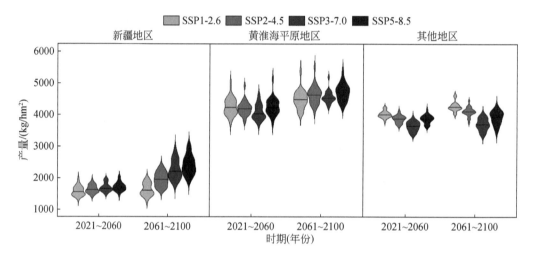

图 4-13　未来不同情景下 27 个 GCM 三个分区冬小麦产量小提琴图

可以看出，2061～2100 年黄淮海平原地区和新疆地区在 SSP1-2.6 情景到 SSP5-8.5 情景下冬小麦产量逐渐增大，而其他地区 SSP1-2.6 情景到 SSP5-8.5 情景下冬小麦产量变化规律与其相反。此外，与 2021～2060 年相比，2061～2100 年三个分区各情景下冬小麦产量平均值均有所增大，除新疆地区增大幅度较大外，另外两个分区增大幅度不大。

4.3　本章小结

DSSAT-CERES-Wheat 模型对冬小麦开花期和成熟期模拟的 R^2 在 0.90 以上，对冬小麦产量模拟的 R^2 大于等于 0.64，该模型能够用于模拟冬小麦生长过程。历史时期黄淮海平原地区和其他地区冬小麦生育期内 LAI_{max}、成熟期地上部分生物量及冬小麦产量较大，而新疆地区冬小麦生育期内 LAI_{max}、成熟期地上部分生物量及冬小麦产量较低。2021～2060 年及 2061～2100 年不同情景下黄淮海平原地区和新疆地区冬小麦开花期和成熟期大于其他地区。不同时期各分区开花期和成熟期都有逐渐缩短的趋势，且 SSP5-8.5 情景下冬小麦开花期和成熟期缩短最大。未来时期不同情景下，黄淮海平原地区和其他地区冬小麦成熟期地上部分生物量、LAI_{max} 及冬小麦产量大于新疆地区。2021～2060 年四个情景下冬小麦成熟期地上部分生物量、LAI_{max} 及冬小麦产量相差不大。2061～2100 年各情景下冬小麦成熟期地上部分生物量、LAI_{max} 及冬小麦产量都有增大趋势，SSP5-8.5 情景下黄淮海平原地区和新疆地区冬小麦成熟期地上部分生物量、LAI_{max} 及冬小麦产量增大幅度较大。

第 5 章　干旱对冬小麦生长和产量的影响

本章基于第 3 章、第 4 章的研究结果探究了我国 108 个农业气象站点冬小麦生育期内 1～9 个月时间尺度气象干旱和农业干旱对冬小麦生长和产量的影响。首先，分析了 1981～2015 年不同时间尺度 SPEI 和 SMDI 与冬小麦 LAI_{max}、成熟期地上部分生物量以及冬小麦产量的关系，对比气象干旱和农业干旱对冬小麦生长和产量的影响大小，筛选出气象干旱和农业干旱对冬小麦生长和产量影响较大的干旱时间尺度，并进一步找出冬小麦的干旱关键生育期。然后，基于 2021～2100 年冬小麦生长和产量的模拟结果，对 SSP1-2.6、SSP2-4.5、SSP3-7.0 和 SSP5-8.5 情景下不同时间尺度干旱与冬小麦 LAI_{max}、成熟期地上部分生物量以及冬小麦产量的关系做进一步探究。最后，分析了干旱年份各站点冬小麦减产率的大小，为定量分析气象干旱和农业干旱对冬小麦生长和产量的影响提供参考。

5.1　干旱–产量耦合系统的统计方法

5.1.1　冬小麦数据和干旱指标数据

本章以我国冬小麦主产区为主要研究区，研究区概况参考 3.1.1 节。另外，本章主要利用第 3 章中计算得到的冬小麦生育期内 1～9 个月时间尺度 SPEI 和 SMDI 数据及第 4 章中的冬小麦生育期地上部分生物量、LAI_{max} 及冬小麦产量数据进行下一步研究。有关冬小麦生长和产量数据模拟以及各时间尺度 SPEI 和 SMDI 干旱指标数据的计算已在前面章节中做了详细介绍，不再赘述。

5.1.2　皮尔逊相关分析

皮尔逊相关系数（r）是由著名统计学家卡尔·皮尔逊设计提出的统计学指标。它能够较为准确地刻画两个变量之间的相关性大小，在自然科学领域有广泛应用。在使用过程中，r 值越大表示两变量的相关性越好。当 $|r|<0.4$ 时为低度相关；当 $0.4\leqslant|r|<0.8$ 时为中度相关；当 $0.8\leqslant|r|<1$ 时为高度相关；当 $|r|=1$ 时为完全相关（张晓庆等，2018）。

本章主要分析 1981～2015 年及 2021～2100 年 SSP1-2.6、SSP2-4.5、SSP3-7.0 和 SSP5-8.5 情景下 1～9 个月时间尺度干旱指标 SPEI、$SMDI_{0\sim10}$、$SMDI_{10\sim40}$ 与冬小麦生育期内 LAI_{max}、成熟期地上部分生物量以及冬小麦产量的相关性大小。然后分别统计了研究区内不同时间尺度干旱指标 SPEI、SMDI 与冬小麦生育期内 LAI_{max}、成熟期地上部分生物量以及冬小麦产量 $r>0.4$ 的站点个数。

5.1.3　减产率计算

减产率（YRR）是一个定量评估自然灾害或人为因素对作物粮食产量影响大小的评价指标，在农业生产中有较为广泛的应用。为了定量分析气象干旱和农业干旱对冬小麦产量影响的大小，本章在筛选对冬小麦 LAI_{max}、成熟期地上部分生物量及产量影响较大的气象干旱和农业干旱指标（SEPI、$SMDI_{0\sim10}$ 和 $SMDI_{10\sim40}$）时间尺度的基础上，分析计算了干旱年份（SPEI≤−0.5 或 SMDI≤−1）对冬小麦生长和产量影响最大的时间尺度下 SPEI、$SMDI_{0\sim10}$ 和 $SMDI_{10\sim40}$ 对冬小麦减产率影响的大小。减产率的具体计算过程如下（Wang X et al.，2017）。

1）参考产量计算

定义研究期冬小麦生育期内正常年份（−0.5＜SPEI＜0.5 或−1＜SMDI＜1）产量的平均值为参考产量（RY）。参考产量计算公式如下：

$$RY_i = \frac{1}{n}\sum_{k=1}^{n} Y_{i,k} \qquad (5-1)$$

式中，RY_i 为第 i 个农业气象站点的参考产量；n 为研究时段中冬小麦生育期内正常年份数量；$Y_{i,k}$ 为基于 DSSAT-CERES-Wheat 模型模拟的第 i 个农业气象站点第 k 个正常年份冬小麦产量。

2）干旱减产率计算

结合冬小麦参考产量分别计算研究期内各站点干旱年份冬小麦的减产率。干旱减产率的计算公式如下：

$$YRR_{i,m} = \frac{RY_i - Y_{i,m}}{RY_i} \times 100\% \qquad (5-2)$$

式中，$YRR_{i,m}$ 为第 i 个农业气象站点第 m 个干旱年份冬小麦干旱减产率；$Y_{i,m}$ 为第 i 个农业气象站点第 m 个干旱年份冬小麦产量。$YRR_{i,m}＞0$ 表示产量减少；$YRR_{i,m}＜0$ 表示产量增加。

首先计算 1981～2015 年各站点干旱年份干旱指标 SPEI、$SMDI_{0\sim10}$ 和 $SMDI_{10\sim40}$ 对冬小麦减产率的影响，而后基于未来时期 CMIP6 数据分别计算 SSP1-2.6、SSP2-4.5、SSP3-7.0 和 SSP5-8.5 情景中 27 个 GCM 下 2021～2060 年和 2061～2100 年各站点干旱年份干旱指标 SPEI、$SMDI_{0\sim10}$ 和 $SMDI_{10\sim40}$ 对冬小麦减产率的影响。

5.2　历史时期和未来时期干旱对冬小麦生长和产量的影响

5.2.1　历史时期干旱对冬小麦生长和产量的影响

为了评价对比历史时期气象干旱和农业干旱对冬小麦生长和产量的影响大小，筛选出与冬小麦产量相关性较好的干旱指数。在计算干旱指标与冬小麦生育期内 LAI_{max}、成熟期地上部分生物量以及产量的皮尔逊相关系数（r）的基础上，结合统计学知识并以 $r=0.4$（中度相关）作为临界值，依据 1981～2015 年冬小麦生育期内 1～9 个月时间尺度气象干旱指标 SPEI、农业干旱指标 SMDI 与冬小麦生育期内 LAI_{max}、成熟期地上部分生物量以及冬小麦产量 $r>0.4$ 的站点个数，筛选对冬小麦生长和产量影响较大的干旱指标及干旱时间尺度，并进一步分析冬小麦生育期 10 月到次年 6 月干旱指标线性斜率与冬小麦产量线性斜率的关系，探究冬小麦生育期内各月干旱变化趋势与冬小麦 LAI_{max}、成熟期地上部分生物量以及产量变化趋势的影响，明确干旱对 LAI_{max}、成熟期地上部分生物量以及产量影响较大的月份。

1. 干旱对冬小麦 LAI_{max} 的影响

表 5-1 给出了冬小麦生育期内（10 月至次年 6 月）1～9 个月时间尺度 SPEI 与冬小麦生育期内 LAI_{max} 的 $r>0.4$ 的站点数。

表 5-1　冬小麦生育期 1～9 个月时间尺度 SPEI 与 LAI_{max} 的 $r>0.4$ 的站点数　（单位：个）

时间尺度	冬小麦生育期									总数
	10 月	11 月	12 月	1 月	2 月	3 月	4 月	5 月	6 月	
1 个月	19	14	15	31	6	14	13	5	15	132
2 个月	17	23	13	24	19	16	8	8	10	138
3 个月	7	19	21	17	25	24	13	9	9	144
4 个月	10	14	19	22	22	25	14	14	10	150
5 个月	16	16	13	21	25	22	13	12	12	150
6 个月	16	15	16	14	21	21	17	11	15	146
7 个月	15	18	14	17	15	27	17	13	15	151
8 个月	12	14	18	12	17	18	20	16	15	142
9 个月	13	13	13	18	13	17	18	18	19	142

由表 5-1 可知，从 10 月至次年 6 月，1～9 个月时间尺度 SPEI 与冬小麦 LAI_{max} 的 $r>0.4$ 的站点数相差不大，大多月都在 20 个左右，说明各月不同时间尺度 SPEI 对冬小麦生育期内 LAI_{max} 影响大小相当。在冬小麦整个生育期内，对比不同 SPEI 时间尺度可以看出，4～7 个月时间尺度 SPEI 与冬小麦 LAI_{max} 的 $r>0.4$ 的站点数最多，说明就整个冬小麦生育期而言，4～7 个月时间尺度 SPEI 对冬小麦 LAI_{max} 影响较大。

表 5-2 展示了整个冬小麦生育期内（10 月至次年 6 月）0～10cm 土层 1～9 个月的 $SMDI_{0～10}$ 与冬小麦生育期内 LAI_{max} 的 $r>0.4$ 的站点数。

由表 5-2 可知，冬小麦生育期内各月 0～10cm 土层 1～9 个月时间尺度 $SMDI_{0～10}$ 与冬小麦 LAI_{max} 的 $r>0.4$ 的站点数在 17～23 个，各月之间也相差不大，说明冬小麦生育期内各月 0～10cm 土层不同时间尺度 $SMDI_{0～10}$ 对冬小麦生育期内 LAI_{max} 影响大小相差不大。就整个冬小麦生育期来说，0～10cm 土层不同时间尺度 $SMDI_{0～10}$ 与冬小麦 LAI_{max} 的 $r>0.4$ 的站点数在 168～175 个，说明 0～10cm 土层各时间尺度 $SMDI_{0～10}$ 与冬小麦 LAI_{max} 相关性差异不大。

表 5-2　冬小麦生育期 1～9 个月时间尺度下 $SMDI_{0-10}$ 与 LAI_{max} 的 $r>0.4$ 的站点数

（单位：个）

时间尺度	冬小麦生育期									总数
	10 月	11 月	12 月	1 月	2 月	3 月	4 月	5 月	6 月	
1 个月	19	19	19	20	21	17	18	19	19	171
2 个月	19	21	19	20	19	17	18	18	18	169
3 个月	20	19	19	19	22	20	19	18	19	175
4 个月	18	19	19	19	20	21	19	18	20	173
5 个月	18	20	19	19	22	20	20	18	18	174
6 个月	18	18	19	19	18	18	22	22	21	175
7 个月	18	18	20	18	18	18	21	20	20	171
8 个月	17	18	18	17	18	18	21	22	21	170
9 个月	17	17	18	17	17	18	19	22	23	168

表 5-3 给出了冬小麦生育期内（10 月至次年 6 月）10～40cm 土层 1～9 个月时间尺度 $SMDI_{10\sim40}$ 与冬小麦生育期内 LAI_{max} 的 $r>0.4$ 的站点数。由表 5-3 可知，10 月至次年 6 月，10～40cm 土层 1～9 个月时间尺度 $SMDI_{10\sim40}$ 与冬小麦 LAI_{max} 的 $r>0.4$ 的站点数在 12～23 个，在同一月份不同时间尺度之间也相差不大，说明在冬小麦生育期内各月 10～40cm 土层不同时间尺度 $SMDI_{10\sim40}$ 对冬小麦 LAI_{max} 影响大小相差不大。就整个冬小麦生育期而言，10～40cm 土层 1～7 个月时间尺度 $SMDI_{10\sim40}$ 与冬小麦 LAI_{max} 的 $r>0.4$ 的站点数在 170～177 个，8～9 个月时间尺度 $SMDI_{10\sim40}$ 与冬小麦 LAI_{max} 的 $r>0.4$ 的站点数分别为 164 个和 159 个。随着时间尺度的增加，整个冬小麦生育期内 10～40cm 土层 $SMDI_{10\sim40}$ 与冬小麦 LAI_{max} 的 $r>0.4$ 的站点数逐渐减少。整体来说，在冬小麦整个生育期内 10～40cm 土层 1 个月时间尺度 $SMDI_{10\sim40}$ 对冬小麦 LAI_{max} 影响较大。

表 5-3　冬小麦生育期 1～9 个月时间尺度 $SMDI_{10-40}$ 与 LAI_{max} 的 $r>0.4$ 的站点数

（单位：个）

时间尺度	冬小麦生育期									总数
	10 月	11 月	12 月	1 月	2 月	3 月	4 月	5 月	6 月	
1 个月	18	19	19	22	18	19	18	22	22	177
2 个月	15	19	19	21	22	17	18	19	21	171
3 个月	15	18	19	21	21	23	17	18	21	173
4 个月	14	16	19	20	21	22	23	18	20	173
5 个月	15	15	18	20	21	20	22	23	19	173
6 个月	14	15	16	20	20	21	21	23	22	172
7 个月	14	15	17	18	20	21	21	21	23	170
8 个月	14	14	15	18	20	21	21	20	21	164
9 个月	12	13	16	18	18	20	21	21	20	159

为了对比冬小麦生育期各月气象干旱指标 SPEI 和农业干旱指标 SMDI 对冬小麦 LAI_{max} 影响的大小，结合以上结果进一步分析冬小麦生育期内 4 个月时间尺度 SPEI 及 0～10cm 和 10～40cm 土层 1 个月时间尺度 $SMDI_{0～10}$ 和 $SMDI_{10～40}$ 线性斜率与冬小麦 LAI_{max} 线性斜率的关系。

图 5-1 展示了 1981～2015 年研究区所有站点 10 月至次年 6 月，4 个月时间尺度 SPEI 线性斜率与冬小麦生育期内 LAI_{max} 线性斜率之间的关系。由图 5-1 可知，4 个月时间尺度 SPEI 线性斜率与冬小麦 LAI_{max} 线性斜率的相关性较低。具体来说，除了 5 月两者之间 r 为 0.21 外，其他月份 4 个月时间尺度 SPEI 线性斜率与冬小麦 LAI_{max} 线性斜率的 r 在 0.03～0.15。尤其是 11 月至次年 1 月两者的 $r<0.07$，从次年 2 月（返青期）开始两者的 r 在 0.13～0.21，有逐渐变大的趋势。尽管从冬小麦返青期开始气象干旱指标 SPEI 对冬小麦 LAI_{max} 的影响有变大趋势，但就冬小麦生育期而言，10 月至次年 6 月 4 个月时间尺度下 SPEI 的变化对冬小麦生育期内 LAI_{max} 的变化影响较小。

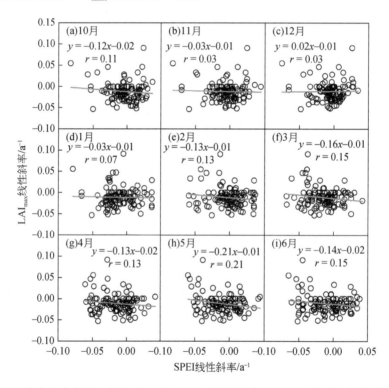

图 5-1　冬小麦生育期 4 个月时间尺度 SPEI 线性斜率与 LAI_{max} 线性斜率相关性分析

图 5-2 展示了 1981～2015 年冬小麦种植区所有站点 10 月至次年 6 月 0～10cm 土层 1 个月时间尺度 $SMDI_{0～10}$ 线性斜率与冬小麦生育期内 LAI_{max} 线性斜率之间的关系。由图 5-2 可知，各月 0～10cm 土层 1 个月时间尺度 $SMDI_{0～10}$ 线性斜率与冬小麦 LAI_{max} 线性斜率的相关性比 SPEI 大，r 值在 0.24～0.35。10～12 月，0～10cm 土层 1 个月时间尺度 $SMDI_{0～10}$ 的线性斜率与冬小麦 LAI_{max} 线性斜率的 r 分别为 0.3、0.29 和 0.3；从 1 月开始两者的相关性逐渐增大，说明从冬小麦播种到越冬期间，0～10cm 土层 1 个月时间尺度农业干旱指标

$SMDI_{0\sim10}$ 变化对冬小麦 LAI_{max} 变化影响不大，从 1 月开始 0～10cm 土层 1 个月时间尺度 $SMDI_{0\sim10}$ 变化对冬小麦 LAI_{max} 的变化影响开始逐渐增大，在 4 月之后达到最大。

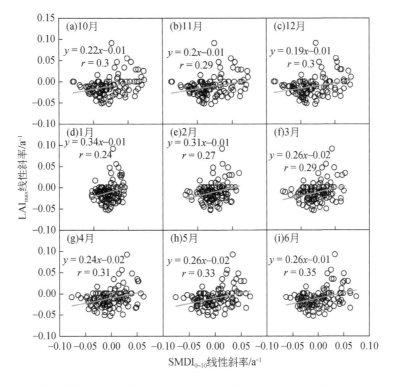

图 5-2　冬小麦生育期 1 个月时间尺度 $SMDI_{0\sim10}$ 线性斜率与 LAI_{max} 线性斜率相关性分析

　　图 5-3 展示了 1981～2015 年冬小麦种植区所有站点 10 月至次年 6 月 10～40cm 土层 1 个月时间尺度 $SMDI_{10\sim40}$ 线性斜率与冬小麦生育期内 LAI_{max} 线性斜率之间的关系。由图 5-3 可知：①冬小麦生育期内各月 10～40cm 土层 1 个月时间尺度 $SMDI_{10\sim40}$ 线性斜率与冬小麦 LAI_{max} 线性斜率的 r 在 0.17～0.21。在 10～12 月及次年 4～6 月，10～40cm 土层 1 个月时间尺度 $SMDI_{10\sim40}$ 的线性斜率与冬小麦 LAI_{max} 线性斜率的 r 相对较低；1～3 月两者的 r 较大，分别为 0.20、0.21 和 0.20，说明在冬小麦生育期内 1～3 月 10～40cm 土层 1 个月时间尺度农业干旱指标 $SMDI_{10\sim40}$ 变化对冬小麦 LAI_{max} 变化影响略大于其他月份。②与 4 个月时间尺度 SPEI 和 0～10cm 土层 1 个月时间尺度 $SMDI_{0\sim10}$ 相比，10～40cm 土层 1 个月时间尺度 $SMDI_{10\sim40}$ 对冬小麦 LAI_{max} 的影响介于两者之间，说明 0～10cm 土层内土壤的干湿程度对冬小麦生育期内叶片生长有着重要的作用，表层土壤发生干旱可能会影响到冬小麦叶片的生长，进而影响冬小麦光合产物的积累。

　　综上所述，我国冬小麦种植区 4 个月时间尺度 SPEI 及 0～10cm 和 10～40cm 土层 1 个月时间尺度 $SMDI_{0\sim10}$ 和 $SMDI_{10\sim40}$ 变化对冬小麦生育期内 LAI_{max} 变化的影响最大；0～10cm 和 10～40cm 土层 1 个月时间尺度农业干旱对冬小麦 LAI_{max} 的影响大于 4 个月时间尺度气象干旱；与 10～40cm 土层相比，0～10cm 土层农业干旱可能会对冬小麦 LAI_{max} 产生较大的影响。

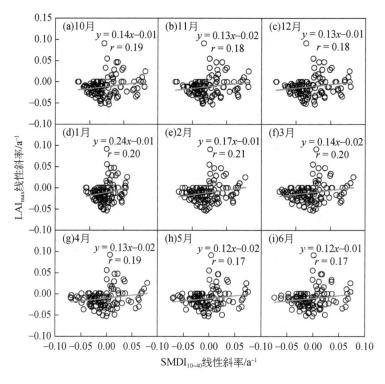

图 5-3　冬小麦生育期 1 个月时间尺度 SMDI$_{10\sim40}$ 线性斜率与 LAI$_{max}$ 线性斜率相关性分析

2. 干旱对冬小麦成熟期地上部分生物量的影响

表 5-4 给出了冬小麦生育期内（10 月至次年 6 月）1～9 个月时间尺度 SPEI 与冬小麦成熟期地上部分生物量的 $r>0.4$ 的站点。

表 5-4　冬小麦生育期 1～9 个月时间尺度 SPEI 与冬小麦成熟期地上部分

生物量的 $r>0.4$ 的站点数　　　　　　（单位：个）

时间尺度	冬小麦生育期									总数
	10 月	11 月	12 月	1 月	2 月	3 月	4 月	5 月	6 月	
1 个月	9	19	18	21	0	22	20	26	7	142
2 个月	10	14	17	20	21	28	25	27	20	182
3 个月	10	14	16	18	24	27	28	30	18	185
4 个月	10	15	14	17	27	28	27	32	22	192
5 个月	12	11	15	15	20	31	32	28	23	187
6 个月	11	15	10	16	19	29	33	29	21	183
7 个月	11	12	13	13	19	23	26	30	23	170
8 个月	12	12	11	10	17	19	25	26	25	157
9 个月	14	15	11	12	14	17	20	26	23	152

由表 5-4 可知，10 月至次年 1 月，1～9 个月时间尺度 SPEI 与冬小麦成熟期地上部分生物量的 $r>0.4$ 的站点数在 9～21 个，说明 10 月至次年 1 月气象干旱对冬小麦成熟期地上部分生物量的影响不大。这段时期内冬小麦生长缓慢，该时期的气象干旱对冬小麦成熟期地上部分生物量影响不大。从返青期到成熟期（2～6 月），4～5 个月时间尺度下 $r>0.4$ 的站点个数都大于 20 个，说明该时期的干旱容易对冬小麦成熟期地上部分生物量造成影响。尤其在 3～5 月，$r>0.4$ 的站点数在 30 个左右。总的来说，4 个月时间尺度下 SPEI 与冬小麦成熟期地上部分生物量 $r>0.4$ 的站点个数最多，说明 4 个月时间尺度 SPEI 与冬小麦成熟期地上部分生物量相关性最好。

表 5-5 给出了冬小麦生育期内（10 月至次年 6 月）0～10cm 土层 1～9 个月时间尺度 $SMDI_{0\sim10}$ 与冬小麦成熟期地上部分生物量的 $r>0.4$ 的站点数。

表 5-5　冬小麦生育期 1～9 个月时间尺度 $SMDI_{0\sim10}$ 与冬小麦成熟期地上部分生物量的 $r>0.4$ 的站点数　　　　（单位：个）

时间尺度	冬小麦生育期									总数
	10 月	11 月	12 月	1 月	2 月	3 月	4 月	5 月	6 月	
1 个月	24	24	20	17	16	21	26	33	43	224
2 个月	23	24	22	18	21	20	24	30	40	222
3 个月	22	24	24	19	20	19	24	27	33	212
4 个月	21	24	25	20	20	24	26	26	28	214
5 个月	21	21	23	19	21	22	27	27	27	208
6 个月	19	22	23	22	20	22	26	28	29	211
7 个月	17	21	24	23	21	23	25	29	31	213
8 个月	14	19	22	23	22	22	25	27	31	205
9 个月	14	17	22	24	24	23	24	28	29	205

由表 5-5 可知，10～12 月 0～10cm 土层 1～9 个月时间尺度 $SMDI_{0\sim10}$ 与冬小麦成熟期地上部分生物量的 $r>0.4$ 的站点数在 20 个左右，各月不同时间尺度之间相差不大，说明该时期 0～10cm 土层农业干旱对冬小麦成熟期地上部分生物量影响不大。从次年 1 月开始，0～10cm 土层各时间尺度 $SMDI_{0\sim10}$ 与冬小麦成熟期地上部分生物量的 $r>0.4$ 的站点数明显增多，尤其在 4～6 月，两者之间 $r>0.4$ 的站点数在 30 个左右。

就整个冬小麦生育期而言，随着时间尺度的增大，冬小麦生育期内所有月份 0～10cm 土层 $SMDI_{0\sim10}$ 与冬小麦成熟期地上部分生物量的 $r>0.4$ 的站点数逐渐减少，说明冬小麦生育期内 0～10cm 土层 1 个月时间尺度 $SMDI_{0\sim10}$ 与冬小麦成熟期地上部分生物量的相关性最好，可用该时间尺度 $SMDI_{0\sim10}$ 表征 0～10cm 土层农业干旱与冬小麦成熟期地上部分生物量的关系。

表 5-6 给出了冬小麦生育期内（10 月至次年 6 月）10～40cm 土层 1～9 个月时间尺度 $SMDI_{10\sim40}$ 与冬小麦成熟期地上部分生物量的 $r>0.4$ 的站点数。

表 5-6　冬小麦生育期 1~9 个月时间尺度 $SMDI_{10-40}$ 与冬小麦成熟期地上部分

生物量的 $r > 0.4$ 的站点数　　　　　　　（单位：个）

时间尺度	冬小麦生育期									总数
	10 月	11 月	12 月	1 月	2 月	3 月	4 月	5 月	6 月	
1 个月	22	24	22	21	23	23	23	26	29	213
2 个月	21	24	23	24	22	24	24	24	28	214
3 个月	21	23	23	23	23	23	23	24	29	212
4 个月	22	24	22	24	24	23	23	23	27	210
5 个月	19	21	24	23	24	24	24	24	25	208
6 个月	19	22	22	24	25	24	25	25	25	211
7 个月	19	20	22	23	24	24	24	24	27	207
8 个月	17	21	22	24	25	24	25	26	27	207
9 个月	19	19	20	23	23	24	25	26	27	206

由表 5-6 可知，10 月至次年 6 月，各月 10~40cm 土层 1~9 个月时间尺度 $SMDI_{10-40}$ 与冬小麦成熟期地上部分生物量的 $r > 0.4$ 的站点个数都在 20 个左右，且各月不同时间尺度之间相差不大。从 1 月开始，10~40cm 土层各时间尺度 $SMDI_{10-40}$ 与冬小麦成熟期地上部分生物量的 $r > 0.4$ 的站点数有增大趋势，但增大幅度并不明显。

对于整个生育期而言，随着时间尺度的增大，冬小麦生育期内所有月份 10~40cm 土层 $SMDI_{10-40}$ 与冬小麦成熟期地上部分生物量的 $r > 0.4$ 的站点数有减少趋势，说明冬小麦生育期内 10~40cm 土层短时间尺度下 $SMDI_{10-40}$ 与冬小麦成熟期地上部分生物量的相关性较好，可用短时间尺度 $SMDI_{10-40}$ 来表征 10~40cm 土层农业干旱与冬小麦成熟期地上部分生物量的关系。

综上，冬小麦生育期内 4 个月时间尺度 SPEI 和 0~10cm 土层 1 个月时间尺度 $SMDI_{0-10}$ 与冬小麦成熟期地上部分生物量的相关性最好，在 2~6 月 $r > 0.4$ 的站点数较多。10~40cm 土层各时间尺度 $SMDI_{10-40}$ 与冬小麦成熟期地上部分生物量的相关性相差不大，各月之间也没有明显差异。

为了对比分析冬小麦生育期内不同月气象干旱和农业干旱的变化对冬小麦成熟期地上部分生物量变化影响大小，结合以上分析统计的不同时间尺度干旱对冬小麦成熟期地上部分生物量的相关性结果，重点分析了冬小麦种植区所有站点 1981~2015 年 10 月至次年 6 月 4 个月时间尺度 SPEI 及 0~10cm 和 10~40cm 土层 1 个月时间尺度 $SMDI_{0-10}$ 和 $SMDI_{10-40}$ 线性斜率与冬小麦成熟期地上部分生物量线性斜率的相关性。

图 5-4 展示了 SPEI 线性斜率与冬小麦成熟期地上部分生物量线性斜率之间的关系。由图 5-4 可知，4 个月时间尺度 SPEI 线性斜率与冬小麦成熟期地上部分生物量线性斜率的相关性较低，r 为 0.05~0.13。尤其在 11 月至次年 2 月两者的 r 分别为 0.05、0.06、0.06 和 0.05。次年 3~6 月 4 个月时间尺度 SPEI 线性斜率与冬小麦成熟期地上部分生物量线性斜率的 r 分别为 0.07、0.12、0.10 和 0.10。从 3 月开始 4 个月时间尺度 SPEI 线性斜率与冬小

麦成熟期地上部分生物量线性斜率的相关性有变大趋势，但 $r<0.2$，仍属于弱相关，说明在整个冬小麦生育期内，4 个月时间尺度 SPEI 的变化对冬小麦成熟期地上部分生物量的变化影响较小，即气象干旱对冬小麦成熟期地上部分生物量的变化影响不大。

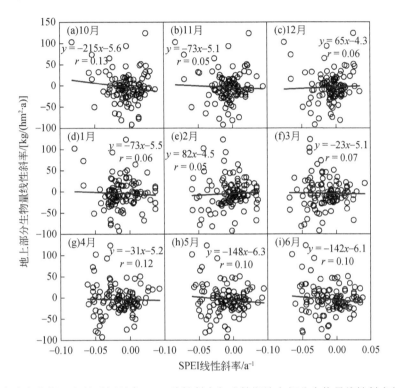

图 5-4　冬小麦生育期 4 个月时间尺度 SPEI 线性斜率与成熟期地上部分生物量线性斜率相关性分析

图 5-5 展示了 1981～2015 年冬小麦种植区所有站点 10 月至次年 6 月 10～40cm 土层 1 个月时间尺度 $SMDI_{10\sim40}$ 线性斜率与冬小麦成熟期地上部分生物量线性斜率之间的关系。由图 5-5 可知，冬小麦生育期内各月 10～40cm 土层 1 个月时间尺度 $SMDI_{10\sim40}$ 线性斜率与冬小麦成熟期地上部分生物量线性斜率的 r 在 0.32～0.38。具体来说，在 10～12 月及次年 6 月，10～40cm 土层 1 个月时间尺度 $SMDI_{10\sim40}$ 的线性斜率与冬小麦地上部分生物量线性斜率的 r 相对较小；2～5 月两者的 r 较大，分别为 0.37、0.38、0.36 和 0.37，说明在冬小麦生育期内 2～5 月 10～40cm 土层 1 个月时间尺度农业干旱指标 $SMDI_{10\sim40}$ 变化对冬小麦成熟期地上部分生物量变化影响略大于其他月份。事实上，从 2 月开始，大部分站点冬小麦开始进入返青期，冬小麦开始快速生长，到成熟期后开始停止生长，所以该时期是冬小麦地上部分生物量积累的重要阶段。

综上所述，对比不同气象干旱和农业干旱指标变化对冬小麦成熟期地上部分生物量变化影响大小可知，农业干旱对冬小麦成熟期地上部分生物量的影响比气象干旱大；0～10cm 土层 1 个月时间尺度 $SMDI_{0\sim10}$ 对冬小麦地上部分生物量变化的影响与 10～40cm 土层相差不大，说明 0～10cm 土层和 10～40cm 土层土壤的干湿变化对冬小麦生育期地上部分生物量的积累有重要的作用。

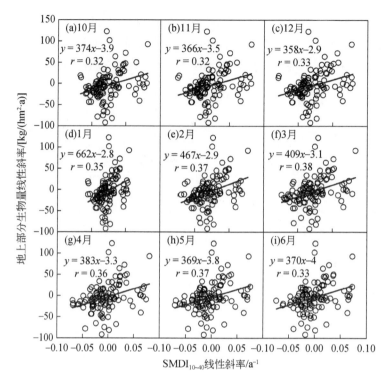

图 5-5　冬小麦生育期 1 个月时间尺度 SMDI$_{10\sim40}$ 线性斜率与成熟期地上部分生物量线性斜率的相关性分析

3. 干旱对冬小麦产量的影响

表 5-7 中列出了冬小麦生育期内（10 月至次年 6 月）1～9 个月时间尺度 SPEI 与冬小麦产量的 $r>0.4$ 的站点数。

表 5-7　冬小麦生育期 1～9 个月时间尺度 SPEI 与冬小麦产量的 $r>0.4$ 的站点数

（单位：个）

时间尺度	冬小麦生育期									总数
	10 月	11 月	12 月	1 月	2 月	3 月	4 月	5 月	6 月	
1 个月	3	17	7	8	14	18	16	1	2	86
2 个月	3	6	22	12	17	27	25	8	1	121
3 个月	0	5	5	24	18	28	31	20	6	137
4 个月	2	1	5	8	28	29	35	23	11	142
5 个月	1	1	3	6	13	33	34	26	16	133
6 个月	1	3	1	4	10	29	36	25	18	127
7 个月	2	3	3	3	5	20	34	32	16	118
8 个月	2	3	3	4	4	8	26	30	23	103
9 个月	2	2	3	3	5	6	12	22	19	74

由表 5-7 可知，在 10 月至次年 1 月，1～9 个月时间尺度 SPEI 与冬小麦产量的 $r>0.4$ 的站点数在 0～24，说明 10 月至次年 1 月气象干旱对冬小麦产量的影响不大。在冬小麦越冬期（12 月和次年 1 月），冬小麦生长缓慢，该时期的气象干旱对冬小麦产量的影响不大；从返青期到成熟期（2～6 月），4～6 个月时间尺度下 $r>0.4$ 的站点数都大于等于 10，说明该时期的干旱容易对冬小麦产量造成影响。尤其在拔节期和灌浆期（3～5 月），$r>0.4$ 的站点数均大于等于 25 个。总的来说，4 个月时间尺度下 SPEI 与冬小麦产量 $r>0.4$ 的站点数最多，说明 4 个月时间尺度 SPEI 与冬小麦产量相关性最好。

表 5-8 给出了冬小麦生育期内（10 月至次年 6 月）0～10cm 土层 1～9 个月时间尺度 $SMDI_{0\sim10}$ 与冬小麦产量的 $r>0.4$ 的站点数。由表 5-8 可知，10～12 月 0～10cm 土层 1～9 个月时间尺度 $SMDI_{0\sim10}$ 与冬小麦产量的 $r>0.4$ 的站点数相对较少，在 3～8 个，说明该时期 0～10cm 土层 1～9 个月时间尺度农业干旱对冬小麦产量影响较小。从次年 1 月开始，0～10cm 土层各时间尺度 $SMDI_{0\sim10}$ 与冬小麦产量的 $r>0.4$ 的站点数量明显增多，为 10～36 个。以 1 个月时间尺度 $SMDI_{0\sim10}$ 为例，1～6 月该时间尺度 $SMDI_{0\sim10}$ 与冬小麦产量的 $r>0.4$ 的站点数分别为 17 个、15 个、16 个、23 个、33 个和 36 个。

表 5-8　冬小麦 0～10cm 土层在 1～9 个月时间尺度下 $SMDI_{0-10}$ 与冬小麦产量的 $r>0.4$ 的站点数 （单位：个）

时间尺度	冬小麦生育期									总数
	10 月	11 月	12 月	1 月	2 月	3 月	4 月	5 月	6 月	
1 个月	7	7	7	17	15	16	23	33	36	161
2 个月	8	7	7	15	18	17	20	20	34	146
3 个月	8	7	6	15	16	17	20	20	28	137
4 个月	6	6	7	16	18	20	18	18	27	136
5 个月	5	6	7	15	17	18	21	21	26	136
6 个月	5	5	4	15	15	17	20	20	25	126
7 个月	3	5	5	12	16	17	18	18	26	120
8 个月	3	4	5	11	14	15	18	18	25	113
9 个月	3	3	5	10	10	14	19	19	27	110

对比不同时间尺度可以发现，随着 $SMDI_{0\sim10}$ 干旱时间尺度的增大，冬小麦生育期内所有月份 0～10cm 土层 $SMDI_{0\sim10}$ 与冬小麦产量的 $r>0.4$ 的站点数由 161 个逐渐减少到 110 个，呈明显的减少趋势，说明冬小麦生育期内 0～10cm 土层 1 个月时间尺度 $SMDI_{0\sim10}$ 与冬小麦产量的相关性最好，可用该时间尺度 $SMDI_{0\sim10}$ 表征冬小麦生育期内 0～10cm 土层农业干旱与冬小麦产量的关系。

表 5-9 统计了冬小麦生育期内（10 月至次年 6 月）10～40cm 土层 1～9 个月时间尺度 $SMDI_{10\sim40}$ 与冬小麦产量的 $r>0.4$ 的站点数。由表 5-9 可知，10～12 月 10～40cm 土层 1～9 个月时间尺度 $SMDI_{10\sim40}$ 与冬小麦产量的 $r>0.4$ 的站点数为 7～12 个，说明该时期内农业干旱与冬小麦产量相关性普遍较低。次年 1～6 月，10～40cm 土层各时间尺度 $SMDI_{10\sim40}$ 与

冬小麦产量的 $r>0.4$ 的站点数量明显增多，为 12～23 个，说明在该时期内农业干旱与冬小麦产量的相关性逐渐增大。就冬小麦整个生育期所有月份而言，对比不同时间尺度 $SMDI_{10\sim40}$ 可知，冬小麦生育期内所有月份 10～40cm 土层 1～9 个月时间尺度 $SMDI_{10\sim40}$ 与冬小麦产量的 $r>0.4$ 的站点数相差不大，都在 130 个左右，说明冬小麦生育期内 10～40cm 土层各时间尺度 $SMDI_{10\sim40}$ 与冬小麦产量的相关性相差不大。

表 5-9　冬小麦生育期 10～40cm 土层各时间尺度 $SMDI_{10\sim40}$ 与冬小麦
产量的 $r>0.4$ 的站点数　　　　　　　　（单位：个）

时间尺度	冬小麦生育期									总数
	10 月	11 月	12 月	1 月	2 月	3 月	4 月	5 月	6 月	
1 个月	11	12	12	16	14	14	17	18	21	135
2 个月	10	11	12	16	16	15	15	18	20	133
3 个月	10	10	12	14	17	16	16	18	19	132
4 个月	9	10	11	18	18	18	18	17	134	
5 个月	8	10	10	14	17	18	19	20	19	135
6 个月	8	9	11	18	19	18	20	132		
7 个月	7	8	10	14	15	21	19	20	21	135
8 个月	7	8	9	14	14	16	22	20	20	130
9 个月	9	7	9	12	14	14	19	23	21	128

本书还进一步分析了冬小麦生育期内 4 个月时间尺度 SPEI 及 0～10cm 和 10～40cm 土层 1 个月时间尺度 $SMDI_{0\sim10}$ 和 $SMDI_{10\sim40}$ 线性斜率与冬小麦产量线性斜率的关系。

图 5-6 给出了 1981～2015 年所有站点 10 月至次年 6 月 4 个月时间尺度 SPEI 的线性斜率与冬小麦产量线性斜率之间的关系。由图 5-6 可知，4 个月时间尺度 SPEI 线性斜率与冬小麦产量线性斜率的相关性较低，r 在 0.01～0.16。10 月至次年 1 月两者的 $r\leqslant0.08$，次年 2～6 月两者的相关性较大，r 在 0.10～0.16，说明 4 个月时间尺度 SPEI 的变化对冬小麦产量的变化影响较小。

图 5-7 绘出了 1981～2015 年 10 月至次年 6 月，1 个月时间尺度 $SMDI_{10\sim40}$ 的线性斜率与冬小麦产量线性斜率之间的关系。

由图 5-7 可以看出，冬小麦生育期内（10 月至次年 6 月）10～40cm 土层 1 个月时间尺度 $SMDI_{10\sim40}$ 线性斜率与冬小麦产量线性斜率的相关性多为中度相关，r 在 0.45～0.51。冬小麦生育期内各月 $SMDI_{10\sim40}$ 线性斜率与冬小麦产量线性斜率相关性相差不大。10 月至次年 1 月 10～40cm 土层 1 个月时间尺度 $SMDI_{10\sim40}$ 线性斜率与冬小麦产量线性斜率的 r 在 0.46～0.49；次年 2～5 月两者的 r 分别为 0.50、0.51、0.50 和 0.49，说明从 2 月开始 10～40cm 土层 1 个月时间尺度 $SMDI_{10\sim40}$ 的变化对冬小麦产量变化的影响较大。

对比冬小麦生育期各月 4 个月时间尺度 SPEI 和 1 个月时间尺度 $SMDI_{10\sim40}$ 变化的线性斜率与冬小麦产量线性斜率的关系可以看出，1 个月时间尺度 $SMDI_{10\sim40}$ 更能表征干旱与冬小麦产量的关系大小，即冬小麦更易受到农业干旱的影响。综合对比冬小麦生育期各月干

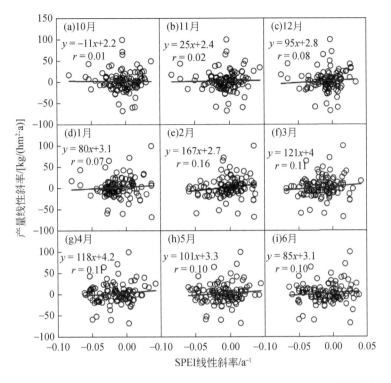

图 5-6　冬小麦生育期各月 4 个月时间尺度 SPEI 线性斜率与冬小麦产量线性斜率相关性分析

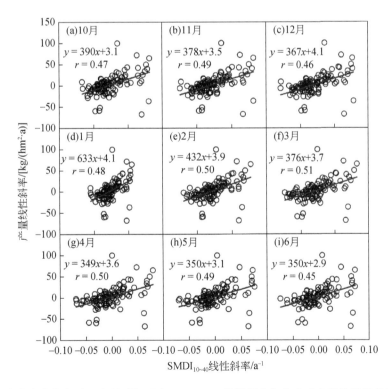

图 5-7　冬小麦生育期各月 1 个月时间尺度 $SMDI_{10\sim40}$ 线性斜率与冬小麦产量线性斜率相关性分析

旱指标与冬小麦产量关系可以看出，冬小麦生育期内 3～5 月为干旱变化对冬小麦产量变化影响较大的月份。

图 5-8 给出了新疆地区、黄淮海平原地区和其他地区冬小麦关键生育期内（3～5 月）4 个月时间尺度 SPEI 线性斜率与冬小麦产量线性斜率的相关关系。

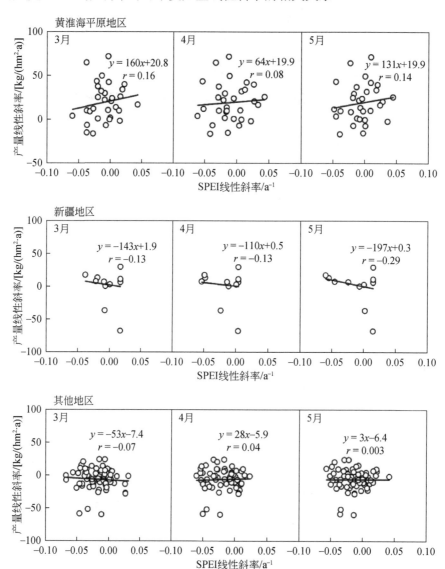

图 5-8　三个分区 3～5 月 4 个月时间尺度 SPEI 线性斜率与冬小麦产量线性斜率相关性分析

由图 5-8 可知，3～5 月，新疆地区、黄淮海平原地区及其他地区 4 个月时间尺度 SPEI 线性斜率与冬小麦产量线性斜率相关性都较低，r 均小于等于 0.16，说明 4 个月时间尺度 SPEI 变化对各分区冬小麦产量变化影响不大。

图 5-9 给出了新疆地区、黄淮海平原地区和其他地区冬小麦关键生育期内 10～40cm 土层 1 个月时间尺度 $SMDI_{10\sim40}$ 线性斜率与冬小麦产量线性斜率的相关性分析结果。

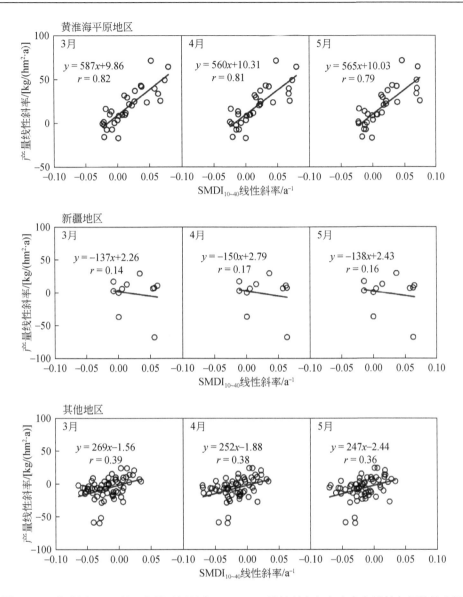

图 5-9   三个分区 3～5 月 1 个月时间尺度 SMDI$_{10～40}$ 线性斜率与冬小麦产量斜率相关性分析

由图 5-9 可知,除新疆地区外,黄淮海平原地区和其他地区冬小麦生育期内关键月 10～40cm 土层 1 个月时间尺度 SMDI$_{10～40}$ 的线性斜率与冬小麦产量线性斜率相关性较大,r 都在 0.3 以上。其中, 黄淮海平原地区中 3～5 月 10～40cm 土层 1 个月时间尺度 SMDI$_{10～40}$ 与冬小麦产量的 r 分别为 0.82、0.81 和 0.79,具有较强的相关关系;其他地区中 3～5 月 10～40cm 土层 1 个月时间尺度 SMDI$_{10～40}$ 线性斜率与冬小麦产量线性斜率的 r 分别为 0.39、0.38 和 0.36,与黄淮海平原地区相比相关性有所降低;新疆地区 3～5 月 10～40cm 土层 1 个月时间尺度 SMDI$_{10～40}$ 线性斜率与冬小麦产量线性斜率的 r 在 0.3 以下,相关性较差。说明在黄淮海平原地区冬小麦生育期内关键月 10～40cm 土层农业干旱对冬小麦产量的影响大于其他地区。

5.2.2 未来时期干旱对冬小麦生长和产量的影响

1. 干旱对冬小麦 LAI_{max} 的影响

图 5-10 给出了 2021～2060 年和 2061～2100 年在 SSP1-2.6、SSP2-4.5、SSP3-7.0 和 SSP5-8.5 情景下冬小麦生育期 1～9 个月时间尺度 SPEI 与冬小麦生育期内 LAI_{max} 的 $r>0.4$ 的站点数。

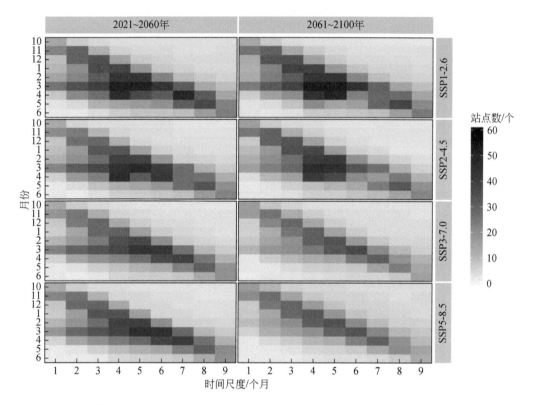

图 5-10 不同情景下冬小麦生育期 1～9 个月时间尺度 SPEI 与 LAI_{max} 的 $r>0.4$ 的站点数

由图 5-10 可知，在 2021～2060 年各情景下 3～6 个月时间尺度 SPEI 与冬小麦 LAI_{max} 的 $r>0.4$ 的站点数最多，而且多集中在 3 月和 4 月。在 SSP1-2.6 情景下，3 月 4～6 个月时间尺度 SPEI 与冬小麦 LAI_{max} 的 $r>0.4$ 的站点数分别为 50 个、49 个和 42 个。不同情景下相同月各时间尺度 SPEI 与冬小麦 LAI_{max} 的 $r>0.4$ 的站点数从多到少排序依次为 SSP1-2.6、SSP2-4.5、SSP5-8.5 和 SSP3-7.0。与 2021～2060 年类似，在 2061～2100 年，各情景下冬小麦生育期内 3 月和 4 月 4～6 个月时间尺度 SPEI 与冬小麦 LAI_{max} 的 $r>0.4$ 的站点数最多。尤其在 SSP1-2.6 和 SSP2-4.5 情景下，3 月和 4 月 4～6 个月时间尺度 SPEI 与冬小麦 LAI_{max} 的 $r>0.4$ 的站点数明显多于其他月份。对比不同时期可以看出，在 SSP1-2.6 和 SSP2-4.5 情景下，2021～2060 年与 2061～2100 年各时间尺度 SPEI 与冬小麦 LAI_{max} 的 $r>0.4$ 的站点数相差不大；在 SSP3-7.0 和 SSP5-8.5 情景下，2061～2100 年各时间尺度 SPEI 与冬小麦

LAI_{max} 的 $r > 0.4$ 的站点数比 2021～2060 年有所减少。

为了进一步筛选对冬小麦生育期内 LAI_{max} 影响最大的 SPEI 时间尺度,本书统计分析了冬小麦整个生育期内所有月份 1～9 个月时间尺度 SPEI 与 LAI_{max} 的 $r > 0.4$ 的站点数,如表 5-10 所示。由表 5-10 可知,2021～2060 年和 2061～2100 年在 SSP1-2.6、SSP2-4.5、SSP3-7.0 和 SSP5-8.5 情景下,4 个月时间尺度 SPEI 与冬小麦生育期内 LAI_{max} 的 $r > 0.4$ 的站点数最多。以 2021～2060 年为例,在 SSP1-2.6、SSP2-4.5、SSP3-7.0 和 SSP5-8.5 情景下,4 个月时间尺度 SPEI 与冬小麦生育期内 LAI_{max} 的 $r > 0.4$ 的站点数分别为 210 个、197 个、152 个和 168 个。SSP3-7.0 和 SSP5-8.5 情景下,2061～2100 年冬小麦整个生育期所有月份 4 个月时间尺度 SPEI 与 LAI_{max} 的 $r > 0.4$ 的站点数比 2021～2060 年有所减少;SSP1-2.6 和 SSP2-4.5 情景下,2061～2100 年与 2021～2060 年冬小麦整个生育期所有月份 4 个月时间尺度 SPEI 与 LAI_{max} 的 $r > 0.4$ 的站点数相差不大。

表 5-10 不同情景下冬小麦生育期 1～9 个月时间尺度 SPEI 与 LAI_{max} 的 $r > 0.4$ 的站点数　　　　　　　　　　　　　　　　　　(单位:个)

时期	情景	时间尺度								
		1 个月	2 个月	3 个月	4 个月	5 个月	6 个月	7 个月	8 个月	9 个月
2021～2060 年	SSP1-2.6	99	160	186	210	173	133	135	110	81
	SSP2-4.5	95	145	171	197	158	136	105	100	74
	SSP3-7.0	85	130	152	152	141	124	108	87	64
	SSP5-8.5	88	143	166	168	154	135	117	94	73
2061～2100 年	SSP1-2.6	99	156	177	218	186	122	112	107	78
	SSP2-4.5	89	139	157	197	163	107	95	95	69
	SSP3-7.0	61	102	116	118	108	100	86	72	57
	SSP5-8.5	70	108	122	126	119	110	97	79	67

图 5-11 给出了 2021～2060 年和 2061～2100 年 SSP1-2.6、SSP2-4.5、SSP3-7.0 和 SSP5-8.5 情景下冬小麦生育期各月 10～40cm 土层 1～9 个月时间尺度 $SMDI_{10\sim40}$ 与冬小麦生育期内 LAI_{max} 的 $r > 0.4$ 的站点数。由图 5-11 可知,在 2021～2060 年各情景下,3 月和 4 月 10～40cm 土层 1～3 个月时间尺度 $SMDI_{10\sim40}$ 与冬小麦 LAI_{max} 的 $r > 0.4$ 的站点数最多。在 SSP1-2.6 情景下,3 月 10～40cm 土层 1～3 个月时间尺度 $SMDI_{10\sim40}$ 与冬小麦生育期内 LAI_{max} 的 $r > 0.4$ 的站点数分别为 45 个、44 个和 42 个。SSP1-2.6 情景下相同月 10～40cm 土层各时间尺度 $SMDI_{10\sim40}$ 与冬小麦 LAI_{max} 的 $r > 0.4$ 的站点数最多,其次是 SSP2-4.5 情景和 SSP5-8.5 情景,SSP3-7.0 情景下 10～40cm 土层各时间尺度 $SMDI_{10\sim40}$ 与冬小麦 LAI_{max} 的 $r > 0.4$ 的站点数最少。与 2021～2060 年类似,在 2061～2100 年,在冬小麦生育期中 3 月和 4 月各情景下 10～40cm 土层 1～3 个月时间尺度 $SMDI_{10\sim40}$ 与冬小麦 LAI_{max} 的 $r > 0.4$ 的站点数明显多于其他月份。对比不同时期可以看出,在 SSP1-2.6 和 SSP2-4.5 情景下,2021～2060 年与 2061～2100 年的 10～40cm 土层各时间尺度 $SMDI_{10\sim40}$ 与冬小麦 LAI_{max} 的 $r > 0.4$ 的站点数分布规律相似;在 SSP3-7.0 和 SSP5-8.5 情景下,2061～2100 年 10～40cm

土层各时间尺度 $SMDI_{10\sim40}$ 与冬小麦 LAI_{max} 的 $r>0.4$ 的站点数比 2021~2060 年有所减少。尤其在 SSP5-8.5 情景下，2061~2100 年 10~40cm 土层各时间尺度 $SMDI_{10\sim40}$ 与冬小麦 LAI_{max} 的 $r>0.4$ 的站点数与 2021~2060 年相比明显减少。以 3 月为例，2021~2060 年 3 月 10~40cm 土层 1~3 个月时间尺度 $SMDI_{10\sim40}$ 与冬小麦 LAI_{max} 的 $r>0.4$ 的站点数分别为 42 个、42 个和 40 个；2061~2100 年 3 月 10~40cm 土层 1~3 个月时间尺度 $SMDI_{10\sim40}$ 与冬小麦 LAI_{max} 的 $r>0.4$ 的站点数分别为 32 个、33 个和 31 个。

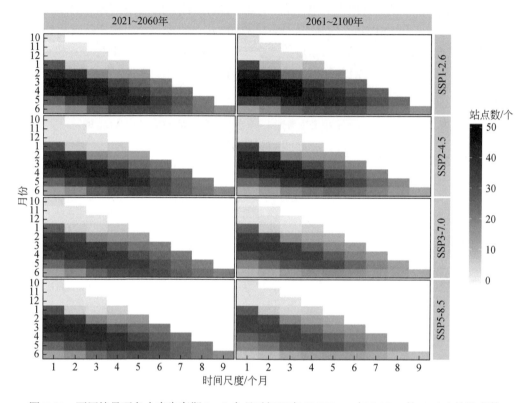

图 5-11　不同情景下冬小麦生育期 1~9 个月时间尺度 $SMDI_{10\sim40}$ 与 LAI_{max} 的 $r>0.4$ 的站点数

表 5-11 展示了 2021~2060 年和 2061~2100 年 SSP1-2.6、SSP2-4.5、SSP3-7.0 和 SSP5-8.5 情景下冬小麦整个生育期所有月份 10~40cm 土层 1~9 个月时间尺度 $SMDI_{10\sim40}$ 与 LAI_{max} 的 $r>0.4$ 的站点数。由表 5-11 可知，2021~2060 年和 2061~2100 年各情景下 10~40cm 土层 1 个月时间尺度 $SMDI_{10\sim40}$ 与冬小麦生育期内 LAI_{max} 的 $r>0.4$ 的站点数最多。以 2021~2060 年为例，SSP1-2.6、SSP2-4.5、SSP3-7.0 和 SSP5-8.5 情景下，10~40cm 土层 1 个月时间尺度 $SMDI_{10\sim40}$ 与冬小麦生育期内 LAI_{max} 的 $r>0.4$ 的站点数分别为 197 个、190 个、166 个和 186 个。除 SSP1-2.6 情景外，与 2021~2060 年相比，其他三种情景下 2061~2100 年冬小麦整个生育期内所有月份 10~40cm 土层 1~9 个月时间尺度 $SMDI_{10\sim40}$ 与 LAI_{max} 的 $r>0.4$ 的站点数较少。另外，在 2021~2060 年和 2061~2100 年，从 SSP1-2.6 情景到 SSP5-8.5 情景，10~40cm 土层 $SMDI_{10\sim40}$ 与冬小麦生育期内 LAI_{max} 的 $r>0.4$ 的站点数逐渐减少。

表 5-11　不同情景冬小麦生育期 1~9 个月时间尺度 $SMDI_{10~40}$ 与 LAI_{max} 的
$r > 0.4$ 的站点数　　　　　　　　　　　　　　　　　（单位：个）

时期	情景	时间尺度								
		1 个月	2 个月	3 个月	4 个月	5 个月	6 个月	7 个月	8 个月	9 个月
2021~2060 年	SSP1-2.6	197	181	170	159	141	111	74	41	17
	SSP2-4.5	190	178	169	159	140	110	74	43	18
	SSP3-7.0	166	154	147	143	125	99	68	41	19
	SSP5-8.5	186	169	161	153	134	104	72	42	18
2061~2100 年	SSP1-2.6	212	184	178	161	144	114	74	43	16
	SSP2-4.5	183	166	155	147	126	95	61	34	13
	SSP3-7.0	144	130	119	113	96	69	44	25	10
	SSP5-8.5	143	127	121	110	93	70	45	25	8

2. 干旱对冬小麦成熟期地上部分生物量的影响

图 5-12 给出了 2021~2060 年和 2061~2100 年四种情景下冬小麦生育期各月份 1~9 个月时间尺度 SPEI 与冬小麦成熟期地上部分生物量的 $r > 0.4$ 的站点数。由图 5-12 可知，在 2021~2060 年各情景下 3~5 月 3~7 个月时间尺度 SPEI 与冬小麦成熟期地上部分生物

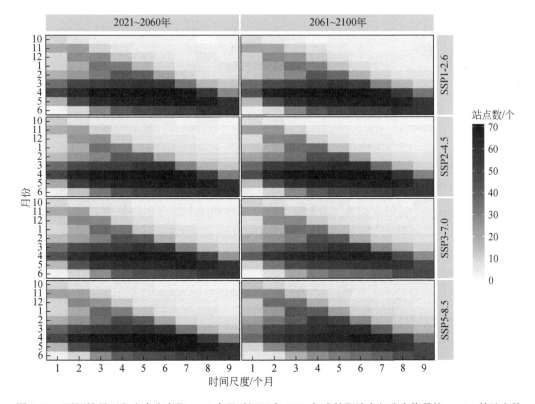

图 5-12　不同情景下冬小麦生育期 1~9 个月时间尺度 SPEI 与成熟期地上部分生物量的 $r > 0.4$ 的站点数

量 $r>0.4$ 的站点数最多，超过 60 个站点。例如，在 SSP1-2.6 情景下，4 月 3~7 个月时间尺度 SPEI 与冬小麦成熟期地上部分生物量的 $r>0.4$ 的站点数分别为 65 个、66 个、66 个、67 个和 65 个。不同情景下相同月各时间尺度 SPEI 与冬小麦成熟期地上部分生物量的 $r>0.4$ 的站点数相差不大。与 2021~2060 年类似，在 2061~2100 年，在冬小麦生育期中 3~5 月各情景下 3~7 个月时间尺度 SPEI 与冬小麦成熟期地上部分生物量的 $r>0.4$ 的站点数最多。从 SSP1-2.6 情景到 SSP5-8.5 情景，3~5 月各时间尺度 SPEI 与冬小麦成熟期地上部分生物量的 $r>0.4$ 的站点数逐渐减少。尤其在 SSP1-2.6 和 SSP2-4.5 情景下，3~5 月 3~7 个月时间尺度 SPEI 与冬小麦成熟期地上部分生物量的 $r>0.4$ 的站点数明显多于其他月份。对比不同时期可以看出，不同情景下 2061~2100 年各时间尺度 SPEI 与冬小麦成熟期地上部分生物量的 $r>0.4$ 的站点数比 2021~2060 年有所减少。

表 5-12 统计了 2021~2060 年和 2061~2100 年 SSP1-2.6、SSP2-4.5、SSP3-7.0 和 SSP5-8.5 情景下冬小麦整个生育期所有月份 1~9 个月时间尺度 SPEI 与冬小麦成熟期地上部分生物量的 $r>0.4$ 的站点数。

表 5-12　不同情景下冬小麦生育期 1~9 个月时间尺度 SPEI 与成熟期地上部分生物量的 $r>0.4$ 的站点数　　　　　　　（单位：个）

时期	情景	时间尺度								
		1 个月	2 个月	3 个月	4 个月	5 个月	6 个月	7 个月	8 个月	9 个月
2021~2060 年	SSP1-2.6	158	254	300	310	293	267	234	208	172
	SSP2-4.5	157	253	294	302	290	263	230	204	167
	SSP3-7.0	145	240	286	298	279	248	215	191	154
	SSP5-8.5	158	247	297	304	285	255	225	197	160
2061~2100 年	SSP1-2.6	150	248	294	307	292	262	232	207	174
	SSP2-4.5	155	255	304	312	295	264	231	202	164
	SSP3-7.0	131	222	267	280	266	238	204	180	146
	SSP5-8.5	148	244	288	297	278	249	222	195	161

由表 5-12 可知，2021~2060 年和 2061~2100 年 SSP1-2.6、SSP2-4.5、SSP3-7.0 和 SSP5-8.5 情景下 4 个月时间尺度 SPEI 与冬小麦成熟期地上部分生物量的 $r>0.4$ 的站点数最多。以 2021~2060 年为例，在 SSP1-2.6、SSP2-4.5、SSP3-7.0 和 SSP5-8.5 情景下 4 个月时间尺度 SPEI 与冬小麦成熟期地上部分生物量的 $r>0.4$ 的站点数分别为 310 个、302 个、298 个和 304 个。在 SSP1-2.6、SSP2-4.5、SSP3-7.0 和 SSP5-8.5 情景下，2061~2100 年与 2021~2060 年冬小麦整个生育期所有月份 4 个月时间尺度 SPEI 与冬小麦成熟期地上部分生物量的 $r>0.4$ 的站点数相差不大。

图 5-13 给出了 2021~2060 年和 2061~2100 年 SSP1-2.6、SSP2-4.5、SSP3-7.0 和 SSP5-8.5 情景下冬小麦生育期各月 0~10cm 土层 1~9 个月时间尺度 $SMDI_{0~10}$ 与冬小麦成熟期地上部分生物量的 $r>0.4$ 的站点数。由图 5-13 可知，在 2021~2060 年各情景下，3~5 月 0~10cm 土层 1~3 个月时间尺度 $SMDI_{0~10}$ 与冬小麦成熟期地上部分生物量的 $r>0.4$ 的站点数

最多。在 SSP1-2.6 情景下，4 月 0～10cm 土层 1～3 个月时间尺度 $SMDI_{0~10}$ 与冬小麦成熟期地上部分生物量的 $r>0.4$ 的站点数分别为 67 个、67 个和 65 个。不同情景下相同月份 0～10cm 土层各时间尺度 $SMDI_{0~10}$ 与冬小麦成熟期地上部分生物量的 $r>0.4$ 的站点数相差不多。与 2021～2060 年类似，2061～2100 年各情景下冬小麦生育期中 3～5 月 0～10cm 土层 1～3 个月时间尺度 $SMDI_{0~10}$ 与冬小麦成熟期地上部分生物量的 $r>0.4$ 的站点数明显多于其他月份。对比不同时期可以看出，在 SSP1-2.6、SSP2-4.5、SSP3-7.0 和 SSP5-8.5 情景下，2061～2100 年 0～10cm 土层各时间尺度 $SMDI_{0~10}$ 与冬小麦成熟期地上部分生物量的 $r>0.4$ 的站点数比 2021～2060 年有所减少，但减少幅度不大。

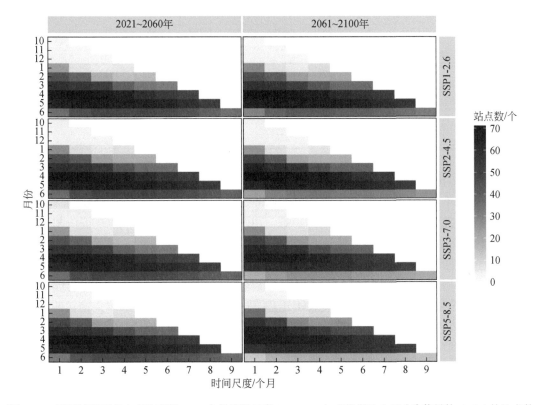

图 5-13　不同情景下冬小麦生育期 1～9 个月时间尺度 $SMDI_{0~10}$ 与成熟期地上部分生物量的 $r>0.4$ 的站点数

表 5-13 展示了 2021～2060 年和 2061～2100 年在 SSP1-2.6、SSP2-4.5、SSP3-7.0 和 SSP5-8.5 情景下冬小麦整个生育期所有月份 0～10cm 土层 1～9 个月时间尺度 $SMDI_{0~10}$ 与冬小麦成熟期地上部分生物量的 $r>0.4$ 的站点数。

由表 5-13 可知，2021～2060 年和 2061～2100 年各情景下 0～10cm 土层 1 个月时间尺度 $SMDI_{0~10}$ 与冬小麦成熟期地上部分生物量的 $r>0.4$ 的站点数最多。随着干旱时间尺度的增大，站点数逐渐减少。以 2021～2060 年为例，SSP1-2.6、SSP2-4.5、SSP3-7.0 和 SSP5-8.5 情景下，0～10cm 土层 1 个月时间尺度 $SMDI_{0~10}$ 与冬小麦成熟期地上部分生物量的 $r>0.4$ 的站点数分别为 290 个、296 个、282 个和 298 个。除 SSP1-2.6 情景外，与 2021～2060 年相比，其他三种情景下 2061～2100 年冬小麦整个生育期内所有月份 0～10cm 土层 1～9 个

月时间尺度 $SMDI_{0\sim10}$ 与冬小麦成熟期地上部分生物量的 $r>0.4$ 的站点数有所减少,但减少幅度不大。

表 5-13　不同情景下冬小麦生育期多时间尺度 $SMDI_{0-10}$ 与成熟期地上部分生物量的 $r>0.4$ 的站点数　（单位:个）

时期	情景	时间尺度								
		1 个月	2 个月	3 个月	4 个月	5 个月	6 个月	7 个月	8 个月	9 个月
2021~2060 年	SSP1-2.6	290	272	248	229	214	192	153	94	36
	SSP2-4.5	296	277	253	237	222	196	156	98	40
	SSP3-7.0	282	267	240	224	210	188	151	96	39
	SSP5-8.5	298	278	252	239	221	198	156	97	37
2061~2100 年	SSP1-2.6	291	271	248	236	219	195	152	93	33
	SSP2-4.5	287	264	237	223	210	187	144	85	26
	SSP3-7.0	271	249	229	214	199	173	132	75	21
	SSP5-8.5	285	261	236	225	210	180	131	71	15

图 5-14 给出了 2021~2060 年和 2061~2100 年在 SSP1-2.6、SSP2-4.5、SSP3-7.0 和 SSP5-8.5 情景下,冬小麦生育期各月 10~40cm 土层 1~9 个月时间尺度 $SMDI_{10\sim40}$ 与冬小麦成熟期地上部分生物量的 $r>0.4$ 的站点数。由图 5-14 可知,2021~2060 年在 SSP1-2.6、SSP2-4.5、SSP3-7.0 和 SSP5-8.5 情景下,10~12 月的 10~40cm 土层各时间尺度 $SMDI_{10\sim40}$ 与冬小麦成熟期地上部分生物量的 $r>0.4$ 的站点数较少,从 1 月开始,各时间 $SMDI_{10\sim40}$ 与冬小麦成熟期地上部分生物量的 $r>0.4$ 的站点数逐渐增多。在 3~5 月,有超过 50 个站点 10~40cm 土层 1~3 个月时间尺度 $SMDI_{10\sim40}$ 与冬小麦成熟期地上部分生物量的 $r>0.4$,其中 4 月最多。在 SSP1-2.6 情景下,4 月 10~40cm 土层 1~3 个月时间尺度 $SMDI_{10\sim40}$ 与冬小麦成熟期地上部分生物量的 $r>0.4$ 的站点数分别为 64 个、61 个和 58 个。在 SSP1-2.6、SSP2-4.5 和 SSP5-8.5 情景下,相同月份 10~40cm 土层各时间尺度 $SMDI_{10\sim40}$ 与冬小麦成熟期地上部分生物量的 $r>0.4$ 的站点数最多,在 SSP3-7.0 情景下 10~40cm 土层各时间尺度 $SMDI_{10\sim40}$ 与冬小麦成熟期地上部分生物量的 $r>0.4$ 的站点数相对较少。在 2061~2100 年,各情景下 3~5 月 10~40cm 土层 1~3 个月时间尺度 $SMDI_{10\sim40}$ 与冬小麦成熟期地上部分生物量的 $r>0.4$ 的站点数明显多于其他月份。

对比不同时期可以看出,2021~2060 年与 2061~2100 年各情景下 10~40cm 土层各时间尺度 $SMDI_{10\sim40}$ 与冬小麦成熟期地上部分生物量的 $r>0.4$ 的站点数相差不大,分布规律相似。以 SSP5-8.5 情景为例,2021~2060 年 4 月 10~40cm 土层 1~3 个月时间尺度 $SMDI_{10\sim40}$ 与冬小麦成熟期地上部分生物量的 $r>0.4$ 的站点数分别为 64 个、62 个和 59 个;2061~2100 年相同月份 10~40cm 土层 1~3 个月时间尺度 $SMDI_{10\sim40}$ 与冬小麦成熟期地上部分生物量的 $r>0.4$ 的站点数分别为 62 个、62 个和 61 个。

表 5-14 展示了 2021~2060 年和 2061~2100 年在 SSP1-2.6、SSP2-4.5、SSP3-7.0 和 SSP5-8.5 情景下,冬小麦整个生育期所有月份 10~40cm 土层 1~9 个月时间尺度 $SMDI_{10\sim40}$

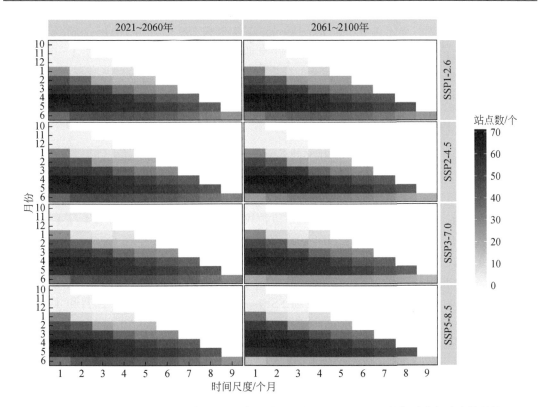

图 5-14　不同情景下冬小麦生育期 1～9 个月时间尺度 SMDI$_{10\sim40}$ 与成熟期地上部分生物量的
$r>0.4$ 的站点数

表 5-14　不同情景冬小麦生育期多时间尺度 SMDI$_{10\sim40}$ 与成熟期地上部分
生物量的 $r>0.4$ 的站点数　　　　　（单位：个）

时期	情景	时间尺度								
		1 个月	2 个月	3 个月	4 个月	5 个月	6 个月	7 个月	8 个月	9 个月
2021～2060 年	SSP1-2.6	282	255	228	206	183	154	118	72	27
	SSP2-4.5	289	265	238	216	193	163	125	79	31
	SSP3-7.0	277	254	227	207	186	158	122	77	30
	SSP5-8.5	289	263	234	211	189	162	123	76	27
2061～2100 年	SSP1-2.6	285	258	232	217	193	162	124	74	25
	SSP2-4.5	282	254	226	204	182	154	116	67	20
	SSP3-7.0	264	239	210	192	171	141	105	60	17
	SSP5-8.5	282	249	218	202	180	148	107	59	13

与冬小麦成熟期地上部分生物量的 $r>0.4$ 的站点数。由表 5-14 可知，2021～2060 年和 2061～2100 年各情景下 10～40cm 土层 1 个月时间尺度 SMDI$_{10\sim40}$ 与冬小麦成熟期地上部分生物量的 $r>0.4$ 的站点数最多。以 2021～2060 年为例，在 SSP1-2.6、SSP2-4.5、SSP3-7.0 和 SSP5-8.5 情景下，10～40cm 土层 1 个月时间尺度 SMDI$_{10\sim40}$ 与冬小麦成熟期地上部分生

物量的 $r>0.4$ 的站点数分别为 282 个、289 个、277 个和 289 个。与 2021～2060 年相比，SSP3-7.0 情景下 2061～2100 年冬小麦整个生育期内所有月份 10～40cm 土层 1～9 个月时间尺度 SMDI$_{10～40}$ 与冬小麦成熟期地上部分生物量的 $r>0.4$ 的站点数有所减少；其他情景下 2061～2100 年与 2021～2060 年则变化不大。

3. 干旱对冬小麦产量的影响

图 5-15 给出了 2021～2060 年和 2061～2100 年四个情景下冬小麦生育期 1～9 个月时间尺度 SPEI 与冬小麦产量的 $r>0.4$ 的站点数。由图 5-15 可知，在 2021～2060 年各情景下，3 月和 4 月有超过 50 个站点 4～6 个月时间尺度 SPEI 与冬小麦产量的 $r>0.4$；其他月份各时间尺度 SPEI 与冬小麦产量的 $r>0.4$ 的站点数较少。在 SSP1-2.6 情景下，4 月 4～6 个月时间尺度 SPEI 与冬小麦产量的 $r>0.4$ 的站点数分别为 55 个、53 个和 56 个。在 SSP1-2.6 和 SSP2-4.5 情景下，相同月份各时间尺度 SPEI 与冬小麦产量的 $r>0.4$ 的站点数较多。与 2021～2060 年相类似，在 2061～2100 年，各情景下 3 月和 4 月 4～6 个月时间尺度 SPEI 与冬小麦产量的 $r>0.4$ 的站点数最多。在 SSP1-2.6 和 SSP2-4.5 情景下，3 月和 4 月 4～6 个月时间尺度 SPEI 与冬小麦产量的 $r>0.4$ 的站点数明显大于 SSP3-7.0 和 SSP5-8.5 情景。对比不同时期可以看出，不同情景下 2061～2100 年各时间尺度 SPEI 与冬小麦产量的 $r>0.4$ 的站点数比 2021～2060 年有所减少。尤其在 SSP3-7.0 和 SSP5-8.5 情景下，2061～2100 年各时间尺度 SPEI 与冬小麦产量的 $r>0.4$ 的站点数减少幅度较大。其中，在 SSP5-8.5 情

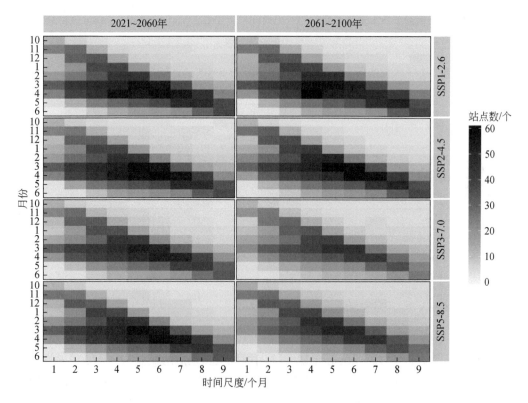

图 5-15　不同情景下冬小麦生育期 1～9 个月时间尺度 SPEI 与产量的 $r>0.4$ 的站点数

景下 2021～2060 年 3 月 4～6 个月时间尺度 SPEI 与冬小麦产量的 $r>0.4$ 的站点数分别为 47 个、50 个和 55 个，而 2061～2100 年 3 月 4～6 个月时间尺度 SPEI 与冬小麦产量的 $r>0.4$ 的站点数分别仅为 28 个、33 个和 42 个。

表 5-15 展示了 2021～2060 年和 2061～2100 年 SSP1-2.6、SSP2-4.5、SSP3-7.0 和 SSP5-8.5 情景下，冬小麦整个生育期 1～9 个月时间尺度 SPEI 与冬小麦产量的 $r>0.4$ 的站点数。

表 5-15　不同情景下冬小麦生育期 1～9 个月时间尺度 SPEI 与冬小麦产量
$r>0.4$ 的站点数　　　　　　　　（单位：个）

时期	情景	时间尺度								
		1 个月	2 个月	3 个月	4 个月	5 个月	6 个月	7 个月	8 个月	9 个月
2021～2060 年	SSP1-2.6	129	204	240	247	228	202	180	159	127
	SSP2-4.5	124	200	233	239	222	197	172	147	116
	SSP3-7.0	113	180	209	213	200	178	158	137	104
	SSP5-8.5	124	195	228	233	214	189	165	142	109
2061～2100 年	SSP1-2.6	127	204	235	255	222	189	171	157	125
	SSP2-4.5	120	191	226	229	214	194	167	146	111
	SSP3-7.0	88	148	174	176	163	142	126	108	87
	SSP5-8.5	100	160	185	192	181	163	144	125	103

由表 5-15 可知，2021～2060 年和 2061～2100 年在 SSP1-2.6、SSP2-4.5、SSP3-7.0 和 SSP5-8.5 情景下 4 个月时间尺度 SPEI 与冬小麦产量的 $r>0.4$ 的站点数最多。以 2021～2060 年为例，在 SSP1-2.6、SSP2-4.5、SSP3-7.0 和 SSP5-8.5 情景下，4 个月时间尺度 SPEI 与冬小麦产量的 $r>0.4$ 的站点数分别为 247 个、239 个、213 个和 233 个。对比不同时期可以看出，在 SSP2-4.5、SSP3-7.0 和 SSP5-8.5 情景下，2061～2100 年冬小麦整个生育期所有月份 4 个月时间尺度 SPEI 与冬小麦产量的 $r>0.4$ 的站点数比 2021～2060 年有所减少；SSP1-2.6 情景下，2061～2100 年与 2021～2060 年冬小麦整个生育期所有月份 4 个月时间尺度 SPEI 与冬小麦产量的 $r>0.4$ 的站点数相差不大。

图 5-16 给出了 2021～2060 年和 2061～2100 年在 SSP1-2.6、SSP2-4.5、SSP3-7.0 和 SSP5-8.5 情景下，冬小麦生育期各月 0～10cm 土层 1～9 个月时间尺度 $SMDI_{0～10}$ 与冬小麦产量的 $r>0.4$ 的站点数。

由图 5-16 可知，在 2021～2060 年各情景下，3～5 月 0～10cm 土层 1～3 个月时间尺度 $SMDI_{0～10}$ 与冬小麦产量的 $r>0.4$ 的站点数最多。在 SSP1-2.6 情景下，4 月 0～10cm 土层 1～3 个月时间尺度 $SMDI_{0～10}$ 与冬小麦产量的 $r>0.4$ 的站点数分别为 59 个、58 个和 57 个。在 SSP1-2.6 和 SSP2-4.5 情景下，相同月份 0～10cm 土层各时间尺度 $SMDI_{0～10}$ 与冬小麦产量的 $r>0.4$ 的站点数大于 SSP3-7.0 和 SSP5-8.5 情景。与 2021～2060 年类似，在 2061～2100 年，各情景下冬小麦生育期中 3～5 月 0～10cm 土层 1～3 个月时间尺度 $SMDI_{0～10}$ 与冬小麦产量的 $r>0.4$ 的站点数明显多于其他月份。对比不同时期可以看出，SSP1-2.6 和 SSP2-4.5 情景下 2061～2100 年 0～10cm 土层各时间尺度 $SMDI_{0～10}$ 与冬小麦产量的 $r>0.4$

的站点数与 2021~2060 年相差不大；SSP3-7.0 和 SSP5-8.5 情景下 2061~2100 年 0~10cm 土层各时间尺度 $SMDI_{0~10}$ 与冬小麦产量的 $r>0.4$ 的站点数与 2021~2060 年相比有所减少。

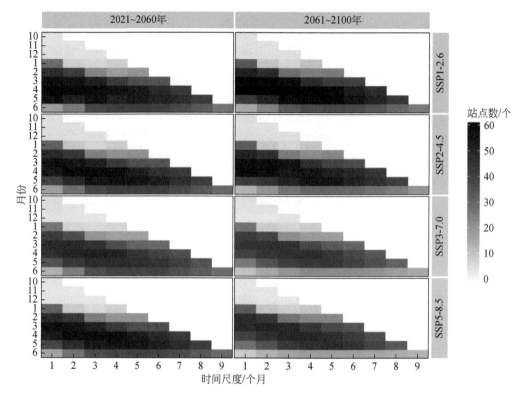

图 5-16　不同情景下冬小麦生育期 0~10cm 土层 1~9 个月时间尺度 $SMDI_{0~10}$ 与产量的 $r>0.4$ 的站点数

表 5-16 展示了 2021~2060 年和 2061~2100 年在 SSP1-2.6、SSP2-4.5、SSP3-7.0 和 SSP5-8.5 情景下，冬小麦整个生育期所有月份 0~10cm 土层 1~9 个月时间尺度 $SMDI_{0~10}$ 与冬小麦产量的 $r>0.4$ 的站点数。

表 5-16　不同情景下冬小麦生育期 1~9 个月时间尺度 $SMDI_{0-10}$ 与冬小麦产量的
$r>0.4$ 的站点数　　　　　　　　　　（单位：个）

时期	情景	时间尺度								
		1 个月	2 个月	3 个月	4 个月	5 个月	6 个月	7 个月	8 个月	9 个月
2021~2060 年	SSP1-2.6	235	229	225	212	197	169	125	73	26
	SSP2-4.5	240	235	226	216	201	172	128	76	30
	SSP3-7.0	216	209	205	196	179	155	115	69	29
	SSP5-8.5	238	234	224	213	198	171	126	74	29
2061~2100 年	SSP1-2.6	249	234	226	217	207	175	127	72	25
	SSP2-4.5	242	220	206	200	186	160	115	65	20
	SSP3-7.0	187	182	174	168	154	129	90	50	16
	SSP5-8.5	197	186	179	175	160	131	87	46	12

由表 5-16 可知，2021～2060 年和 2061～2100 年各情景下 0～10cm 土层 1 个月时间尺度 $SMDI_{0～10}$ 与冬小麦产量的 $r > 0.4$ 的站点数最多。2021～2060 年在 SSP1-2.6、SSP2-4.5、SSP3-7.0 和 SSP5-8.5 情景下，0～10cm 土层 1 个月时间尺度 $SMDI_{0～10}$ 与冬小麦产量的 $r > 0.4$ 的站点数分别为 235 个、240 个、216 个和 238 个；2061～2100 年在 SSP1-2.6、SSP2-4.5、SSP3-7.0 和 SSP5-8.5 情景下，0～10cm 土层 1 个月时间尺度 $SMDI_{0～10}$ 与冬小麦产量的 $r > 0.4$ 的站点总数分别为 249 个、242 个、187 个和 197 个。与 2021～2060 年相比，SSP1-2.6 情景下，2061～2100 年冬小麦整个生育期内所有月份 0～10cm 土层 1～9 个月时间尺度 $SMDI_{0～10}$ 与冬小麦产量的 $r > 0.4$ 的站点数有少量增加；在 SSP3-7.0 和 SSP5-8.5 情景下，2061～2100 年冬小麦整个生育期内所有月份 0～10cm 土层 1～9 个月时间尺度 $SMDI_{0～10}$ 与冬小麦产量的 $r > 0.4$ 的站点数有所减少。

图 5-17 给出了 2021～2060 年和 2061～2100 年在 SSP1-2.6、SSP2-4.5、SSP3-7.0 和 SSP5-8.5 情景下，冬小麦生育期各月 10～40cm 土层 1～9 个月时间尺度 $SMDI_{10～40}$ 与冬小麦产量的 $r > 0.4$ 的站点数。

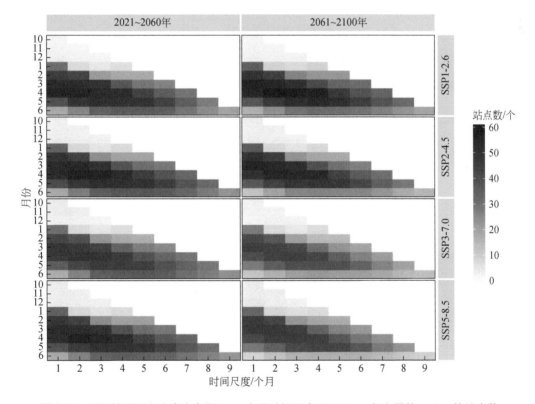

图 5-17　不同情景下冬小麦生育期 1～9 个月时间尺度 $SMDI_{10～40}$ 与产量的 $r > 0.4$ 的站点数

由图 5-17 可知，在 2021～2060 年各情景下 3 月和 4 月 10～40cm 土层 1～3 个月时间尺度 $SMDI_{10～40}$ 与冬小麦产量的 $r > 0.4$ 的站点数最多。其中，SSP1-2.6 情景下 4 月 10～40cm 土层 1～3 个月时间尺度 $SMDI_{10～40}$ 与冬小麦产量的 $r > 0.4$ 的站点数分别为 53 个、53 个和 51 个。对比不同情景可以看出，在 SSP1-2.6、SSP2-4.5 和 SSP5-8.5 情景下，相同月 10～

40cm 土层各时间尺度 $SMDI_{10\sim40}$ 与冬小麦产量的 $r>0.4$ 的站点数大于 SSP3-7.0 情景。与 2021～2060 年类似，在 2061～2100 年，各情景下 3 月和 4 月 10～40cm 土层 1～3 个月时间尺度 $SMDI_{10\sim40}$ 与冬小麦产量的 $r>0.4$ 的站点数明显多于其他月份。在 SSP1-2.6 和 SSP2-4.5 情景下，相同月份 10～40cm 土层各时间尺度 $SMDI_{10\sim40}$ 与冬小麦产量的 $r>0.4$ 的站点数大于 SSP3-7.0 和 SSP5-8.5 情景。对比不同时期可以看出，在 SSP1-2.6 和 SSP2-4.5 情景下，2061～2100 年 10～40cm 土层各时间尺度 $SMDI_{10\sim40}$ 与冬小麦产量的 $r>0.4$ 的站点数与 2021～2060 年相差不大；在 SSP3-7.0 和 SSP5-8.5 情景下，2061～2100 年 10～40cm 土层各时间尺度 $SMDI_{10\sim40}$ 与冬小麦产量的 $r>0.4$ 的站点数与 2021～2060 年相比有所减少。尤其在 SSP5-8.5 情景下，2061～2100 年 10～40cm 土层各时间尺度 $SMDI_{10\sim40}$ 与冬小麦产量的 $r>0.4$ 的站点数减少幅度较大。其中，SSP5-8.5 情景下 2021～2060 年 3 月 4～6 个月时间尺度 SPEI 与冬小麦产量的 $r>0.4$ 的站点数分别为 50 个、53 个和 52 个，而 2061～2100 年 3 月 4～6 个月时间尺度 SPEI 与冬小麦产量的 $r>0.4$ 的站点数分别仅为 45 个、44 个和 42 个。

表 5-17 展示了 2021～2060 年和 2061～2100 年在 SSP1-2.6、SSP2-4.5、SSP3-7.0 和 SSP5-8.5 情景下，冬小麦整个生育期所有月份 10～40cm 土层 1～9 个月时间尺度 $SMDI_{10\sim40}$ 与冬小麦产量的 $r>0.4$ 的站点数。

表 5-17　不同情景下冬小麦生育期 1～9 个月时间尺度 $SMDI_{10\text{-}40}$ 与产量的 $r>0.4$ 的站点数　　　　　　　（单位：个）

时期	情景	时间尺度								
		1 个月	2 个月	3 个月	4 个月	5 个月	6 个月	7 个月	8 个月	9 个月
2021～2060 年	SSP1-2.6	232	222	206	192	169	136	93	53	20
	SSP2-4.5	239	226	211	196	175	143	101	60	23
	SSP3-7.0	216	202	191	177	156	127	92	56	23
	SSP5-8.5	235	221	206	192	170	136	97	57	22
2061～2100 年	SSP1-2.6	238	226	214	205	181	144	100	56	20
	SSP2-4.5	230	212	198	184	161	128	88	48	16
	SSP3-7.0	183	172	161	147	126	97	64	34	13
	SSP5-8.5	197	179	165	152	132	99	64	34	10

由表 5-17 可知，2021～2060 年和 2061～2100 年各情景下 10～40cm 土层 1 个月时间尺度 $SMDI_{10\sim40}$ 与冬小麦产量的 $r>0.4$ 的站点数最多。2021～2060 年在 SSP1-2.6、SSP2-4.5、SSP3-7.0 和 SSP5-8.5 情景下，0～10cm 土层 1 个月时间尺度 $SMDI_{0\sim10}$ 与冬小麦产量的 $r>0.4$ 的站点数分别为 232 个、239 个、216 个和 235 个；2061～2100 年在 SSP1-2.6、SSP2-4.5、SSP3-7.0 和 SSP5-8.5 情景下，0～10cm 土层 1 个月时间尺度 $SMDI_{0\sim10}$ 与冬小麦产量的 $r>0.4$ 的站点总数分别为 238 个、230 个、183 个和 197 个。与 2021～2060 年相比，SSP1-2.6 情景下 2061～2100 年冬小麦整个生育期内所有月份 10～40cm 土层 1～9 个月时间尺度 $SMDI_{10\sim40}$ 与冬小麦产量的 $r>0.4$ 的站点数有少量增加；其他三个情景下 2061～2100 年冬

小麦整个生育期内所有月份 10～40cm 土层 1～9 个月时间尺度 $SMDI_{10\sim40}$ 与冬小麦产量的 $r>0.4$ 的站点数有不同程度减少，其中 SSP3-7.0 和 SSP5-8.5 情景下降低幅度较大。

5.3　本 章 小 结

1981～2015 年 4～7 个月时间尺度 SPEI、0～10cm 土层 1～9 个月时间尺度 $SMDI_{0\sim10}$ 和 10～40cm 土层 1 个月时间尺度 $SMDI_{10\sim40}$ 与冬小麦 LAI_{max} 相关性较大；气象干旱指标 SPEI 对冬小麦 LAI_{max} 的影响小于农业干旱指标 SMDI；0～10cm 土层农业干旱与冬小麦 LAI_{max} 的 r 在 0.3 左右，10～40cm 土层农业干旱与冬小麦 LAI_{max} 的 r 在 0.2 左右，且生育期内各月相差不大。

1981～2015 年 4 个月时间尺度 SPEI、0～10cm 土层 1 个月时间尺度 $SMDI_{0\sim10}$ 和 10～40cm 土层 1～3 个月时间尺度 $SMDI_{10\sim40}$ 对冬小麦成熟期地上部分生物量影响较大；气象干旱指标 SPEI 对冬小麦地上部分生物量影响小于农业干旱指标 SMDI；0～10cm 土层和 10～40cm 土层农业干旱对冬小麦成熟期地上部分生物量影响大小相近，r 在 0.4 左右，且生育期内各月相差不大。

1981～2015 年 4 个月时间尺度 SPEI、0～10cm 和 10～40cm 土层 1 个月时间尺度 $SMDI_{0\sim10}$ 和 $SMDI_{10\sim40}$ 对冬小麦产量影响较大；气象干旱指标 SPEI 对冬小麦产量的影响小于农业干旱指标 SMDI；0～10cm 土层和 10～40cm 土层农业干旱对冬小麦成熟期地上部分生物量影响大小相近，r 在 0.5 左右，且在 3～5 月 r 较大。历史时期干旱年份黄淮海平原地区和其他地区大多站点 4 个月时间尺度 SPEI、0～10cm 和 10～40cm 土层 1 个月时间尺度 $SMDI_{0\sim10}$ 和 $SMDI_{10\sim40}$ 对冬小麦减产率在 5%～25%。

2021～2060 年和 2061～2100 年 4 个月时间尺度 SPEI、0～10cm 和 10～40cm 土层 1 个月时间尺度 $SMDI_{0\sim10}$ 和 $SMDI_{10\sim40}$ 与冬小麦 LAI_{max} 相关性较大；SSP5-8.5 情景下 2061～2100 年干旱指标与 LAI_{max} 相关性比 2021～2060 年低；2021～2060 年从 SSP1-2.6 情景到 SSP5-8.5 情景气象干旱和农业干旱与冬小麦 LAI_{max} 相关性相差不大，2061～2100 年从 SSP1-2.6 情景到 SSP5-8.5 情景则逐渐降低。黄淮海平原地区 3～5 月各干旱指标与冬小麦 LAI_{max} 相关性最大，其次是新疆地区，且 3 月 r 最大。

第6章　春小麦生长和产量变化规律

本章把我国春小麦种植区域分为三个区，估算了 1961～2020 年 1～9 个月时间尺度的 SPEI、$SMDI_{0\sim10}$ 和 $SMDI_{10\sim40}$，分析了不同分区春小麦生育期内的干旱演变规律，利用降尺度后 CMIP6 中各情景不同的 GCM 数据，并结合 DSSAT-CERES-Wheat 模型模拟的未来土壤含水量数据，计算了未来时期 $SMDI_{0\sim10}$，分析了 2021～2100 年三个分区春小麦生育期内各 SSPs 情景下 1～9 个月时间尺度农业干旱时空演变规律，并分析了气象干旱和滞后 0～9 个月的农业干旱指标之间的相关性，为进一步分析春小麦生长和产量对生育期内多时间尺度气象干旱和农业干旱的响应研究奠定了基础。

6.1　CMIP6-DSSAT-GRA 协同驱动的春小麦模拟方法体系

6.1.1　研究区概况

我国春小麦主要分布在长城以北、岷山、大雪山以西地区，该区气温普遍较低，故春小麦以一年一熟为主，主产区包括甘肃、新疆、内蒙古、青海、宁夏、吉林和黑龙江等北方中高纬度和高海拔的地区。选择有较完整物候期和产量数据的 34 个春小麦种植的农气站点，并根据地理条件、气候特征以及作物熟制等将研究区分为分区Ⅰ-东北平原区，分区Ⅱ-北方干旱半干旱区和分区Ⅲ-青藏高原区（Yao et al.，2022）。三个分区基本涵盖了中国春小麦的主要种植区，新疆、甘肃、青海、宁夏、内蒙古、吉林和黑龙江等几个省区均包括其中。

春小麦种植区 34 个农气站点的基本信息如表 6-1。

6.1.2　数据来源

1. 气象数据

在国家气象科学数据中心收集了 34 个春小麦种植站 1961～2020 年的逐日气象数据，包括逐日降水量（P）、相对湿度（RH）、日最高气温（T_{max}）、日最低气温（T_{min}）、2m 处风速（U_2）和日照时数（S_n）等，缺失数据用邻近站点数据插值。

2. 土壤含水量及土壤物理参数数据

从谷歌地球引擎（GEE）平台下载 1948～2018 年全国所有地区各个土层的逐日土壤含水量数据。该数据由全球陆地数据同化系统（GLDAS）计算得到。在 GEE 平台上将土壤含水量栅格数据提取到各农气站点，并进行单位转化以及准确性验证，以进行下一步的研究（刘丽伟等，2019）。

表 6-1　春小麦农气站点基本信息

分区	站点	经度（°E）	纬度（°N）	分区	站点	经度（°E）	纬度（°N）
分区 I	呼玛	126.38	51.44	分区 II	武威	102.4	37.55
	爱辉	127.27	50.15		民勤	103.05	38.38
	嫩江	125.14	49.1		靖远	104.41	36.34
	五大连池	126.11	48.3		临夏	103.11	35.35
	富锦	131.59	47.14		安定	104.37	35.35
	饶河	134	46.48		固阳	110.03	41.02
	松原	124.5	45.11		察右中旗	112.37	41.17
分区 II	阿勒泰	88.05	47.44		永宁	106.15	38.17
	博乐	82.04	44.54		岷县	104.01	34.26
	精河	82.49	44.34	分区 III	德令哈	97.37	37.37
	奇台	89.57	44.02		格尔木	94.55	36.25
	吐鲁番	89.15	42.5		诺木洪	96.26	36.26
	巴里坤	93.03	43.36		都兰	98.06	36.18
	敦煌	94.68	40.15		湟源	101.08	36.75
	酒泉	98.29	39.46		共和	100.37	36.16
	张掖	100.17	39.05		互助	101.57	36.49
	民乐	100.49	38.26		民和	102.5	36.2

另外，在中国科学院资源环境科学数据平台下载研究区的土壤物理参数数据，包括土壤质地空间分布数据（粉粒、黏粒和砂粒含量）以及土壤类型数据等，该数据是根据第二次全国土壤普查和 1∶100 万土壤类型图结合编制而成的。

3. 土壤数据

从中国科学院国家青藏高原科学数据中心国家科技资源共享服务平台收集土壤水文数据集和土壤特征数据集。其中包括不同深度土层的田间持水量（FC）、饱和土壤含水量（SAT）、饱和导水率（SHC）和凋萎系数（WP）等土壤物理参数（陈新国，2021）；土壤特征数据包括 0～30cm 和 30～100cm 土层深度的土壤粉粒、黏粒以及砂粒含量。

4. 作物生长和产量相关数据

从中国气象数据网下载研究区内 34 个农气站点春小麦生育期数据和产量数据，主要包括 1992～2013 年 34 个农气站点春小麦各生育期数据和 2001～2013 年的春小麦产量数据。春小麦生长过程包括 7 个生育期，依次为播种期、出苗期、分蘖期、拔节期、开花期、灌浆期和成熟期。根据 1992～2013 年春小麦各农气站点的生育期数据处理得到各生育期儒历日（DOY）的平均值，春小麦各生育期儒历日的空间分布如图 6-1 所示。可以看出，各生育期内西部地区的儒历日均偏大，东北各站点春小麦生育期都有所提前。以春小麦开花期为例，分区Ⅰ-东北平原区各站点开花期较为提前，其儒历日在160～170天，分区Ⅲ-青藏高原区各站点开花期儒历日在170～180天。

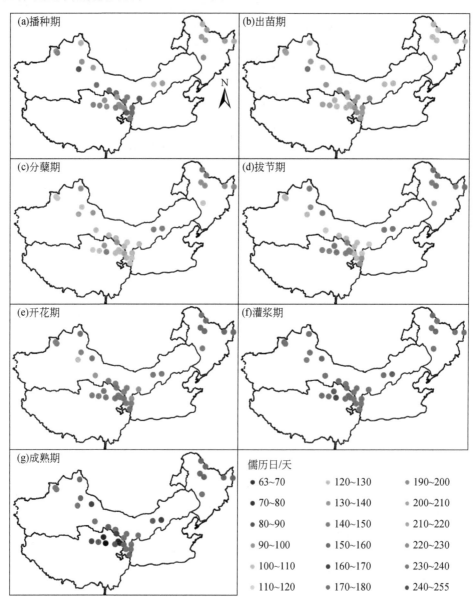

图 6-1　春小麦各生育期儒历日的空间分布

6.1.3　最新 CMIP6 的 GCM 数据

1. CMIP6 的气候情景选择

和 CMIP5 不同，CMIP6 利用了 6 个综合评估模型（Fujimori et al.，2017），这些评估

模型基于共享社会经济路径（SSPs）情景产生。SSPs 情景根据目前国家和区域的实际情况，并结合未来发展规划得到具体的发展情景。SSPs 的定量元素包括人口、GDP 等指标，定性元素主要包含 7 个方面（李林超，2019）：人力资源、生活方式、经济发展、人类发展、自然资源、机构政策、技术发展。本书主要研究未来时期 4 种 SSPs，分别是 SSP1-2.6、SSP2-4.5、SSP3-7.0 和 SSP5-8.5。

2. GCM 筛选和统计降尺度分析

从 CMIP6 获取 1961～2100 年共 27 个 GCM 气象数据，包括最低温、最高温和降水等数据，GCM 的具体信息与表 2-3 一致。采用 NWAI-WG 统计降尺度方法，将每个 GCM 的月值降低到每个站的每日值，具体步骤与 2.1.3 节相同，不再赘述。使用泰勒图法对统计降尺度方法的空间降尺度效果进行评估（Wang H et al.，2016）。

6.1.4　干旱指标的计算

有关 SPEI 和 SMDI 的计算过程在 2.1.4 节、3.1.4 节中已详细介绍，在此不再赘述。利用收集到的气象数据和式（2-14）、式（3-3）计算研究区 34 个站点历史时期 1961～2020 年春小麦整个生育期内（2～10 月）1～9 个月尺度的 SPEI，分析研究区干旱时空演变特征，并根据表 2-4 的标准进行干旱严重程度的划分。

先利用历史时期相关土壤数据计算 1961～2020 年春小麦生育期内 1～9 个月时间尺度的 $SMDI_{0\sim10}$ 和 $SMDI_{10\sim40}$，然后结合 CMIP6 中 GCM 数据以及 DSSAT-CERES-Wheat 模型模拟的未来时期土壤数据计算春小麦生育期内 1～9 个月时间尺度的 $SMDI_{0\sim10}$ 和 $SMDI_{10\sim40}$，并根据表 3-2 的标准进行干旱严重程度的划分。

6.1.5　灰色关联分析

灰色关联分析（GRA）作为灰色系统理论中一个重要分支，是根据不同因素之间的相似或者相异程度，也即"灰色关联度"，来衡量各因素间相关程度的一种方法（胡彩虹等，2016）。根据郝永红等（2009）提出的带有时滞的灰色关联分析方法来分析农业干旱和气象干旱之间的滞后关系。

设系统特征序列为 X_0，$X_0=(x_0(t))$，$t=1, 2, \cdots, n$。对于给定的相关行为序列 X_i，赋予不同的时滞，即可获得相关因素行为序列 $X_{i\tau}=(x_i(t-\tau))$，$\tau=0, 1, 2, \cdots, k$。X_i 和 $X_{i\tau}$ 即可构成一个研究集合。带有时滞的灰色关联分析方法表达式如下（胡彩虹等，2016）：

$$X_0 = (x_0(t)) \qquad t=1,2,\cdots,n \qquad (6\text{-}1)$$

$$X_{i\tau} = (x_i(t-\tau)) \qquad \tau=0,1,2,\cdots,k \qquad (6\text{-}2)$$

式中，τ 为 $X_{i\tau}$ 相对于 X_0 的滞后时段。

首先对 X_0 和 $X_{i\tau}$ 进行均值化预处理：

$$X_0' = (x_0'(t)) = \frac{X_0}{\bar{x}_0} \qquad t=1,2,\cdots,n \qquad (6\text{-}3)$$

$$X_{i\tau}' = (x_i'(t-\tau)) = \frac{X_{i\tau}}{\bar{x}_{i\tau}} \qquad t=1,2,\cdots,n; \ \tau=0,1,2,\cdots,k \qquad (6\text{-}4)$$

式中，$\overline{x_0}$ 和 $\overline{x_{i\tau}}$ 分别为序列 X_0 和 $X_{i\tau}$ 的均值。

在 t 点 $X_{i\tau}$ 对于 X_0 的关联系数为

$$\gamma(x_0'(t),\ x_i'(t-\tau)) = \frac{\min\limits_{t}\min\limits_{\tau}|x_0'(t)-x_i'(t-\tau)| + \max\limits_{t}\max\limits_{\tau}|x_0'(t)-x_i'(t-\tau)|}{|x_0'(t)-x_i'(t-\tau)| + \max\limits_{t}\max\limits_{\tau}|x_0'(t)-x_i'(t-\tau)|} \tag{6-5}$$

$X_{i\tau}$ 对于 X_0 的灰色关联为

$$\gamma(X_0, X_{i\tau}) = \frac{1}{n}\sum_{i=1}^{n}\gamma(x_0'(t),\ x_i'(t-\tau)) \qquad \tau = 0,1,2,\cdots,k \tag{6-6}$$

计算得到的 γ 即灰色关联度，而最大关联度 $\gamma(X_0, X_{i\tau})$ 即所对应的 X_0 和 X_i 的时滞时段。

6.1.6 DSSAT-CERES-Wheat 模型

有关 DSSAT-CERES-Wheat 模型的内容在 4.1.3 节中已详细介绍，在此不再赘述。

春小麦的遗传参数由 GLUE 确定。该方法将模拟结果与实测结果进行对比，采用贝叶斯算法和极大似然估计方法对春小麦的遗传参数进行估计（He et al.，2010a）。DSSAT-CERES-Wheat 模型中春小麦共有 7 个遗传系数：P1V、P1D、P5、G1、G2、G3 和 PHINT，前 3 个为物候期参数，后 4 个为生长参数，如表 6-2 所示。参数调试过程分两轮进行，每轮 6000 次。第一轮 GLUE 程序调整作物物候期参数，第二轮 GLUE 程序估算作物生长参数。本书通过此方法模拟得到各站点春小麦的遗传参数，将实测数据共 13 年（2001～2013 年）的前 7 年（2001～2007 年）春小麦的开花期、成熟期和产量数据用于遗传参数的率定，后 6 年（2008～2013 年）春小麦开花期、成熟期和产量数据用于遗传参数的验证，实测数据不够 13 年的，按照适当的比例确定率定和验证的年份。最后用验证过后的春小麦遗传参数，结合 DSSAT-CERES-Wheat 模型模拟补全历史时期和预测未来时期春小麦的 LAI_{max}、地上部分生物量和产量。

表 6-2　DSSAT-CERES-Wheat 模型中春小麦遗传参数名称及取值范围

参数名称	参数范围	单位	参数定义
P1V	5～65	天	最适温度条件下通过春化阶段所需天数
P1D	0～95	%	光周期系数
P5	300～800	℃·d	籽粒灌浆期积温
G1	15～30	个/g	开花期单位植株冠层质量的籽粒数
G2	20～65	mg	最佳条件下标准籽粒质量
G3	1～2	g	成熟期非胁迫条件下单位植株茎穗标准干质量
PHINT	60～100	℃·d	完成一个春小麦叶片生长所需的积温

使用 GLUE 方法对 DSSAT-CERES-Wheat 模型中春小麦的遗传参数进行率定和验证后，需要模拟补全历史时期和预测未来时期春小麦的生长过程和产量。为了探究自然条件下春小麦生长过程和产量对干旱的响应，研究使用 DSSAT-CERES-Wheat 模型模拟了 1961～2020 年雨养条件下各站点春小麦的 LAI_{max}、地上部分生物量和产量。对于未来时

期，由于缺少实测播期数据，模拟中输入的播期使用历史时期实测播期的平均值，种植方式为条播。播种深度定为 5cm，行距定为 25cm，播种密度为 400 万株/hm^2（姚宁等，2015）。假设未来时期各春小麦站点土层的土壤结构不变，土壤参数也与历史时期相同，再结合气象数据，模拟了 2021～2100 年 SSP1-2.6、SSP2-4.5、SSP3-7.0 和 SSP5-8.5 共 4 个情景下春小麦的 LAI$_{max}$、地上部分生物量和产量。此外，在模拟过程中没有考虑春小麦品种变化的影响。

6.2 历史时期和未来时期干旱对春小麦生长和产量的影响

6.2.1 模型效果评价

在 DSSAT-CERES-Wheat 模型中春小麦遗传参数 P1V、P1D、P5、G1、G2、G3 和 PHINT 的调参结果见表 6-3。

表 6-3 全国各农气站点春小麦遗传参数调参结果

站号	站名	遗传参数						
		P1V/天	P1D/%	P5/(℃·d)	G1/(个/g)	G2/mg	G3/g	PHINT/(℃·d)
50353	呼玛	24.82	35.02	797.7	20.47	20.72	1.81	99.52
50468	爱辉	24.78	38.73	755.2	16.72	22.98	1.925	65.74
50557	嫩江	19.83	27.44	788.4	25.59	20.08	1.117	98.69
50655	五大连池	19.84	29.33	799	17.09	32.31	1.834	98.74
50788	富锦	24.73	32.12	705.7	26.63	29.74	1.78	60.04
50892	饶河	24.77	38.09	765.4	16.48	20.48	1.794	60.19
50946	松原	19.44	38.51	742.4	18.2	24.08	1.613	60.67
51076	阿勒泰	19.9	34.87	788.7	16.68	38.2	1.033	85.55
51238	博乐	19.79	39.33	758.6	25.38	21.71	1.547	62.48
51334	精河	19.39	37.37	791.6	27.71	22.47	1.388	97.57
51379	奇台	19.52	39.73	793.5	24.77	28.9	1.558	60.23
51572	吐鲁番	19.7	39.59	777.6	15.27	21.92	1.379	76.01
52101	巴里坤	19.01	39.67	794.6	16.81	53.21	1.587	99.85
52418	敦煌	19.06	30.56	553	18.54	31.56	1.038	61.82
52533	酒泉	18.5	37.45	787	21.16	34.21	1.51	63.58
52652	张掖	23.35	39.62	798.7	17.23	49.83	1.326	64.44
52656	民乐	19.68	37.85	796.3	27.69	20.14	1.952	73.85
52679	武威	19.96	37.2	746.9	26.77	30.44	1.624	91.03

续表

站号	站名	遗传参数						
		P1V/天	P1D/%	P5/(℃·d)	G1/(个/g)	G2/mg	G3/g	PHINT/(℃·d)
52681	民勤	19.45	38.58	795.4	22.86	47.09	1.554	82.05
52737	德令哈	19.72	38.59	783.8	16.76	37.68	1.764	72.56
52818	格尔木	19.7	33.76	799.9	17.06	45.98	1.731	61.3
52825	诺木洪	19.9	34.61	773	19.04	23.2	1.82	63.35
52836	都兰	19.12	39.65	789.8	19.88	23.22	1.57	95.08
52855	湟源	19.67	38.67	786.1	19.74	20.89	1.942	61.4
52856	共和	19.57	37.65	796.4	17.87	21.58	1.205	63.25
52876	民和	19.91	38.34	798.8	24.15	26.96	1.616	69.65
52895	靖远	19.47	39.06	784.8	17.31	28.37	1.798	63.63
52984	临夏	19.75	38.97	751.5	20.33	30.27	1.759	73.95
52995	安定	18.14	35.43	449.2	15.58	20.43	1.032	98.47
52863	互助	19.79	38.66	792.8	15.97	20.46	1.488	67.25
53357	固阳	19.88	28.46	799.1	15.6	24.03	1.962	99.39
53378	察右中旗	24.02	38.65	789.4	15.69	20.04	1.424	93.33
53618	永宁	24.83	38.54	775.3	19.64	33.71	1.921	85.92
56093	岷县	19.92	38.39	794.5	16.16	42.42	1.806	98.69

由表 6-3 可以看出，不同地区 DSSAT-CERES-Wheat 模型调试出的春小麦遗传参数在不同地区存在差异，但邻近地区各遗传参数取值较为接近。物候期参数和生长参数的差异不尽相同。

图 6-2 为 DSSAT-CERES-Wheat 模型的模拟结果。从整体来看，春小麦开花期、成熟期和产量的模拟效果都较好（$0.84 \leqslant R^2 \leqslant 0.95$），除了模型模拟的产量的 RRMSE 较高以外，其他模拟值与实测值的 RRMSE 始终维持在一个较低的水平（RRMSE $\leqslant 0.06$），不过产量的

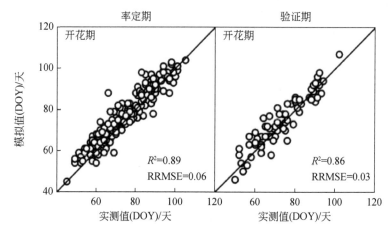

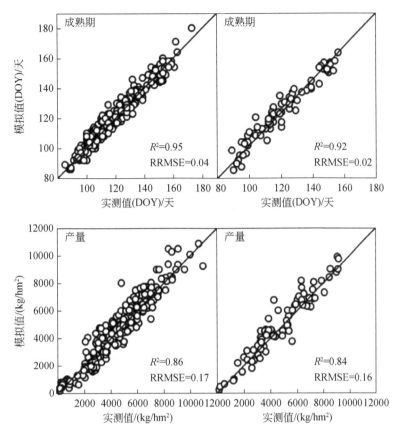

图 6-2　春小麦开花期、成熟期和产量的实测值与模拟值对比

RRMSE 仍在可接受的范围内。从纵向来看，模型对于生育期的模拟效果要好于产量，这可能与影响产量的因素较多有关，生育期中成熟期的模拟效果要好于开花期。另外，春小麦开花期和成熟期率定期的 R^2 均高于验证期，这可能与率定期选取的数据年份较长有关，说明 DSSAT-CERES-Wheat 模型能够较好地模拟春小麦的生长过程和产量。

6.2.2　历史时期春小麦生长和产量的变化规律

1. 春小麦生育期内 LAI_{max} 变化

利用 DSSAT-CERES-Wheat 模型模拟了 1961～2020 年三个分区春小麦生育期内 LAI 的年际变化。由于 LAI 为整个生育期的值，数据较多，因此选择 LAI_{max} 进行分析（图 6-3）。由图 6-3 可知，分区 I-东北平原区 LAI_{max} 多年平均值为 4 左右，年际间变化较为平缓；分区 II-北方干旱半干旱区多年平均值为 5 左右，LAI_{max} 在 2010 年之后有增加的趋势；分区 III-青藏高原区 LAI_{max} 多年平均值为 8 左右，年际之间变化比较大。由于分区 I-东北平原区和分区 III-青藏高原区样本数较少，因此没有呈现出上下方晶须线和离散点，但不影响结果分析（下同）。

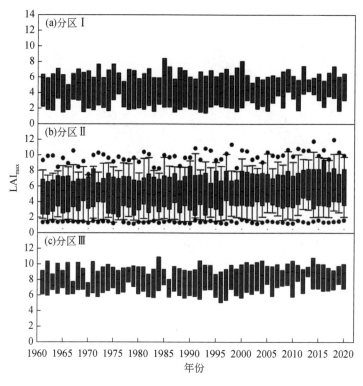

图 6-3　春小麦三个分区 1961～2020 年生育期 LAI_{max} 模拟值年际变化

2. 春小麦成熟期地上部分生物量变化

图 6-4 给出了 1961～2020 年三个分区 DSSAT-CERES-Wheat 模型模拟的春小麦成熟期地上部分生物量年际变化。由图 6-4 可知，分区Ⅰ-东北平原区地上部分生物量多年平均值在 15000kg/hm² 左右，年际间变化较大，尤其在 2015 年之后箱体间的差异更大；分区Ⅱ-北方干旱半干旱区多年平均值在 20000kg/hm² 左右，整体上地上部分生物量有增加的趋势；分区Ⅲ-青藏高原区多年平均值也在 20000kg/hm² 左右，但地上部分生物量整体比分区Ⅱ-北方干旱半干旱区略高。

3. 春小麦产量变化

图 6-5 给出了 1961～2020 年三个分区 DSSAT-CERES-Wheat 模型模拟的春小麦产量年际变化。由图 6-5 可知，分区Ⅰ-东北平原区产量多年平均值在 3000kg/hm² 左右，年际间变化较大；分区Ⅱ-北方干旱半干旱区多年平均值在 5000kg/hm² 左右，在 2000 年后产量有增加的趋势；分区Ⅲ-青藏高原区多年平均值也在 5000kg/hm² 左右，产量平均值比分区Ⅱ-北方干旱半干旱区略高。

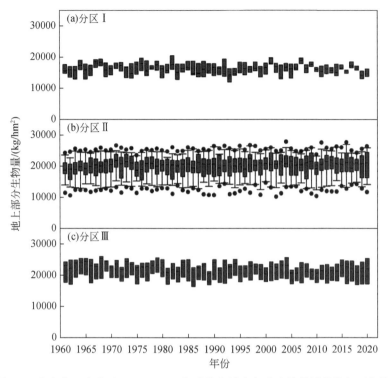

图 6-4　春小麦三个分区 1961～2020 年成熟期地上部分生物量模拟值年际变化

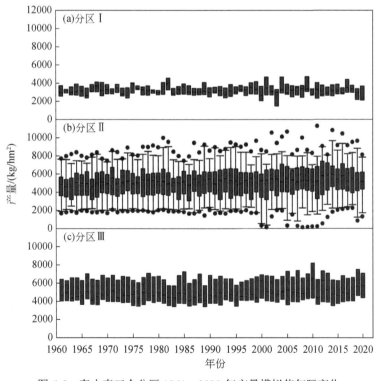

图 6-5　春小麦三个分区 1961～2020 年产量模拟值年际变化

6.2.3　未来时期春小麦生长和产量的变化规律

1. 未来时期春小麦生育期内 LAI$_{max}$ 变化

由于未来时期年份较长，为方便分析，将未来时期 2021～2100 年分为 2021～2060 年和 2061～2100 年两个时间段。图 6-6 绘出了 2021～2060 年和 2021～2060 年两个时间段 SSP1-2.6、SSP2-4.5、SSP3-7.0 和 SSP5-8.5 情景下 27 个 GCM 中三个分区春小麦 LAI$_{max}$ 的变化规律。由图 6-6 可知，在 2021～2060 年，分区 I-东北平原区的 LAI$_{max}$ 较其他两个分区小，具体来说，分区 I-东北平原区 LAI$_{max}$ 平均值在 6 左右，分区 II-北方干旱半干旱区 LAI$_{max}$ 平均值在 7 左右，分区 III-青藏高原区 LAI$_{max}$ 平均值在 8 左右。对于不同情景来说，分区 I-东北平原区和分区 II-北方干旱半干旱区在不同情景下春小麦 LAI$_{max}$ 的差别较大。分区 I-东北平原区在 SSP1-2.6、SSP2-4.5、SSP3-7.0 和 SSP5-8.5 这 4 种情景下春小麦生育期内 LAI$_{max}$ 平均值分别是 6.0、5.4、6.6 和 6.8，分区 II-北方干旱半干旱区 4 种情景下春小麦生育期内 LAI$_{max}$ 平均值分别是 7.4、8.0、8.2 和 6.9，分区 III-青藏高原区 4 种情景下春小麦生育期内 LAI$_{max}$ 平均值分别是 7.3、8.7、8.1 和 8.0。2061～2100 年，分区 I-东北平原区 LAI$_{max}$ 平均值在 7 左右，分区 II-北方干旱半干旱区 LAI$_{max}$ 平均值在 8 左右，分区 III-青藏高原区 LAI$_{max}$ 平均值在 8 左右。分区 I-东北平原区在 SSP1-2.6、SSP2-4.5、SSP3-7.0 和 SSP5-8.5 情景下春小麦生育期内 LAI$_{max}$ 平均值分别为 6.7、7.1、7.2 和 6.5，分区 II-北方干旱半干旱区 4 个情景下春小麦 LAI$_{max}$ 平均值分别是 7.7、8.7、8.9 和 7.7，分区 III-青藏高原区 4 个情景下春小麦 LAI$_{max}$ 平均值分别是 8.6、8.8、8.1 和 8.7。

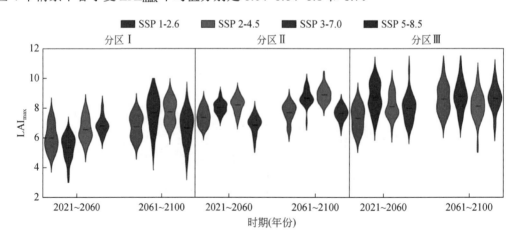

图 6-6　2021～2060 年和 2061～2100 年不同情景下春小麦三个分区 LAI$_{max}$ 小提琴图

对比历史时期的春小麦生育期 LAI$_{max}$，可以看出未来时期各分区 LAI$_{max}$ 均比历史时期的大，分区 I-东北平原区和分区 II-北方干旱半干旱区增幅大，分区 III-青藏高原区变化不大。未来 2061～2100 年春小麦生育期内 LAI$_{max}$ 整体相较于 2021～2060 年有轻微增加的趋势。未来时期各情景间 LAI$_{max}$ 的变化没有明显的规律。

2. 未来时期春小麦成熟期地上部分生物量变化

图 6-7 给出了 2021～2060 年和 2061～2100 年两个时间段 SSP1-2.6、SSP2-4.5、SSP3-7.0 和 SSP5-8.5 情景下 27 个 GCM 中三个分区春小麦地上部分生物量小提琴图。

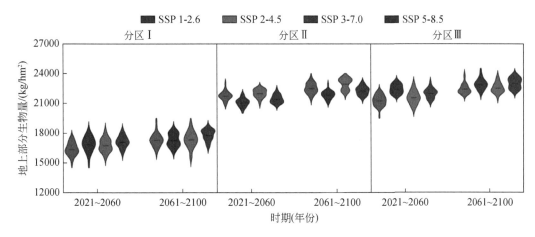

图 6-7　2021～2060 年和 2061～2100 年不同情景下春小麦三个分区地上部分生物量小提琴图

由图 6-7 可知，相比春小麦 LAI_{max}，地上部分生物量的小提琴箱体要更紧凑，说明其数据离散程度较低。在 2021～2060 年，分区 I -东北平原区的地上部分生物量较其他两个分区小，具体来说，分区 I -东北平原区成熟期地上部分生物量的平均值在 17000kg/hm² 左右，分区 II -北方干旱半干旱区成熟期地上部分生物量的平均值在 21000kg/hm² 左右，分区 III-青藏高原区成熟期地上部分生物量的平均值在 22000kg/hm² 左右。分区 I -东北平原区在 SSP1-2.6、SSP2-4.5、SSP3-7.0 和 SSP5-8.5 情景下春小麦成熟期地上部分生物量的平均值分别是 16390kg/hm²、16877kg/hm²、16788kg/hm² 和 17134kg/hm²，分区 II -北方干旱半干旱区 4 个情景下春小麦生育期内成熟期地上部分生物量的平均值分别是 21742kg/hm²、21068kg/hm²、22000kg/hm² 和 21435kg/hm²，分区III-青藏高原区 4 个情景下春小麦成熟期地上部分的生物量平均值分别是 21266kg/hm²、22425kg/hm²、21578kg/hm² 和 21983kg/hm²。

在 2061～2100 年，各分区成熟期地上部分生物量平均值和 2021～2060 年平均值差别不大。分区 I -东北平原区在 SSP1-2.6、SSP2-4.5、SSP3-7.0 和 SSP5-8.5 情景下春小麦成熟期地上部分生物量的平均值分别为 17316kg/hm²、17295kg/hm²、17358kg/hm² 和 17806kg/hm²，分区 II -北方干旱半干旱区四个情景下春小麦成熟期地上部分生物量的平均值分别是 22501kg/hm²、21857kg/hm²、22950kg/hm² 和 22261kg/hm²，分区III-青藏高原区 4 个情景下春小麦成熟期地上部分生物量的平均值分别是 22425kg/hm²、22906kg/hm²、22536kg/hm² 和 23007kg/hm²。

整体来看，春小麦成熟期地上部分生物量的小提琴箱体要更紧凑，说明其数据离散程度较低。对比历史时期的春小麦成熟期地上部分生物量，可以看出未来时期各分区地上部分生物量均有不同程度的增加，具体来说，分区 II -北方干旱半干旱区和分区III-青藏高原区增加幅度较大。未来时期 2061～2100 年春小麦地上部分生物量整体相较于 2021～2060

年有轻微增加的趋势。

3.未来时期春小麦产量变化

图 6-8 给出了 2021～2060 年和 2021～2060 年两个时间段 SSP1-2.6、SSP2-4.5、SSP3-7.0 和 SSP5-8.5 情景下 27 个 GCM 中三个分区春小麦产量小提琴图。由图 6-8 可知，在 2021～ 2060 年，分区 Ⅰ-东北平原区的产量较其他两个分区少，具体来说，分区 Ⅰ-东北平原区产量平均值在 3500kg/hm² 左右，分区 Ⅱ-北方干旱半干旱区产量平均值在 5000kg/hm² 左右，分区Ⅲ-青藏高原区产量平均值在 6000kg/hm² 左右。具体来说，分区 Ⅰ-东北平原区在 SSP1-2.6、SSP2-4.5、SSP3-7.0 和 SSP5-8.5 情景下春小麦产量平均值分别是 3355kg/hm²、 3496kg/hm²、3534kg/hm² 和 3104kg/hm²，分区 Ⅱ-北方干旱半干旱区 4 个情景下春小麦产量平均值分别是 5258kg/hm²、4962kg/hm²、4948kg/hm² 和 5165kg/hm²，分区Ⅲ-青藏高原区 4 个情景下春小麦产量平均值分别是 5974kg/hm²、6097kg/hm²、6103kg/hm² 和 6090kg/hm²。 在 2061～2100 年，分区 Ⅰ-东北平原区产量平均值在 4000kg/hm² 左右，分区 Ⅱ-北方干旱半干旱区产量平均值在 5400kg/hm² 左右，分区Ⅲ-青藏高原区产量平均值在 6000kg/hm² 左右。 具体来说，分区 Ⅰ-东北平原区在 SSP1-2.6、SSP2-4.5、SSP3-7.0 和 SSP5-8.5 情景下春小麦生育期内产量平均值分别为 3911kg/hm²、3452kg/hm²、3830kg/hm² 和 4356kg/hm²，分区 Ⅱ-北方干旱半干旱区 4 个情景下春小麦生育期内产量平均值分别是 5301kg/hm²、5497kg/hm²、 5322kg/hm² 和 5561kg/hm²，分区Ⅲ-青藏高原区 4 个情景下春小麦产量平均值分别是 5571kg/hm²、6201kg/hm²、6007kg/hm² 和 6447kg/hm²。

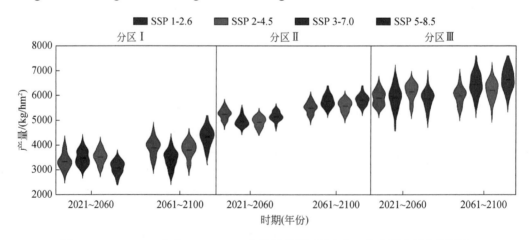

图 6-8　2021～2060 年和 2061～2100 年不同情景下春小麦三个分区产量小提琴图

分区 Ⅱ-北方干旱半干旱区的春小麦产量小提琴图较其他两个分区紧凑，说明其离散程度较低。对比历史时期的春小麦生育期内 LAI_{max}，可以看出未来时期各分区产量均比历史时期大。未来时期 2061～2100 年春小麦生育期内产量整体相较于 2021～2060 年有轻微增加的趋势。未来时期各情景间产量变化没有明显的规律。

6.3　本　章　小　结

DSSAT-CERES-Wheat 模型对春小麦开花期、成熟期和产量的模拟的 R^2 均在 0.84 以上，DSSAT-CERES-Wheat 模型对春小麦的生长过程和产量的模拟具有较好的效果。历史时期分区 I -东北平原区春小麦生育期内 LAI_{max}、地上部分生物量和产量较小，而分区III-青藏高原区春小麦生育期内 LAI_{max}、地上部分生物量和产量较其他两个分区大，分区 II -北方干旱半干旱区春小麦生育期内 LAI_{max}、地上部分生物量和产量的年际变化较平缓。未来时期各分区生育期内 LAI_{max}、地上部分生物量和产量的平均值均比历史时期大。

未来时期 2061～2100 年春小麦生育期内 LAI_{max}、地上部分生物量和产量平均值相较于 2021～2060 年也有轻微增加的趋势。未来时期各情景间春小麦生育期内 LAI_{max}、地上部分生物量和产量变化没有明显的规律。

第7章 春小麦生长和产量对干旱的响应

干旱是影响区域农业产量最重要的气象灾害之一，因此分析我国春小麦的生长和产量对气象和农业干旱的响应对我国春小麦粮食安全有着重要的作用。本章研究了我国春小麦生长和产量对生育期内 1～9 个月时间尺度气象干旱和农业干旱的响应规律。首先分析了1961～2020 年不同时间尺度的 SPEI、$SMDI_{0\sim10}$ 和 $SMDI_{10\sim40}$ 与春小麦 LAI_{max}、地上部分生物量以及春小麦产量的相关关系，对比历史时期气象和农业干旱对春小麦生长和产量的影响，得出对春小麦生长过程和产量影响更大的干旱指标，并进一步探究干旱对春小麦生长和产量影响较大的干旱指标的最佳时间尺度和关键生育期。最后基于 2021～2100 年春小麦生长和产量的模拟结果，对 4 种情景下不同时间尺度干旱与春小麦 LAI_{max}、地上部分生物量以及春小麦产量的关系做进一步探究。

7.1 生育期干旱胁迫与产量响应的统计建模方法体系

7.1.1 春小麦数据和干旱指标

本章研究区为我国春小麦主产区，相关研究区概况参考 6.1.1 节。本章主要利用第 2～第 6 章计算的历史时期（1961～2020 年）以及未来时期（2021～2100 年）春小麦生育期内 1～9 个月时间尺度的 SPEI 和 SMDI，以及第 3 章中模拟得到的春小麦生育期内 LAI_{max}、成熟期地上部分生物量以及产量数据进行研究。关于春小麦各时间尺度的干旱指标计算、春小麦各生长要素以及产量等数据在前文已做详细介绍，不再赘述。

7.1.2 皮尔逊相关系数

有关皮尔逊相关系数（r）的内容在 5.1.2 节中已详细介绍，在此不再赘述。本章主要分析 1961～2020 年以及 2021～2100 年在 SSP1-2.6、SSP2-4.5、SSP3-7.0 和 SSP5-8.5 情景下，1～9 个月时间尺度下 SPEI 与 SMDI 和春小麦 LAI_{max}、地上部分生物量以及春小麦产量之间的相关关系。然后根据皮尔逊相关系数（r）临界值表，基于不同的样本数和显著水平确定相关系数临界值，最后分别统计研究区内各分区不同时间尺度的 SPEI 和 SMDI 与春小麦 LAI_{max}、地上部分生物量以及春小麦产量之间的相关系数大于临界值的个数。

7.2　历史时期和未来时期春小麦生长和产量 对生育期干旱的响应

7.2.1　历史时期春小麦生长和产量对生育期气象干旱和农业干旱的响应

1. 春小麦 LAI_{max} 对生育期气象干旱和农业干旱的响应

表 7-1 给出了春小麦生育期内（2～10 月）1～9 个月时间尺度 SPEI 和生育期内 LAI_{max} 间的 r。表中*代表显著性水平 $p \leqslant 0.01$。r 越大则说明该时间尺度的干旱指标越能识别该分区生育期内的干旱。

表 7-1　春小麦生育期内 1～9 个月时间尺度 SPEI 与 LAI_{max} 的 r

分区	月份	SPEI 的时间尺度/个月								
		1	2	3	4	5	6	7	8	9
I	2 月	0.22	0.25	0.10	0.15	0.22	0.10	0.02	0.15	0.19
	3 月	0.19	0.23	0.26	0.17	0.19	0.22	0.04	0.17	0.24
	4 月	0.21	0.12	-0.08	-0.05	-0.08	-0.06	0.06	-0.05	0.17
	5 月	0.01	0.09	0.04	0.06	0.18	0.18	0.21	0.06	0.23
	6 月	0.00	0.03	-0.06	-0.03	-0.01	0.00	-0.02	-0.03	0.17
	7 月	0.15	0.11	-0.10	0.16	0.14	0.12	0.17	0.16	0.10
	8 月	0.11	0.16	0.14	0.14	0.19	0.19	0.19	0.14	0.14
	9 月	0.12	0.17	0.20	0.16	0.16	0.22	0.22	0.16	-0.06
	10 月	-0.03	0.14	0.16	0.20	0.16	0.18	0.20	0.20	0.10
II	2 月	-0.02	0.04	-0.01	0.11	0.15	-0.01	0.24	0.11	0.27
	3 月	-0.20	-0.15	0.10	0.03	0.12	-0.02	0.23	0.03	0.29
	4 月	-0.27	-0.20	0.27	0.16	0.23	-0.09	0.10	0.16	0.31
	5 月	0.06	-0.09	0.12	-0.09	0.10	-0.03	0.10	-0.09	0.33*
	6 月	-0.08	0.00	-0.10	0.12	0.13	-0.05	0.06	0.12	0.29
	7 月	-0.08	-0.10	-0.08	0.12	0.17	0.11	0.08	0.12	0.33*
	8 月	0.00	-0.06	-0.09	0.01	0.15	0.13	0.11	0.01	0.29
	9 月	0.06	0.04	-0.03	0.04	-0.06	-0.09	0.08	0.04	0.42*
	10 月	-0.14	-0.01	-0.02	0.06	-0.09	0.00	0.10	0.06	0.40*
III	2 月	0.20	0.10	0.09	-0.03	-0.02	-0.06	0.12	-0.03	0.00
	3 月	0.19	0.23	0.17	0.15	0.10	-0.07	0.25	0.15	0.03
	4 月	0.43*	0.42*	0.41*	0.35*	0.33*	0.27	0.36*	0.35*	0.02
	5 月	0.02	-0.23	0.25	0.27	0.26	0.23	0.26	0.27	0.00
	6 月	0.01	-0.01	0.13	0.15	0.17	0.13	0.15	0.15	-0.05
	7 月	0.02	0.02	0.00	0.10	0.12	0.12	0.16	0.10	-0.06
	8 月	0.21	0.12	0.09	0.07	0.15	0.16	0.19	-0.07	0.05
	9 月	0.28	0.03	0.03	0.02	0.02	0.05	0.06	0.02	0.24
	10 月	0.12	0.28	0.06	0.05	0.04	0.05	-0.01	0.05	0.30

由表 7-1 可知，对于分区Ⅰ-东北平原区来说，各时间尺度 SPEI 与春小麦生育期内 LAI_{max} 没有明显的相关关系，可能和分区Ⅰ-东北平原区的站点较少有一定关系；对于分区Ⅱ-北方干旱半干旱区来说，9 个月时间尺度的 SPEI 和春小麦 LAI_{max} 有较好的相关关系，其中 9 月和 10 月（生育期后期）的相关性最好；对于分区Ⅲ-青藏高原区来说，4 月 1~3 个月时间尺度的 SPEI 与春小麦 LAI_{max} 均具有较好的正相关关系，其中 1 个月时间尺度的 SPEI 的 r 最大。

以历史时期年份长度 60 年作为样本数，显著性水平 $p \leqslant 0.01$，确定 r 临界值为 0.325。各时间尺度 SPEI 和春小麦生育期 LAI_{max} 间的 $r > 0.325$ 的个数为 11 个，具体来说，分区Ⅰ-东北平原区 $r > 0.325$ 的个数为 0 个，分区Ⅱ-北方干旱半干旱区 $r > 0.325$ 的个数为 4 个，分区Ⅲ-青藏高原区 $r > 0.325$ 的个数为 7 个。随后统计各时间尺度以及月份 $r > 0.325$ 的个数，确定 $r > 0.325$ 的个数最多的时间尺度以及月份。结果显示，分区Ⅰ-东北平原区无较好的正相关关系；分区Ⅱ-北方干旱半干旱区对应的时间尺度为 9 个月时间尺度，月份为 9 月，所对应春小麦生育期为成熟期；分区Ⅲ-青藏高原区对应的时间尺度为 1 个月时间尺度，月份为 4 月，所对应的春小麦生育期为分蘖期。

表 7-2 给出了春小麦生育期内（2~10 月）1~9 个月时间尺度 $SMDI_{0 \sim 10}$ 和春小麦 LAI_{max} 间的 r。由表 7-2 可知，分区Ⅰ-东北平原区各时间尺度 $SMDI_{0 \sim 10}$ 与春小麦生育期内 LAI_{max} 没有明显的关系；分区Ⅱ-北方干旱半干旱区相对其他两个分区的相关关系更好，5~7 月 1~4 个月时间尺度的 $SMDI_{0 \sim 10}$ 和春小麦生育期内 LAI_{max} 的相关关系较好，其中 5 月 1 个月时间尺度的 $SMDI_{0 \sim 10}$ 的相关性最好；分区Ⅲ-青藏高原区中 4 月和 5 月的 $SMDI_{0 \sim 10}$ 和 LAI_{max} 的相关关系较好，1 个月为相关关系最好的时间尺度。

表 7-2　春小麦生育期内 1~9 个月时间尺度 $SMDI_{0 \sim 10}$ 与 LAI_{max} 的 r

分区	月份	$SMDI_{0 \sim 10}$ 的时间尺度/个月								
		1	2	3	4	5	6	7	8	9
Ⅰ	2 月	-0.14	-0.13	-0.09	-0.08	-0.09	-0.07	-0.04	0.06	-0.03
	3 月	-0.11	-0.12	-0.11	-0.09	-0.08	-0.08	-0.06	0.06	-0.02
	4 月	-0.01	-0.06	-0.09	-0.09	-0.07	-0.06	-0.06	0.06	-0.02
	5 月	0.13	-0.06	-0.01	0.01	0.01	0.01	0.01	-0.03	0.06
	6 月	0.15	0.13	0.09	0.03	-0.01	-0.03	-0.02	0.04	-0.02
	7 月	0.08	0.12	0.11	0.07	0.02	-0.01	-0.02	0.07	-0.01
	8 月	0.02	0.06	0.09	0.08	0.05	0.02	-0.01	0.12	-0.01
	9 月	-0.05	-0.02	0.01	0.03	0.03	0.01	0.00	0.18	-0.03
	10 月	-0.10	-0.08	-0.05	-0.03	-0.01	-0.01	-0.02	0.24	-0.04
Ⅱ	2 月	0.16	0.09	0.05	0.03	0.02	0.05	0.12	-0.07	0.24
	3 月	0.43*	0.30	0.21	0.16	0.13	0.12	0.15	-0.04	0.27
	4 月	0.58*	0.48*	0.38*	0.30	0.24	0.22	0.21	-0.03	0.29
	5 月	0.60*	0.57*	0.50*	0.42*	0.35*	0.29	0.27	0.00	0.29
	6 月	0.51*	0.56*	0.54*	0.49*	0.42*	0.37*	0.33*	0.04	0.30
	7 月	0.42*	0.47*	0.52*	0.51*	0.47*	0.42*	0.37*	0.05	0.30
	8 月	0.30	0.38*	0.44*	0.48*	0.48*	0.45*	0.40*	0.05	0.32
	9 月	0.23	0.27	0.35*	0.40*	0.45*	0.45*	0.42*	0.08	0.35*
	10 月	0.17	0.20	0.25	0.33*	0.37*	0.41*	0.42*	0.05	0.37*

续表

分区	月份	SMDI$_{0\sim10}$ 的时间尺度/个月								
		1	2	3	4	5	6	7	8	9
III	2 月	0.17	0.10	0.01	-0.03	0.00	0.04	0.07	0.16	0.13
	3 月	0.31	0.25	0.18	0.08	0.05	0.07	0.11	0.14	0.15
	4 月	0.40*	0.34*	0.29	0.22	0.14	0.11	0.12	0.09	0.17
	5 月	0.38*	0.37*	0.35*	0.31	0.25	0.18	0.15	0.07	0.19
	6 月	0.27	0.31	0.33*	0.30	0.27	0.23	0.18	0.06	0.16
	7 月	0.14	0.21	0.26	0.27	0.26	0.23	0.20	0.06	0.13
	8 月	0.01	0.09	0.15	0.20	0.22	0.21	0.20	0.08	0.13
	9 月	-0.06	-0.01	0.05	0.11	0.16	0.18	0.18	0.11	0.15
	10 月	-0.02	-0.02	0.00	0.06	0.12	0.17	0.19	0.15	0.19

　　各时间尺度 SMDI$_{0\sim10}$ 和春小麦生育期 LAI$_{max}$ 间的 $r>0.325$ 的站点个数为 46 个,具体来说,分区 I -东北平原区 $r>0.325$ 的站点个数为 0 个,分区 II -北方干旱半干旱区 $r>0.325$ 的站点个数为 40 个,分区III-青藏高原区 $r>0.325$ 的站点个数为 6 个。统计各时间尺度以及各月 $r>0.325$ 的站点个数,确定 $r>0.325$ 的个数最多的时间尺度以及月份。结果显示,分区 I -东北平原区无较好的正相关关系;分区 II -北方干旱半干旱区对应的时间尺度为 3~4 个月时间尺度,月份为 6~7 月,所对应春小麦生育期为拔节期;分区III-青藏高原区对应的时间尺度为 1 个月时间尺度,月份为 5 月,所对应春小麦生育期为拔节期。

　　表 7-3 给出了春小麦生育期内（2~10 月）、1~9 个月时间尺度 SMDI$_{10\sim40}$ 和春小麦生育期内 LAI$_{max}$ 间的 r。由表 7-3 可知,SMDI$_{10\sim40}$ 和春小麦生育期内 LAI$_{max}$ 的相关关系只有分区 II -北方干旱半干旱区较好,分区 I -东北平原区和分区III-青藏高原区均无较好的正相关关系;对分区 II -北方干旱半干旱区来说,8~10 月的 SMDI$_{10\sim40}$ 和春小麦生育期内 LAI$_{max}$ 相关关系较好,其中 8 月 1 个月时间尺度的 SMDI$_{10\sim40}$ 和春小麦生育期 LAI$_{max}$ 的相关性最好。

　　各时间尺度 SMDI$_{10\sim40}$ 和春小麦生育期内 LAI$_{max}$ 间的 $r>0.325$ 的个数为 12 个,具体来说,分区 I -东北平原区 $r>0.325$ 的个数为 0 个,分区 II -北方干旱半干旱区 $r>0.325$ 的个数为 12 个,分区III-青藏高原区 $r>0.325$ 的个数为 0 个。统计各时间尺度以及各月 $r>0.325$ 的个数,确定 $r>0.325$ 的个数最多的时间尺度以及月份。结果显示,分区 I -东北平原区和分区III-青藏高原区均无较好的正相关关系;分区 II -北方干旱半干旱区对应的时间尺度为 1 个月时间尺度,月份为 10 月,所对应春小麦生育期为成熟期。

　　为了进一步探究春小麦生育期内不同分区气象干旱和农业干旱对春小麦生育期内 LAI$_{max}$ 的影响。本书还结合以上统计的不同时间尺度以及不同月的气象干旱和农业干旱对春小麦生育期内 LAI$_{max}$ 相关性结果,选取各分区对应的关键月以及关键时间尺度的 SPEI、SMDI$_{0\sim10}$ 和 SMDI$_{10\sim40}$ 的线性斜率,分析与春小麦生育期内 LAI$_{max}$ 线性斜率的 r 变化情况。

表 7-3 春小麦生育期内 1 ~ 9 个月时间尺度 $SMDI_{10-40}$ 与 LAI_{max} 的 r

分区	月份	$SMDI_{10\sim40}$ 的时间尺度/个月								
		1	2	3	4	5	6	7	8	9
I	2 月	−0.12	−0.11	−0.09	−0.09	−0.08	−0.05	−0.04	−0.05	−0.08
	3 月	−0.13	−0.12	−0.11	−0.10	−0.09	−0.08	−0.07	−0.06	−0.08
	4 月	−0.13	−0.13	−0.12	−0.11	−0.10	−0.09	−0.09	−0.07	−0.07
	5 月	−0.11	0.01	0.03	0.04	0.04	0.03	0.03	0.01	−0.02
	6 月	−0.06	−0.10	−0.11	−0.11	−0.11	−0.10	−0.09	−0.09	−0.08
	7 月	−0.02	−0.05	−0.08	−0.10	−0.11	−0.11	−0.10	−0.09	−0.09
	8 月	−0.01	−0.02	−0.04	−0.08	−0.10	−0.11	−0.11	−0.10	−0.10
	9 月	−0.04	−0.03	−0.03	−0.06	−0.09	−0.10	−0.11	−0.11	−0.11
	10 月	−0.08	−0.06	−0.05	−0.05	−0.07	−0.09	−0.11	−0.12	−0.12
II	2 月	−0.34	−0.27	−0.20	−0.13	−0.05	0.02	0.10	0.17	0.21
	3 月	−0.31	−0.30	−0.25	−0.18	−0.11	−0.04	0.03	0.10	0.15
	4 月	−0.19	−0.23	−0.23	−0.18	−0.10	−0.06	0.02	0.06	0.12
	5 月	0.04	−0.07	−0.14	−0.14	−0.09	−0.04	0.01	0.05	0.11
	6 月	0.24	0.13	0.02	−0.04	−0.05	−0.02	0.03	0.06	0.10
	7 月	0.35*	0.29	0.19	0.09	0.03	0.02	0.04	0.07	0.10
	8 月	0.42*	0.38*	0.31	0.23	0.14	0.08	0.06	0.08	0.10
	9 月	0.40*	0.40*	0.38*	0.34*	0.27	0.18	0.12	0.09	0.11
	10 月	0.37*	0.38*	0.40*	0.41*	0.36*	0.29	0.22	0.16	0.13
III	2 月	−0.27	−0.26	−0.25	−0.23	−0.18	−0.13	−0.12	−0.11	−0.09
	3 月	−0.26	−0.26	−0.25	−0.24	−0.21	−0.17	−0.14	−0.13	−0.12
	4 月	−0.23	−0.25	−0.24	−0.24	−0.22	−0.20	−0.17	−0.14	−0.13
	5 月	−0.16	−0.21	−0.23	−0.23	−0.22	−0.21	−0.19	−0.16	−0.14
	6 月	−0.11	−0.16	−0.21	−0.23	−0.22	−0.21	−0.20	−0.19	−0.16
	7 月	−0.10	−0.13	−0.15	−0.20	−0.22	−0.22	−0.21	−0.20	−0.19
	8 月	−0.11	−0.11	−0.14	−0.16	−0.20	−0.22	−0.22	−0.21	−0.20
	9 月	−0.12	−0.11	−0.12	−0.14	−0.16	−0.20	−0.22	−0.22	−0.21
	10 月	−0.08	−0.08	−0.08	−0.09	−0.12	−0.14	−0.18	−0.20	−0.20

图 7-1 展示了春小麦各分区 SPEI 线性斜率与 LAI_{max} 线性斜率之间的相关性。根据表 7-1 的统计结果,分区 I-东北平原区计算了 SPEI 在 3 月 3 个月时间尺度的线性斜率,分区 II-北方干旱半干旱区计算了 SPEI 在 9 月 9 个月时间尺度的线性斜率,分区III-青藏高原区计算了 SPEI 在 4 月 1 个月时间尺度的线性斜率。由图 7-1 可知,各分区 SPEI 线性斜率与春小麦 LAI_{max} 线性斜率的相关性相差较大,这可能与各分区站点数的多少有关,也受离散值的多少和大小影响。具体来说,其中分区 I-东北平原区的 r 最大,为 0.68;分区 II-北方

干旱半干旱区的 r 为 0.39；分区Ⅲ-青藏高原区的 r 最小，为 0.18。说明分区Ⅰ-东北平原区内 3 月 3 个月时间尺度的 SPEI 线性斜率和春小麦生育期内 LAI_{max} 线性斜率之间的相关性大于其他两个分区。

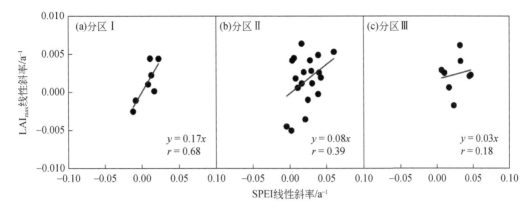

图 7-1　各分区 SPEI 线性斜率与春小麦 LAI_{max} 线性斜率的相关性

图 7-2 展示了春小麦各分区 $SMDI_{0\sim10}$ 线性斜率与春小麦生育期内 LAI_{max} 线性斜率的相关性分析。根据表 7-2 统计结果，分区Ⅰ-东北平原区计算了 $SMDI_{0\sim10}$ 在 10 月 8 个月时间尺度的线性斜率，分区Ⅱ-北方干旱半干旱区计算了 $SMDI_{0\sim10}$ 在 6 月 4 个月时间尺度的线性斜率，分区Ⅲ-青藏高原区计算了 $SMDI_{0\sim10}$ 在 5 月 1 个月时间尺度的线性斜率。

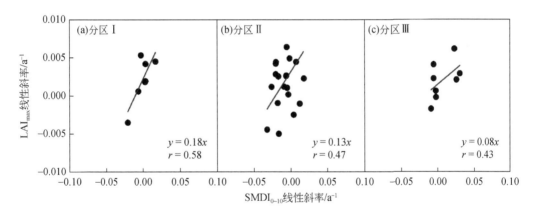

图 7-2　各分区 $SMDI_{0\sim10}$ 线性斜率与春小麦 LAI_{max} 线性斜率的相关性

由图 7-2 可知，各分区 $SMDI_{0\sim10}$ 线性斜率与春小麦生育期内 LAI_{max} 线性斜率的相关性相差不大。具体来说，其中分区Ⅰ-东北平原区的 r 最大，为 0.58；分区Ⅱ-北方干旱半干旱区的 r 为 0.47；分区Ⅲ-青藏高原区的 r 最小，为 0.43。说明分区Ⅰ-东北平原区内 10 月 8 个月时间尺度的 $SMDI_{0\sim10}$ 线性斜率与春小麦生育期内 LAI_{max} 线性斜率的相关性大于其他两个分区。

图 7-3 展示了春小麦各分区 $SMDI_{10\sim40}$ 线性斜率与春小麦生育期内 LAI_{max} 线性斜率的相关性分析。根据表 7-3 统计结果，分区Ⅰ-东北平原区计算了 $SMDI_{10\sim40}$ 在 5 月 4 个月时

间尺度的线性斜率,分区Ⅱ-北方干旱半干旱区计算了 $SMDI_{10\sim40}$ 在 10 月 1 个月时间尺度的线性斜率,分区Ⅲ-青藏高原区计算了 $SMDI_{10\sim40}$ 在 10 月 1 个月时间尺度的线性斜率。由图 7-3 可知,各分区 $SMDI_{10\sim40}$ 线性斜率与春小麦生育期内 LAI_{max} 线性斜率的相关性相差较大,且分区Ⅰ-东北平原区的 r 较小。具体来说,分区Ⅰ-东北平原区的 r 最小,为 0.06;分区Ⅱ-北方干旱半干旱区的 r 最大,为 0.55;分区Ⅲ-青藏高原区的 r 为 0.36。说明分区Ⅱ-北方干旱半干旱区内 10 月 1 个月时间尺度的 $SMDI_{10\sim40}$ 线性斜率与春小麦生育期内 LAI_{max} 线性斜率的相关性大于其他两个分区,且分区Ⅰ-东北平原区的 $SMDI_{10\sim40}$ 线性斜率与春小麦生育期内 LAI_{max} 线性斜率无很好的相关性。

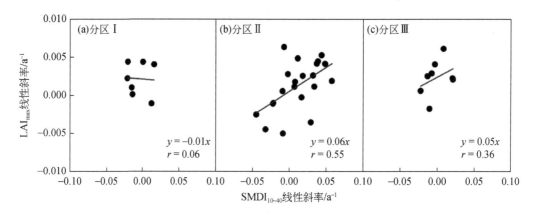

图 7-3　各分区 $SMDI_{10\sim40}$ 线性斜率与春小麦 LAI_{max} 线性斜率的相关性

对比各分区 SPEI、$SMDI_{0\sim10}$ 和 $SMDI_{10\sim40}$ 的线性斜率与春小麦生育期内 LAI_{max} 线性斜率的相关关系,发现 $SMDI_{0\sim10}$ 在各分区整体上的相关性要好于其他两个指标。说明在 0~10cm 土层内土壤的干湿程度更能影响春小麦生育期内叶片的生长发育;表层土壤发生干旱时,春小麦叶片的生长受到的影响更大。

综上所述,各分区内影响春小麦生育期内 LAI_{max} 的关键月和关键时间尺度的干旱指标不甚相同,但综合来看,对应的时间尺度均较短,对应的生育期也为拔节期的居多,说明短时间尺度的干旱指标对春小麦叶片的生长影响较大,生育期前中期发生干旱对春小麦叶片的生长影响较大;$SMDI_{0\sim10}$ 为影响春小麦生育期内 LAI_{max} 的关键干旱指标,$SMDI_{10\sim40}$ 在分区Ⅰ和Ⅲ的相关关系不理想。

2. 春小麦成熟期地上部分生物量对生育期气象干旱和农业干旱的响应

表 7-4 给出了春小麦生育期内(2~10 月)1~9 个月时间尺度 SPEI 与春小麦成熟期地上部分生物量间的 r。

由表 7-4 可知,整体上 SPEI 与春小麦成熟期地上部分生物量的相关关系比 SPEI 与 LAI_{max} 的相关关系好。对于分区Ⅰ-东北平原区来说,9 月和 10 月 1~4 个月时间尺度的 SPEI 和春小麦成熟期地上部分生物量的相关关系较好,其中 10 月 1~2 个月时间尺度的 SPEI 与其的相关性最好;对于分区Ⅱ-北方干旱半干旱区来说,7~9 月 1~3 个月时间尺度的 SPEI 和春小麦成熟期地上部分生物量的相关关系较好,其中 8 月 3 个月时间尺度的 SPEI 与其的相关性最好；对于分区Ⅲ-青藏高原区来说，7~9 月 1~6 个月时间尺度的 SPEI 和春小麦成熟期地上部分生物量的相关关系较好，其中 9 月 4 个月时间尺度的 SPEI 与其的相关性最好。

表 7-4　春小麦生育期内 1~9 个月时间尺度 SPEI 与地上部分生物量的 r

分区	月份	SPEI 的时间尺度/个月								
		1	2	3	4	5	6	7	8	9
Ⅰ	2 月	0.06	0.03	-0.02	-0.05	-0.06	-0.06	-0.07	-0.12	-0.08
	3 月	0.10	0.07	0.04	0.00	-0.03	-0.05	-0.05	-0.12	-0.06
	4 月	0.16	0.13	0.09	0.06	0.01	-0.02	-0.03	-0.12	-0.04
	5 月	0.18	0.13	0.13	0.13	0.13	0.12	0.07	-0.10	0.04
	6 月	0.08	0.11	0.12	0.11	0.09	0.06	0.01	-0.12	-0.04
	7 月	0.14	0.06	-0.03	-0.01	0.00	0.00	-0.01	-0.11	-0.07
	8 月	0.33[*]	0.24	0.18	0.15	0.13	0.11	-0.08	-0.05	-0.11
	9 月	0.43[*]	0.40[*]	0.35[*]	0.31	0.28	0.25	0.21	-0.01	-0.17
	10 月	0.45[*]	0.45[*]	0.43[*]	0.41[*]	0.38[*]	0.36[*]	0.33[*]	0.01	-0.25
Ⅱ	2 月	0.19	0.22	0.22	0.19	0.15	0.11	0.06	0.09	0.02
	3 月	0.01	0.10	0.15	0.16	0.14	0.11	0.07	0.07	0.02
	4 月	0.11	0.03	0.05	0.10	0.11	0.10	0.07	0.08	0.01
	5 月	0.16	0.22	0.05	0.02	0.06	0.08	0.07	0.07	0.01
	6 月	0.23	0.34[*]	0.11	0.06	0.00	0.04	0.06	0.08	0.02
	7 月	0.43[*]	0.43[*]	0.21	0.09	0.05	0.00	0.04	0.13	0.05
	8 月	0.39[*]	0.45[*]	0.51[*]	0.11	0.09	0.06	0.00	0.09	0.05
	9 月	0.22	0.41[*]	0.48[*]	0.22	0.23	0.11	0.07	0.04	0.01
	10 月	0.14	0.31	0.21	0.22	0.13	0.23	0.11	0.04	0.04
Ⅲ	2 月	0.18	0.17	0.16	0.17	0.16	0.14	0.13	0.02	0.14
	3 月	0.21	0.20	0.19	0.19	0.19	0.18	0.16	0.05	0.16
	4 月	0.19	0.19	0.29	0.28	0.28	0.19	0.18	-0.09	0.16
	5 月	0.26	0.27	0.27	0.27	0.27	0.27	0.17	0.12	0.16
	6 月	0.48[*]	0.20	0.41[*]	0.21	0.21	0.21	0.21	0.14	0.21
	7 月	0.43[*]	0.42[*]	0.54[*]	0.35[*]	0.35[*]	0.35[*]	0.25	0.26	0.24
	8 月	0.42[*]	0.46[*]	0.45[*]	0.47[*]	0.48[*]	0.38[*]	0.28	0.26	0.27
	9 月	0.41[*]	0.42[*]	0.48[*]	0.57[*]	0.49[*]	0.49[*]	0.40[*]	0.24	0.29
	10 月	0.33[*]	0.28	0.31	0.37[*]	0.36[*]	0.38[*]	0.39[*]	0.10	0.29

各时间尺度 SPEI 和春小麦成熟期地上部分生物量的 $r>0.325$ 的个数为 45 个，具体来说，分区 Ⅰ-东北平原区 $r>0.325$ 的个数为 11 个，分区 Ⅱ-北方干旱半干旱区 $r>0.325$ 的个

数为 8 个，分区Ⅲ-青藏高原区 $r>0.325$ 的个数为 26 个。统计各时间尺度以及各月 $r>0.325$ 的个数，确定 $r>0.325$ 的个数最多的时间尺度以及月份。结果显示，分区Ⅰ-东北平原区对应的时间尺度为 2 个月时间尺度，月份为 10 月，所对应春小麦生育期为成熟期；分区Ⅱ-北方干旱半干旱区对应的时间尺度为 1 个月时间尺度，月份为 5 月，所对应春小麦生育期为拔节期；分区Ⅲ-青藏高原区对应的时间尺度为 1 个月时间尺度，月份为 4 月，所对应春小麦生育期为分蘖期。

表 7-5 给出了春小麦生育期内（2～10月）1～9 个月时间尺度 $SMDI_{0\sim10}$ 与春小麦成熟期地上部分生物量间的 r。由表 7-5 可知，对于分区Ⅰ-东北平原区，7～10 月 4～8 个月时间尺度的 $SMDI_{0\sim10}$ 和春小麦成熟期地上部分生物量的相关关系较好，其中 9 月 6 个月时间尺度的 $SMDI_{0\sim10}$ 的相关性最好；对于分区Ⅱ-北方干旱半干旱区来说，5 月之后的相关关系均较好，各时间尺度间没有明显差别，其中 4 月 1 个月时间尺度的 $SMDI_{0\sim10}$ 和春小麦成熟期地上部分生物量相关性最好；对于分区Ⅲ-青藏高原区来说，与分区Ⅱ-北方干旱半干旱区一样各月时间尺度也没有明显的差别，其中 8 月 5 个月时间尺度的 $SMDI_{0\sim10}$ 和春小麦成熟期地上部分生物量相关性最好。

表 7-5　春小麦生育期内 1～9 个月时间尺度 $SMDI_{0-10}$ 与地上部分生物量的 r

分区	月份	$SMDI_{0\sim10}$ 的时间尺度/个月								
		1	2	3	4	5	6	7	8	9
Ⅰ	2 月	0.10	0.11	-0.10	-0.15	-0.04	0.18	0.21	-0.15	0.02
	3 月	0.18	0.19	0.18	0.06	-0.01	0.01	-0.19	0.06	-0.06
	4 月	0.10	0.02	0.00	0.00	-0.06	0.12	-0.05	0.00	-0.03
	5 月	0.02	0.18	0.05	0.12	0.18	0.04	0.25	0.12	0.01
	6 月	0.20	0.18	0.21	0.19	0.17	0.17	-0.18	0.19	0.04
	7 月	0.46*	0.43*	0.43*	0.45*	0.43*	0.42*	0.42*	0.45*	0.07
	8 月	0.15	0.40*	0.43*	0.45*	0.47*	0.46*	0.41*	0.45*	0.05
	9 月	0.34*	0.36*	0.53*	0.50*	0.52*	0.55*	0.48*	0.50*	0.06
	10 月	0.12	0.35*	0.35*	0.51*	0.49*	0.52*	0.47*	0.51*	0.18
Ⅱ	2 月	0.04	0.08	0.00	0.08	0.13	-0.03	0.14	0.08	0.10
	3 月	0.07	-0.03	0.00	0.04	-0.05	-0.01	0.14	0.04	0.12
	4 月	0.34*	0.28	0.23	0.13	0.22	0.12	-0.02	0.13	0.14
	5 月	-0.03	0.20	0.18	0.11	0.15	0.12	-0.02	0.11	0.16
	6 月	0.02	0.04	0.15	0.12	0.14	0.11	-0.07	0.12	0.10
	7 月	0.02	0.03	-0.07	-0.09	0.16	0.18	-0.05	-0.09	0.11
	8 月	0.20	0.10	0.06	0.07	-0.07	0.11	0.01	0.07	0.08
	9 月	0.02	0.18	0.10	0.12	0.02	-0.07	0.03	0.12	0.17
	10 月	0.17	-0.07	0.08	0.10	0.01	0.03	0.02	0.10	0.15

续表

分区	月份	SMDI$_{0\sim10}$ 的时间尺度/个月								
		1	2	3	4	5	6	7	8	9
III	2 月	0.29	0.28	0.25	0.15	0.19	0.28	0.24	0.15	0.23
	3 月	0.09	0.18	0.20	0.18	0.13	0.17	0.26	0.18	0.24
	4 月	0.47*	0.41*	0.42*	0.41*	0.38*	0.32	0.29	0.41*	0.25
	5 月	0.14	0.38*	0.35*	0.37*	0.37*	0.35*	0.15	0.37*	0.18
	6 月	0.27	0.25	0.36*	0.35*	0.37*	0.36*	0.25	0.35*	0.12
	7 月	0.36*	0.43*	0.37*	0.45*	0.44*	0.43*	0.27	0.45*	0.17
	8 月	0.28	0.39*	0.46*	0.40*	0.48*	0.43*	0.25	0.40*	0.07
	9 月	0.08	0.21	0.35*	0.43*	0.39*	0.44*	0.24	0.43*	0.03
	10 月	0.02	0.06	0.19	0.32	0.40*	0.36*	0.23	0.33*	0.08

各时间尺度 SMDI$_{0\sim10}$ 和春小麦成熟期地上部分生物量的 $r>0.325$ 的个数为 69 个, 具体来说, 分区 I -东北平原区 $r>0.325$ 的个数为 30 个, 分区 II -北方干旱半干旱区 $r>0.325$ 的个数为 1 个, 分区III -青藏高原区 $r>0.325$ 的个数为 38 个。统计各时间尺度以及各月 r >0.325 的个数, 确定 $r>0.325$ 的个数最多的时间尺度以及月份。结果显示, 分区 I -东北平原区对应的时间尺度为 6 个月时间尺度, 月份为 9 月, 所对应春小麦生育期为成熟期; 分区 II -北方干旱半干旱区对应的时间尺度为 1 个月时间尺度, 月份为 4 月; 分区III -青藏高原区对应的时间尺度为 4 个月时间尺度, 月份为 7 月, 所对应春小麦生育期为灌浆期。

表 7-6 给出了春小麦生育期内（2～10 月）1～9 个月时间尺度 SMDI$_{10\sim40}$ 与春小麦成熟期地上部分生物量间的 r。由表 7-6 可知, SMDI$_{10\sim40}$ 和地上部分生物量的相关关系整体来看不是很好, 其中分区 I -东北平原区和分区III -青藏高原区均无较好的正相关关系, 分区 II -北方干旱半干旱区相对较好, 其中 10 月 1 个月时间尺度的 SMDI$_{10\sim40}$ 和春小麦成熟期地上部分生物量相关性最好。各时间尺度 SMDI$_{10\sim40}$ 和春小麦成熟期地上部分生物量之间的 r >0.325 的个数为 0, 整体只有分区 II -北方干旱半干旱区有较好的正相关关系。

表 7-6　春小麦生育期内 1～9 个月时间尺度 SMDI$_{10\sim40}$ 与地上部分生物量的 r

分区	月份	SMDI$_{10\sim40}$ 的时间尺度/个月								
		1	2	3	4	5	6	7	8	9
I	2 月	0.02	-0.02	-0.04	-0.06	-0.07	-0.07	-0.09	-0.10	-0.10
	3 月	0.01	-0.01	-0.02	-0.04	-0.05	-0.06	-0.07	-0.08	-0.09
	4 月	-0.01	-0.01	-0.02	-0.03	-0.04	-0.06	-0.06	-0.07	-0.08
	5 月	-0.04	0.14	0.13	0.13	0.13	0.10	0.05	0.02	0.01
	6 月	-0.12	-0.08	-0.05	-0.04	-0.04	-0.05	-0.06	-0.08	-0.08
	7 月	-0.25	-0.20	-0.15	-0.12	-0.10	-0.08	-0.09	-0.10	-0.11
	8 月	-0.33	-0.30	-0.26	-0.21	-0.17	-0.14	-0.13	-0.13	-0.14
	9 月	-0.41	-0.38	-0.35	-0.31	-0.27	-0.23	-0.19	-0.17	-0.17
	10 月	-0.45	-0.43	-0.40	-0.38	-0.35	-0.31	-0.27	-0.24	-0.21

分区	月份	SMDI$_{10\sim40}$ 的时间尺度/个月								
		1	2	3	4	5	6	7	8	9
Ⅱ	2 月	-0.19	-0.15	-0.11	-0.06	-0.02	0.05	0.10	0.13	0.14
	3 月	-0.16	-0.16	-0.13	-0.09	-0.05	0.01	0.05	0.09	0.11
	4 月	-0.10	-0.13	-0.13	-0.10	-0.06	-0.02	0.03	0.06	0.10
	5 月	0.02	-0.04	-0.07	-0.08	-0.05	-0.02	0.01	0.05	0.08
	6 月	0.12	0.06	0.01	-0.03	-0.04	-0.01	0.01	0.04	0.07
	7 月	0.18	0.14	0.09	0.04	0.01	0.00	0.01	0.03	0.06
	8 月	0.21	0.20	0.16	0.12	0.07	0.04	0.03	0.03	0.05
	9 月	0.25	0.25	0.24	0.21	0.16	0.12	0.08	0.06	0.06
	10 月	0.29	0.27	0.27	0.27	0.24	0.20	0.15	0.11	0.09
Ⅲ	2 月	0.10	0.08	0.05	0.03	0.03	0.03	0.01	0.02	0.01
	3 月	0.10	0.09	0.07	0.05	0.03	0.03	0.03	0.01	0.01
	4 月	0.08	0.09	0.08	0.06	0.04	0.03	0.03	0.02	0.01
	5 月	0.04	0.07	0.08	0.07	0.06	0.04	0.03	0.03	0.02
	6 月	-0.05	-0.02	0.03	0.05	0.04	0.03	0.02	0.01	0.01
	7 月	-0.17	-0.13	-0.09	-0.04	-0.01	-0.01	-0.02	-0.02	-0.03
	8 月	-0.26	-0.21	-0.17	-0.13	-0.09	-0.06	-0.05	-0.05	-0.06
	9 月	-0.29	-0.28	-0.25	-0.21	-0.17	-0.13	-0.09	-0.08	-0.09
	10 月	-0.28	-0.30	-0.29	-0.26	-0.23	-0.20	-0.15	-0.12	-0.11

　　为了进一步探究春小麦生育期内不同分区气象干旱和农业干旱对春小麦成熟期地上部分生物量的影响，本书还结合以上统计的不同时间尺度以及不同月份的气象干旱和农业干旱对春小麦成熟期地上部分生物量相关性结果，选取各分区对应的关键月份以及关键时间尺度的 SPEI、SMDI$_{0\sim10}$ 和 SMDI$_{10\sim40}$ 的线性斜率，与春小麦成熟期地上部分生物量线性斜率进行相关性分析。

　　图 7-4 展示了春小麦各分区 SPEI 线性斜率与春小麦成熟期地上部分生物量线性斜率的相关性分析。根据表 7-4，分区Ⅰ-东北平原区计算了 SPEI 在 10 月 2 个月时间尺度的线性斜率，分区Ⅱ-北方干旱半干旱区计算了 SPEI 在 5 月 1 个月时间尺度的线性斜率，分区Ⅲ-青藏高原区计算了 SPEI 在 4 月 1 个月时间尺度的线性斜率。由图 7-4 可知，各分区 SPEI 线性斜率与春小麦生育期内地上部分生物量线性斜率之间的相关性相差较大，分区Ⅰ-东北平原区和分区Ⅱ-北方干旱半干旱区的相关关系均较差。具体来说，其中分区Ⅰ-东北平原区的 r 为 0.20；分区Ⅱ-北方干旱半干旱区的 r 为 0.18；分区Ⅲ-青藏高原区的 r 最大，为 0.56，说明分区Ⅲ-青藏高原区的 SPEI 线性斜率与春小麦成熟期地上部分生物量线性斜率的相关性大于其他两个分区。

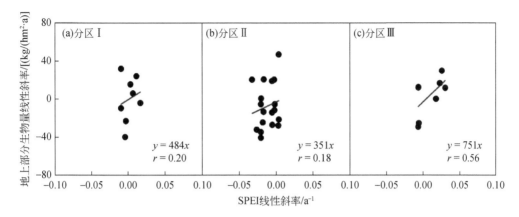

图 7-4　春小麦各分区 SPEI 线性斜率与春小麦成熟期地上部分生物量线性斜率的相关性

图 7-5 展示了春小麦各分区 $SMDI_{0\sim10}$ 线性斜率与春小麦成熟期地上部分生物量线性斜率的相关性分析。根据表 7-5 统计结果，分区 Ⅰ-东北平原区计算了 $SMDI_{0\sim10}$ 在 9 月 6 个月时间尺度的线性斜率，分区 Ⅱ-北方干旱半干旱区计算了 $SMDI_{0\sim10}$ 在 4 月 1 个月时间尺度的线性斜率，分区Ⅲ-青藏高原区计算了 $SMDI_{0\sim10}$ 在 7 月 4 个月时间尺度的线性斜率。

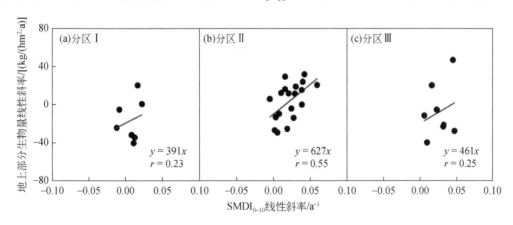

图 7-5　春小麦各分区 $SMDI_{0\sim10}$ 线性斜率与春小麦成熟期地上部分生物量线性斜率的相关性

由图 7-5 可知，各分区 $SMDI_{0\sim10}$ 线性斜率与春小麦成熟期地上部分生物量线性斜率的相关性相差较大，分区 Ⅰ-东北平原区和分区Ⅲ-青藏高原区的相关关系均较差。具体来说，其中分区 Ⅰ-东北平原区的 r 为 0.23；分区 Ⅱ-北方干旱半干旱区的 r 最大，为 0.55；分区Ⅲ-青藏高原区的 r 为 0.25。说明分区 Ⅱ-北方干旱半干旱区的 $SMDI_{0\sim10}$ 线性斜率与春小麦成熟期地上部分生物量线性斜率的相关性大于其他两个分区。

图 7-6 展示了春小麦各分区 $SMDI_{10\sim40}$ 线性斜率与春小麦成熟期地上部分生物量线性斜率的相关性分析。根据表 7-6 的统计结果，分区 Ⅰ-东北平原区计算了 $SMDI_{10\sim40}$ 在 9 月 6 个月时间尺度的线性斜率，分区 Ⅱ-北方干旱半干旱区计算了 $SMDI_{10\sim40}$ 在 4 月 1 个月时间尺度的线性斜率，分区Ⅲ-青藏高原区计算了 $SMDI_{10\sim40}$ 在 7 月 4 个月时间尺度的线性斜率。由图 7-6 可知，各分区 $SMDI_{10\sim40}$ 线性斜率与春小麦成熟期地上部分生物量线性斜率的

相关性相差较大，分区Ⅱ-北方干旱半干旱区和分区Ⅲ-青藏高原区的相关关系均较差。具体来说，其中分区Ⅰ-东北平原区的 r 最大，为 0.40；分区Ⅱ-北方干旱半干旱区的 r 为 0.19；分区Ⅲ-青藏高原区的 r 为 0.14。说明分区Ⅰ-东北平原区的 $SMDI_{10\sim40}$ 线性斜率与春小麦成熟期地上部分生物量线性斜率的相关性大于其他两个分区。

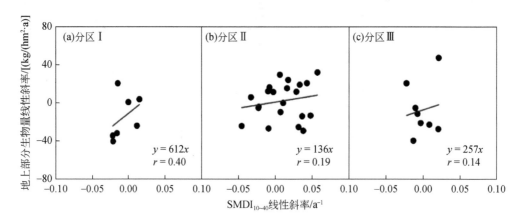

图 7-6　春小麦各分区 $SMDI_{10\sim40}$ 线性斜率与春小麦成熟期地上部分生物量线性斜率的相关性

对比各分区 SPEI、$SMDI_{0\sim10}$ 和 $SMDI_{10\sim40}$ 的线性斜率与春小麦成熟期地上部分生物量线性斜率的相关关系，发现 SPEI 和 $SMDI_{0\sim10}$ 在各分区整体上的相关性要好于 $SMDI_{10\sim40}$。而在各分区内，均存在 r 较低的情况，这可能与各分区站点数的多少有关，也受离散值的多少和大小影响。SPEI 和 $SMDI_{10\sim40}$ 在个别分区的相关性较低，相比之下，$SMDI_{0\sim10}$ 整体上在各分区的相关性均较好。

综上所述，各分区内影响春小麦成熟期地上部分生物量的关键月份和关键时间尺度的干旱指标不甚相同，但综合来看，对应的时间尺度均较短，对应的生育期为灌浆期的居多，说明短时间尺度的干旱指标对春小麦叶片的生长影响较大，生育期中后期发生的干旱对春小麦成熟期地上部分生物量的积累影响较大；$SMDI_{0\sim10}$ 为影响春小麦成熟期地上部分生物量的最关键干旱指标，$SMDI_{10\sim40}$ 在分区Ⅰ-东北平原区和分区Ⅲ-青藏高原区的相关关系不理想。

3. 春小麦产量对生育期气象干旱和农业干旱的响应

表 7-7 给出了春小麦生育期内（2~10 月）1~9 个月时间尺度 SPEI 与春小麦产量间的 r。

由表 7-7 可知，对于分区Ⅰ-东北平原区来说，6~10 月的 SPEI 和春小麦产量的相关关系均较好，其中 7 月 2 个月时间尺度的 SPEI 的相关性最好；对于分区Ⅱ-北方干旱半干旱区来说，7 月的 SPEI 和产量的相关关系较好，其中 3 个月时间尺度的 SPEI 和春小麦产量的相关性最好；对于分区Ⅲ-青藏高原区来说，7 月和 8 月的 SPEI 和春小麦产量的相关关系较好，其中 8 月 3 个月时间尺度的 SPEI 的相关性最好。

各时间尺度 SPEI 和春小麦产量的 $r > 0.325$ 的个数为 62 个，具体来说，分区Ⅰ-东北平原区 $r > 0.325$ 的个数为 31 个，分区Ⅱ-北方干旱半干旱区 $r > 0.325$ 的个数为 10 个，分区Ⅲ-青藏高原区 $r > 0.325$ 的个数为 21 个。统计各时间尺度以及各月 $r > 0.325$ 的个数，确定

$r>0.325$ 的个数最多的时间尺度以及月份。结果显示，分区 I-东北平原区对应的时间尺度为 3 个月时间尺度，月份为 7 月，所对应春小麦生育期为灌浆期；分区 II-北方干旱半干旱区对应的时间尺度为 2 个月时间尺度，月份为 7 月，所对应春小麦生育期为灌浆期；分区 III-青藏高原区对应的时间尺度为 9 个月时间尺度，月份为 8 月，所对应春小麦生育期为灌浆期。

表 7-7　春小麦生育期内 1~9 个月时间尺度 SPEI 与产量的 r

分区	月份	SPEI 的时间尺度/个月								
		1	2	3	4	5	6	7	8	9
I	2 月	-0.16	-0.12	-0.14	-0.18	-0.06	-0.02	-0.12	-0.17	-0.07
	3 月	-0.07	-0.16	-0.17	-0.19	-0.23	-0.06	-0.15	-0.18	-0.26
	4 月	0.29	0.21	0.26	0.25	0.25	0.08	0.23	0.24	0.28
	5 月	0.16	0.22	0.18	0.09	0.20	0.12	0.16	0.19	0.23
	6 月	0.34*	0.27	0.30	0.27	0.29	0.17	0.27	0.26	0.33*
	7 月	0.34*	0.45*	0.34*	0.37*	0.34*	0.35*	0.30	0.35*	0.38*
	8 月	0.22	0.31	0.40*	0.34*	0.36*	0.21	0.36*	0.33*	0.40*
	9 月	0.40*	0.34*	0.40*	0.44*	0.41*	0.42*	0.35*	0.42*	0.44*
	10 月	0.27	0.38*	0.34*	0.39*	0.36*	0.28	0.30	0.38*	0.36*
II	2 月	-0.17	-0.21	-0.24	-0.19	-0.17	-0.31	-0.21	-0.18	-0.19
	3 月	-0.13	-0.15	-0.08	-0.07	-0.06	-0.25	-0.07	-0.06	-0.06
	4 月	-0.06	0.05	0.08	0.09	0.10	-0.05	0.07	0.09	0.12
	5 月	0.19	0.26	0.14	0.13	0.24	0.33*	0.18	0.12	0.29
	6 月	0.27	0.34*	0.21	0.29	0.26	0.14	0.28	0.27	0.19
	7 月	0.41*	0.40*	0.43*	0.38*	0.39*	0.30	0.36*	0.36*	0.41*
	8 月	0.13	0.25	0.30	0.23	0.22	0.15	0.28	0.22	0.23
	9 月	0.20	0.08	0.06	0.02	0.06	-0.02	0.05	0.02	0.07
	10 月	0.11	0.06	0.15	0.20	0.13	-0.04	0.13	0.19	0.14
III	2 月	-0.23	-0.15	-0.17	-0.17	-0.05	-0.25	-0.15	-0.16	-0.06
	3 月	-0.19	-0.28	-0.20	-0.25	-0.13	-0.18	-0.18	-0.24	-0.14
	4 月	-0.12	-0.18	-0.27	-0.27	-0.21	-0.28	-0.24	-0.26	-0.23
	5 月	0.34*	0.26	0.27	0.12	0.36*	0.16	0.24	0.11	0.40*
	6 月	0.18	0.26	0.34*	0.29	0.36*	0.16	0.30*	0.28	0.40*
	7 月	0.27	0.44*	0.43*	0.31	0.37*	0.34*	0.38*	0.29	0.41*
	8 月	0.44*	0.41*	0.44*	0.36*	0.43*	0.31	0.39*	0.34*	0.42*
	9 月	-0.07	0.02	0.10	0.11	0.19	-0.08	0.09	0.10	0.21
	10 月	0.04	-0.01	0.06	0.08	0.16	-0.11	0.05	0.08	0.18

表 7-8 给出了春小麦生育期内（2~10 月）1~9 个月时间尺度 $SMDI_{0~10}$ 与春小麦产量间的 r。由表 7-8 可知，$SMDI_{0~10}$ 和产量的相关关系较 LAI_{max} 和地上部分生物量更好。对

于分区Ⅰ-东北平原区来说，4~5月1~3个月时间尺度的$SMDI_{0\sim10}$和产量的相关关系较好，其中5月2个月时间尺度的$SMDI_{0\sim10}$的相关性最好；对于分区Ⅱ-北方干旱半干旱区来说，5月1~2个月时间尺度的$SMDI_{0\sim10}$的相关性最好；对于分区Ⅲ-青藏高原区来说，6月和7月的$SMDI_{0\sim10}$和产量的相关关系较好，其中8月5个月时间尺度的$SMDI_{0\sim10}$的相关性最好。

表 7-8 春小麦生育期内 1~9 个月时间尺度 $SMDI_{0-10}$ 与产量的 r

分区	月份	$SMDI_{0\sim10}$ 的时间尺度/个月								
		1	2	3	4	5	6	7	8	9
Ⅰ	2 月	0.23	0.22	0.20	0.08	0.06	0.05	0.06	0.03	0.05
	3 月	0.26	0.25	0.23	0.21	0.09	0.07	0.07	0.04	0.07
	4 月	0.38*	0.37*	0.26	0.25	0.22	0.20	0.08	0.03	0.07
	5 月	0.41*	0.42*	0.40*	0.30	0.28	0.25	0.22	0.01	0.09
	6 月	0.31	0.25	0.40	0.30	0.30	0.29	0.25	-0.04	0.10
	7 月	-0.06	0.00	0.04	0.08	0.11	0.13	0.13	-0.05	0.08
	8 月	-0.21	-0.13	-0.08	-0.04	0.00	0.04	0.06	-0.06	0.05
	9 月	-0.30	-0.26	-0.20	-0.17	-0.13	-0.09	-0.04	-0.07	0.00
	10 月	-0.30	-0.30	-0.27	-0.24	-0.21	-0.18	-0.14	-0.08	-0.06
Ⅱ	2 月	0.00	-0.06	-0.07	-0.04	0.00	0.07	0.09	-0.01	0.29
	3 月	0.23	0.11	0.04	0.03	0.05	0.07	0.11	0.01	0.30
	4 月	0.36*	0.33*	0.28	0.23	0.21	0.22	0.25	0.03	0.31
	5 月	0.45*	0.45*	0.38*	0.31	0.27	0.24	0.26	0.05	0.31
	6 月	0.42*	0.43*	0.42*	0.37*	0.33*	0.28	0.26	0.06	0.30
	7 月	0.43*	0.36*	0.42*	0.41*	0.38*	0.34*	0.30	0.07	0.29
	8 月	0.30	0.26	0.35*	0.42*	0.42*	0.39*	0.35*	0.12	0.30
	9 月	0.22	0.22	0.36*	0.40*	0.42*	0.42*	0.39*	0.10	0.33*
	10 月	0.18	0.20	0.32	0.35*	0.38*	0.30	0.40*	0.05	0.35*
Ⅲ	2 月	0.22	0.07	-0.01	-0.07	-0.04	-0.02	-0.01	0.07	0.07
	3 月	0.31	0.27	0.21	0.02	-0.02	0.00	0.02	0.09	0.07
	4 月	0.36*	0.33*	0.29	0.23	0.06	0.01	0.02	0.09	0.06
	5 月	0.40*	0.36*	0.34*	0.31	0.26	0.09	0.05	0.09	0.07
	6 月	0.42*	0.44*	0.38*	0.33*	0.31	0.15	0.10	0.10	0.07
	7 月	0.33*	0.41*	0.41*	0.43*	0.47*	0.35*	0.22	0.22	0.05
	8 月	0.15	0.19	0.22	0.42*	0.45*	0.41*	0.34*	0.26	0.08
	9 月	0.12	0.16	0.19	0.22	0.25	0.30	0.35*	0.28	0.23
	10 月	0.23	0.21	0.22	0.24	0.26	0.29	0.30	0.31	0.30

以历史时期年份长度 60 年作为样本数，以及显著性水平 $p \leqslant 0.01$，并根据 r 临界值表确定 r 临界值为 0.325。统计各时间尺度 $SMDI_{0\sim10}$ 和春小麦产量的 $r > 0.325$ 的个数，各时间尺度 $SMDI_{0\sim10}$ 和春小麦产量的 $r > 0.325$ 的个数为 56 个，其中分区Ⅰ-东北平原区 $r > 0.325$ 的个数为 5 个，分区Ⅱ-北方干旱半干旱区 $r > 0.325$ 的个数为 31 个，分区Ⅲ-青藏高原区

$r>0.325$ 的个数为 20 个。统计各时间尺度以及各月 $r>0.325$ 的个数,确定 $r>0.325$ 的个数最多的时间尺度以及月份。结果显示,分区 I -东北平原区对应的时间尺度为 1 个月时间尺度,月份为 5 月,所对应春小麦生育期为拔节期;分区 II -北方干旱半干旱区对应的时间尺度为 3 个月时间尺度,月份为 7 月,所对应春小麦生育期为灌浆期;分区 III -青藏高原区对应的时间尺度为 1 个月时间尺度,月份为 7 月,所对应春小麦生育期为灌浆期。

表 7-9 给出了春小麦生育期内(2~10 月)1~9 个月时间尺度 $SMDI_{10~40}$ 与春小麦产量间的 r。由表 7-9 可知,只有分区 II -北方干旱半干旱区 $SMDI_{10~40}$ 和产量的相关关系较好。对于分区 II -北方干旱半干旱区来说,8~10 月 1~4 个月时间尺度的 $SMDI_{10~40}$ 和产量的相关关系较好,其中 10 月 4 个月时间尺度的 $SMDI_{10~40}$ 和产量的相关性最好。

表 7-9 春小麦生育期内 1 ~ 9 个月时间尺度 $SMDI_{10-40}$ 与产量的 r

分区	月份	$SMDI_{10~40}$ 的时间尺度/个月								
		1	2	3	4	5	6	7	8	9
I	2 月	0.12	0.10	0.08	0.07	0.07	0.06	0.06	0.06	0.06
	3 月	0.10	0.09	0.09	0.08	0.08	0.07	0.07	0.07	0.07
	4 月	0.11	0.12	0.1	0.09	0.08	0.08	0.07	0.07	0.07
	5 月	0.11	0.13	0.13	0.13	0.13	0.10	0.06	0.05	0.04
	6 月	0.07	0.08	0.09	0.09	0.09	0.09	0.08	0.07	0.07
	7 月	-0.06	-0.02	0.02	0.04	0.05	0.05	0.05	0.05	0.04
	8 月	-0.17	-0.12	-0.08	-0.04	-0.02	0.01	0.02	0.02	0.01
	9 月	-0.26	-0.21	-0.17	-0.13	-0.09	-0.06	-0.03	-0.02	-0.01
	10 月	-0.29	-0.27	-0.23	-0.20	-0.16	-0.13	-0.09	-0.07	-0.05
II	2 月	-0.26	-0.18	-0.09	0.01	0.09	0.16	0.22	0.28	0.30
	3 月	-0.24	-0.22	-0.15	-0.07	0.01	0.09	0.15	0.21	0.25
	4 月	-0.10	-0.15	-0.14	-0.08	0.01	0.06	0.13	0.18	0.23
	5 月	0.12	0.01	-0.05	-0.06	0.02	0.06	0.12	0.17	0.22
	6 月	0.29	0.20	0.09	0.04	0.03	0.08	0.13	0.16	0.21
	7 月	0.38*	0.34*	0.26	0.17	0.11	0.10	0.14	0.17	0.20
	8 月	0.43*	0.43*	0.39*	0.31	0.23	0.18	0.16	0.18	0.21
	9 月	0.45*	0.45*	0.45*	0.43*	0.36*	0.29	0.23	0.20	0.21
	10 月	0.43*	0.44*	0.46*	0.47*	0.45*	0.40*	0.33*	0.27	0.24
III	2 月	-0.20	-0.20	-0.19	-0.18	-0.15	-0.12	-0.12	-0.11	-0.09
	3 月	-0.20	-0.21	-0.20	-0.19	-0.18	-0.15	-0.13	-0.13	-0.11
	4 月	-0.21	-0.21	-0.21	-0.20	-0.19	-0.18	-0.16	-0.14	-0.13
	5 月	-0.21	-0.21	-0.21	-0.21	-0.20	-0.20	-0.18	-0.16	-0.14
	6 月	-0.16	-0.18	-0.19	-0.19	-0.20	-0.19	-0.18	-0.17	-0.15
	7 月	-0.12	-0.16	-0.16	-0.18	-0.19	-0.19	-0.18	-0.17	-0.17
	8 月	-0.09	-0.11	-0.14	-0.16	-0.18	-0.18	-0.18	-0.18	-0.17
	9 月	-0.07	-0.06	-0.09	-0.12	-0.13	-0.15	-0.16	-0.17	-0.16
	10 月	0.02	-0.01	-0.01	-0.04	-0.07	-0.09	-0.12	-0.13	-0.14

各时间尺度 $SMDI_{10\sim40}$ 和春小麦产量的 $r>0.325$ 的个数为 17 个，具体来说，分区 I -东北平原区 $r>0.325$ 的个数为 0 个，分区 II -北方干旱半干旱区 $r>0.325$ 的个数为 17 个，分区 III -青藏高原区 $r>0.325$ 的个数为 0 个。统计各时间尺度以及各月 $r>0.325$ 的个数，确定 $r>0.325$ 的个数最多的时间尺度以及月份。结果显示，分区 I -东北平原区和分区 III -青藏高原区均无较好的正相关关系；分区 II -北方干旱半干旱区对应的时间尺度为 1 个月时间尺度，月份为 10 月，所对应春小麦生育期为成熟期。

为了进一步探究春小麦生育期内不同分区气象干旱和农业干旱对春小麦产量的影响，本书还结合以上统计的不同时间尺度以及不同月的气象干旱和农业干旱对春小麦产量相关性结果，选取各分区对应的关键月以及关键时间尺度的 SPEI、$SMDI_{0\sim10}$ 和 $SMDI_{10\sim40}$，分析其线性斜率与春小麦产量线性斜率的 r 变化情况。

图 7-7 展示了春小麦各分区 SPEI 线性斜率与春小麦产量线性斜率的相关性分析。分区 I -东北平原区计算了 SPEI 在 7 月 3 个月时间尺度的线性斜率，分区 II -北方干旱半干旱区计算了 SPEI 在 7 月 2 个月时间尺度的线性斜率，分区 III -青藏高原区计算了 SPEI 在 8 月 9 个月时间尺度的线性斜率。

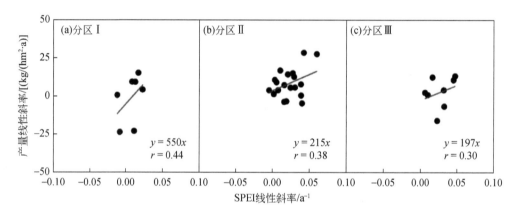

图 7-7　春小麦各分区 SPEI 线性斜率与春小麦产量线性斜率的相关性

由图 7-7 可知，各分区 SPEI 线性斜率与春小麦产量线性斜率的相关性相差不大。具体来说，其中分区 I -东北平原区的 r 最大，为 0.44；分区 II -北方干旱半干旱区的 r 为 0.38；分区 III -青藏高原区的 r 为 0.30，说明分区 I -东北平原区的 SPEI 线性斜率与春小麦产量线性斜率的相关性大于其他两个分区。

图 7-8 展示了春小麦各分区 $SMDI_{0\sim10}$ 线性斜率与春小麦产量线性斜率的相关性分析。分区 I -东北平原区计算了 $SMDI_{0\sim10}$ 在 5 月 1 个月时间尺度的线性斜率，分区 II -北方干旱半干旱区计算了 $SMDI_{0\sim10}$ 在 7 月 3 个月时间尺度的线性斜率，分区 III -青藏高原区计算了 $SMDI_{0\sim10}$ 在 7 月 1 个月时间尺度的线性斜率。由图 7-8 可知，各分区 $SMDI_{0\sim10}$ 线性斜率与春小麦产量线性斜率之间的相关性相差不大。具体来说，其中分区 I -东北平原区的 r 为 0.34；分区 II -北方干旱半干旱区的 r 最大，为 0.54；分区 III -青藏高原区的 r 为 0.40，说明分区 II -北方干旱半干旱区的 $SMDI_{0\sim10}$ 线性斜率与春小麦产量线性斜率之间的相关性大于其他两个分区。

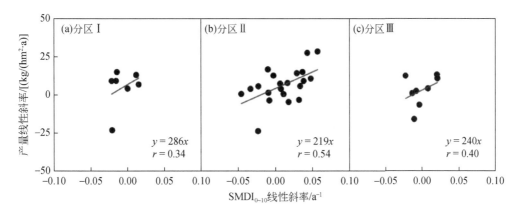

图 7-8　春小麦各分区 $SMDI_{0\sim10}$ 线性斜率与春小麦产量线性斜率的相关性

图 7-9 展示了春小麦各分区 $SMDI_{10\sim40}$ 线性斜率与春小麦产量线性斜率之间的相关性分析。分区 I -东北平原区计算了 $SMDI_{10\sim40}$ 在 5 月 3 个月时间尺度的线性斜率，分区 II -北方干旱半干旱区计算了 $SMDI_{10\sim40}$ 在 10 月 1 个月时间尺度的线性斜率，分区III-青藏高原区计算了 $SMDI_{10\sim40}$ 在 10 月 1 个月时间尺度的线性斜率。由图 7-9 可知，各分区 $SMDI_{10\sim40}$ 线性斜率与春小麦产量线性斜率的相关性相差不大。具体来说，其中分区 I -东北平原区的 r 最大，为 0.42；分区 II -北方干旱半干旱区的 r 为 0.33；分区III-青藏高原区的 r 为 0.22，说明分区 I -东北平原区的 $SMDI_{10\sim40}$ 线性斜率与春小麦产量线性斜率之间的相关性大于其他两个分区。对比各分区 SPEI、$SMDI_{0\sim10}$ 和 $SMDI_{10\sim40}$ 的线性斜率与春小麦产量线性斜率的相关关系，发现 $SMDI_{0\sim10}$ 在各分区总体上的相关性比 SPEI 和 $SMDI_{10\sim40}$ 的相关性好，而在各分区内，r 差别并不大。

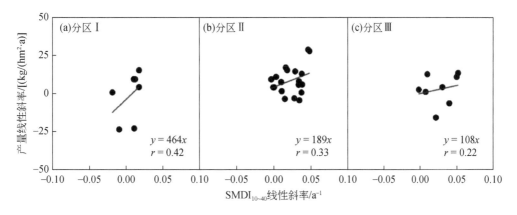

图 7-9　春小麦各分区 $SMDI_{10\sim40}$ 线性斜率与春小麦产量线性斜率的相关性

综上所述，各分区内影响春小麦产量的关键月和关键时间尺度的干旱指标不甚相同，但综合来看，对应的时间尺度均较短，对应的生育期为灌浆期的居多，说明短时间尺度的干旱指标对春小麦叶片的生长影响较大，生育期中后期发生干旱对春小麦最终收获时的产量影响较大；$SMDI_{0\sim10}$ 为影响春小麦产量的最关键干旱指标，$SMDI_{10\sim40}$ 在分区III-青藏高原区的相关关系不理想。

7.2.2　未来时期春小麦生长和产量对生育期气象干旱和农业干旱的响应

基于本书 7.2.1 节的内容对比得到历史时期三个干旱指标对春小麦生长和产量影响的结果，确定 $SMDI_{0\sim10}$ 为影响春小麦生长过程和产量最关键的干旱指标。因此，未来时期只分析各月份和各时间尺度的 $SMDI_{0\sim10}$ 与春小麦生长各要素和春小麦产量之间的关系。结合本书 6.2.3 节的内容探求 2021～2100 年 SSP1-2.6、SSP2-4.5、SSP3-7.0 和 SSP5-8.5 情景下春小麦生育期内 1～9 个月时间尺度春小麦 LAI_{max}、成熟期地上部分生物量以及产量对气象干旱和农业干旱的响应。

1. 春小麦 LAI_{max} 对生育期气象干旱和农业干旱的响应

由于未来时期的年份较长，为了方便分析，研究将未来时期 2021～2100 年分为 2021～2060 年和 2061～2100 年两个时间段分析。

2021～2060 年以及 2061～2100 年在 SSP1-2.6、SSP2-4.5、SSP3-7.0 和 SSP5-8.5 情景下，春小麦生育期内各时间尺度的 $SMDI_{0\sim10}$ 和 LAI_{max} 的 $r>0.325$ 的站点个数分析结果表明，在 2021～2060 年各情景下，$SMDI_{0\sim10}$ 和春小麦 LAI_{max} 的 $r>0.325$ 的站点数最多的时间尺度为 2～3 个月，对应的月份多为 7 月和 8 月。其中，在 SSP3-7.0 情景下，7 月 2～3 个月时间尺度 $SMDI_{0\sim10}$ 与春小麦 LAI_{max} 的 $r>0.325$ 的站点数分别为 17 个和 12 个。在 2021～2060 年不同情景下，相同月各时间尺度 $SMDI_{0\sim10}$ 与春小麦 LAI_{max} 的 $r>0.325$ 的站点个数从多到少排序依次为 SSP1-2.6、SSP3-7.0、SSP2-4.5 和 SSP5-8.5。2061～2100 年的结果和 2021～2060 年的结果类似，各情景下 $SMDI_{0\sim10}$ 和春小麦 LAI_{max} 的 $r>0.325$ 的站点数最多的时间尺度为 1～3 个月时间尺度，对应的月份多为 6 月和 7 月。尤其在 SSP1-2.6 和 SSP3-7.0 情景下，6 月和 7 月 1～3 个月时间尺度 $SMDI_{0\sim10}$ 与春小麦 LAI_{max} 的 $r>0.325$ 的站点个数明显多于其他月份。对比未来两个时期可以看出，在 SSP2-4.5、SSP3-7.0 和 SSP5-8.5 情景下，2021～2060 年与 2061～2100 年各时间尺度 $SMDI_{0\sim10}$ 与春小麦 LAI_{max} 的 $r>0.325$ 的站点个数相差不大；在 SSP1-2.6 情景下，2061～2100 年各时间尺度 $SMDI_{0\sim10}$ 与春小麦 LAI_{max} 的 $r>0.325$ 的站点个数相比 2021～2060 年有所增加。

2. 春小麦地上部分生物量对生育期气象干旱和农业干旱的响应

2021～2060 年以及 2061～2100 年在 SSP1-2.6、SSP2-4.5、SSP3-7.0 和 SSP5-8.5 情景下，春小麦生育期内各时间尺度的 $SMDI_{0\sim10}$ 和春小麦成熟期地上部分生物量之间 $r>0.325$ 的站点个数分析结果表明，在 2021～2060 年各情景下，$SMDI_{0\sim10}$ 和春小麦成熟期地上部分生物量 $r>0.325$ 的站点数最多的时间尺度为 4～5 个月时间尺度以及 1 个月时间尺度，对应的月份多为 7 月。其中，在 SSP3-7.0 情景下 7 月 4～5 个月时间尺度 $SMDI_{0\sim10}$ 与春小麦成熟期地上部分生物量 $r>0.325$ 的站点数分别为 16 个和 15 个。在 2021～2060 年不同情景下，相同月各时间尺度 $SMDI_{0\sim10}$ 与春小麦成熟期地上部分生物量 $r>0.325$ 的站点个数从多到少排序依次为 SSP5-8.5、SSP1-2.6、SSP3-7.0 和 SSP2-4.5。2061～2100 年，各情景下 $SMDI_{0\sim10}$ 和春小麦成熟期地上部分生物量 $r>0.325$ 的站点数最多的时间尺度为 1～3 个月时间尺度，对应的月份多为 6 月和 7 月。对比未来两个时期可以看出，在 SSP5-8.5 情景下，2061～2100

年各时间尺度 $SMDI_{0\sim10}$ 与春小麦成熟期地上部分生物量 $r>0.325$ 的站点个数比 2021～2060 年有所减少，在 SSP1-2.6、SSP2-4.5 和 SSP3-7.0 情景下，2021～2060 年与 2061～2100 年各时间尺度 $SMDI_{0\sim10}$ 与春小麦成熟期地上部分生物量 $r>0.325$ 的站点个数均有增加。

3. 春小麦产量对生育期气象干旱和农业干旱的响应

2021～2060 年以及 2061～2100 年在 SSP1-2.6、SSP2-4.5、SSP3-7.0 和 SSP5-8.5 情景下春小麦生育期内各时间尺度的 $SMDI_{0\sim10}$ 和春小麦产量之间的 $r>0.325$ 的站点个数分析结果表明，在 2021～2060 年各情景下，$SMDI_{0\sim10}$ 和春小麦产量 $r>0.325$ 的站点数最多的时间尺度为 1～2 个月时间尺度，对应的月份多为 7 月和 8 月。其中，在 SSP2-4.5 情景下，7 月 1～2 个月时间尺度 $SMDI_{0\sim10}$ 与春小麦产量 $r>0.325$ 的站点数分别为 14 个和 18 个。在 2021～2060 年各种情景下，相同月份各时间尺度 $SMDI_{0\sim10}$ 与春小麦产量 $r>0.325$ 的站点个数从多到少排序依次为 SSP5-8.5、SSP1-2.6、SSP3-7.0 和 SSP2-4.5。2061～2100 年，各情景下 $SMDI_{0\sim10}$ 和春小麦产量 $r>0.325$ 的站点数最多的时间尺度为 2～3 个月时间尺度，对应的月份多为 7 月和 8 月。对比未来两个时期可以看出，在 SSP5-8.5 情景下，2061～2100 年各时间尺度 $SMDI_{0\sim10}$ 与春小麦产量 $r>0.325$ 的站点个数比 2021～2060 年有所减少，在 SSP1-2.6、SSP2-4.5 和 SSP3-7.0 情景下，2021～2060 年与 2061～2100 年各时间尺度 $SMDI_{0\sim10}$ 与春小麦产量 $r>0.325$ 的站点个数均相差不大。

7.3　本章小结

$SMDI_{0\sim10}$ 为影响春小麦生长过程和产量的最关键干旱指标。历史时期，各分区内影响春小麦生育期内 LAI_{max}、成熟期地上部分生物量以及春小麦产量的关键月和关键时间尺度的干旱指标不甚相同，但综合来看，短时间尺度的干旱指标对春小麦生长以及产量的影响更大；生育期前中期发生干旱对春小麦叶片的生长影响较大；生育期中后期发生干旱对春小麦地上部分生物量的积累以及产量的影响较大。

未来时期 $SMDI_{0\sim10}$ 与春小麦 LAI_{max}、成熟期地上部分生物量以及春小麦产量的相关关系较历史时期略差；对春小麦生长和产量影响较大的关键生育期和对应的最佳时间尺度的规律和历史时期较为类似，短时间尺度的干旱指标对春小麦生长以及产量的影响更大；生育期中后期干旱对春小麦生长以及产量的影响较大。

第8章　玉米生育期干旱的时空演变规律

干旱对我国农业生产造成了严重的影响，玉米生育期干旱直接影响玉米的生长和产量。本章将气象数据、玉米物候期和产量数据较完整的玉米种植站点分为 3 个区域，结合历史时期（1961～2018 年）的气象数据与 CMIP6 中 SSP1-2.6、SSP2-4.5、SSP3-7.0 和 SSP5-8.5 情景下 27 个 GCM 在未来时期（2021～2100 年）的气象数据，分别使用 SPEI、0～10cm 和 10～40cm 深度土层的 SMDI 作为评估气象干旱和农业干旱的指标，分析各分区历史时期和未来时期玉米生育期内气象干旱和农业干旱的时空变化规律。

8.1　GLDAS-CMIP6 协同驱动的玉米生育期内干旱评估方法

8.1.1　研究区概况

干旱发生频率高，造成的损失严重，是影响玉米产量的重要因素之一。根据玉米种植区的地理位置状况、气候分区和农业分区，将玉米的种植区划分为三个分区，分别是西北地区（Ⅰ区）、华北地区（Ⅱ区）、东北地区（Ⅲ区）。分区Ⅰ、Ⅱ和Ⅲ分别有 6 个、9 个和 31 个站点，种植夏玉米的站点共有 18 个，都处于分区Ⅱ。所选站点均分布在我国玉米种植的主要产区里。

将全球陆地数据同化系统（GLDAS-2）土壤水分数据的单位 kg/m^2 转换为 m^3/m^3：

$$\theta = \frac{w}{\rho \times h} \times 100\% \tag{8-1}$$

式中，θ 为各层土壤体积含水量，%；w 为 GLDAS-2 的土壤含水量，kg/m^2；ρ 为常温下水的密度，为 1000kg/m^3；h 为各土层的厚度，分别为 0.1m 和 0.3m。

8.1.2　气象数据

研究区内 64 个农业气象站点 1961～2018 年的气象数据和地理信息数据均下载自中国气象数据网。对于部分数据缺失的站点，用距离最近的气象数据代替。气象数据主要包括逐日降水量（P）、2m 处风速（U_2）、日照时数（S_n）、日最高气温（T_{max}）、日最低气温（T_{min}）和日平均温度（T_{ave}）等，地理信息数据包括站点的经度、纬度和高程，根据这些数据，估算了各站点 1961～2018 年多年平均气象要素。

8.1.3　GLDAS 数据

在 GEE 平台上下载由 GLDAS-2 计算得到的 1948～2018 年 0～10cm 和 10～40cm 土层的土壤水分日栅格数据（空间分辨率为 0.25°×0.25°）。将 GLDAS-2 土壤水分数据与从中国气象局（CMA）下载的观测数据进行比较，结果显示，GLDAS-2 的数据具有良好的质量（刘欢欢等，2018）。使用 GEE 上的 Python 程序将 GLDAS-2 的栅格数据转换为站点数据（Chen et al.，2020b）。

所选的 64 个玉米种植站点的基本信息如表 8-1 所示。

表 8-1　各分区玉米站点的基本信息

分区	站点	经度（°E）	纬度（°N）	分区	站点	经度（°E）	纬度（°N）
西北地区（Ⅰ区）春玉米	博乐	82.04	44.54	东北地区（Ⅲ区）春玉米	集安	126.13	41.09
	精河	82.49	44.34		双城	126.3	45.38
	沙湾	85.81	44.28		永吉	126.31	43.42
	昌吉	87.19	44.07		哈尔滨	126.34	45.56
	哈密	93.31	42.49		桦甸	126.45	42.59
	酒泉	98.29	39.46		舒兰	126.56	44.23
华北地区（Ⅱ区）春玉米	崆峒	106.4	35.33		海伦	126.58	47.27
	旬邑	108.18	35.1		五常	127.09	44.54
	隰县	110.57	36.42		巴彦	127.21	46.05
	介休	111.55	37.02		尚志	127.58	45.13
	忻州	112.42	38.24		方正	128.48	45.5
	晋城	112.52	35.3		集贤	131.07	46.44
	建平	119.37	41.25		饶河	134	46.48
	建昌	119.49	40.48		通化	125.44	41.4
	绥中	120.18	40.2	华北地区（Ⅱ区）夏玉米	运城	111.03	35.03
东北地区（Ⅲ区）春玉米	瓦房店	122.01	39.38		涿州	116.02	39.29
	白城	122.5	45.38		容城	115.49	39.04
	新民	122.51	41.58		霸州	116.24	39.1
	庄河	122.57	39.43		三河	117.05	39.58
	海城	122.72	40.88		昌黎	119.12	39.44
	龙江	123.11	47.2		潍坊	119.12	36.45
	岫岩	123.17	40.17		莱阳	120.44	36.58
	灯塔	123.2	41.25		濮阳	115.01	35.42
	泰来	123.27	46.24		济宁	116.36	35.26
	昌图	124.07	42.47		大荔	109.58	34.48
	本溪	124.28	41.3		渭南	109.29	34.31
	富裕	124.29	47.48		郑州	113.39	34.43
	宽甸	124.47	40.43		内乡	111.52	33.03
	公主岭	124.8	43.52		郧西	110.25	33
	辽源	125.05	42.55		沭阳	118.47	34.05
	双阳	125.38	43.33		睢宁	117.57	33.56
	梅河口	125.38	42.32		平武	104.52	32.42

8.1.4 CMIP6 数据中 GCM 数据

1. CMIP6 气候情景选择

CMIP6 是联合国政府间气候变化专门委员会（IPCC）评估报告的主要内容之一，为研究未来气候变化机理和提前制定干旱应对措施提供了重要的科学依据。本章所研究的 CMIP6 中 SSP1-2.6、SSP2-4.5、SSP3-7.0 和 SSP5-8.5 情景分别代表综合评估模型（IAMs）中的低、中、中高和高 4 种辐射强迫路径，其具体特点如表 2-2 所示。

2. GCM 数据

CMIP6 高分辨率全球气候模式对气候模式的模拟性能进行了改进，中国、美国、法国、日本、德国等国家参与了该计划，提供了多种气候模式（陈新国，2021）。

从世界气候研究计划下载了 1961～2100 年 27 个 GCM 的月尺度数据。该数据包括降水、最高气温和最低气温等，27 个 GCM 的基本信息如表 2-3 所示。

3. 统计降尺度

由于在 CMIP6 各个情景模式中 GCM 数据的分辨率较低，因此需要对 GCM 数据进行时间和空间降尺度，从而达到较高的分辨率。使用 NWAI-WG 统计降尺度方法（Liu and Zuo，2012）对 4 个情景下 27 个 GCM 的月尺度格网数据进行时间和空间降尺度，获得 46 个春玉米站点和 18 个夏玉米站点逐日的气象数据。2021～2100 年逐日的气象数据包括降水、相对湿度、日最高温和日最低温等。

陈新国（2021）使用 NWAI-WG 统计降尺度方法，对 SSP1-2.6、SSP2-4.5、SSP3-7.0 和 SSP5-8.5 情景下 27 个 GCM 进行降尺度处理，获得了我国 763 个气象站点逐日的气象数据，分别使用泰勒图法、泰勒技能评分 S 和年际变异性能评分（IVS）评估 NWAI-WG 统计降尺度方法的空间和时间降尺度精度，结果表明，NWAI-WG 统计降尺度方法对降雨、最高温和最低温年值的空间和时间降尺度精度较高，能用于进一步的研究。

8.1.5 干旱指数的计算

有关 SPEI 的计算过程在 2.1.4 节已详细介绍，SMDI 的计算过程在 3.1.4 节已详细介绍，在此不再赘述。为了研究春玉米、夏玉米整个生育期的气象干旱，计算历史时期（1961～2019 年）和 CMIP6 中未来时期（2021～2100 年）SSP1-2.6、SSP2-4.5、SSP3-7.0 和 SSP5-8.4 情景下 27 个 GCM 春玉米生育期内（4～10 月）逐月 1～7 个月时间尺度的 SPEI，夏玉米生育期内（6～10 月）逐月 1～5 个月时间尺度的 SPEI。

与气象干旱指标 SPEI 一样，为了识别玉米生育期内的农业干旱，计算历史时期（1961～2019 年）和 CMIP6 中未来时期（2021～2100 年）SSP1-2.6、SSP2-4.5、SSP3-7.0 和 SSP5-8.4 情景下 27 个 GCM 春玉米生育期内（4～10 月）逐月 1～7 个月时间尺度的 SMDI，夏玉米生育期内（6～10 月）逐月 1～5 个月时间尺度的 SMDI。

通过计算玉米生育期内所有月份各时间尺度 SPEI 与各时间尺度 $SMDI_{0\sim10}$（滞后 0～6

个月）的 r，来探寻气象干旱与农业干旱之间的滞后关系。

8.2　历史时期和未来时期玉米生育期内干旱变化规律

8.2.1　历史时期玉米生育期内干旱变化规律

1. SPEI 的变化规律

图 8-1 展示的是 1961～2018 年春玉米生育期内（4～10 月）1～7 个月时间尺度 SPEI 的时间变化。

从 SPEI 的随机变化中可以清楚地看到 3 个分区的干湿交替情况。同一时间和时间尺度的 SPEI 在不同分区存在明显差异，以 1963 年为例，分区Ⅰ（西北地区）春玉米生育期内处于正常状态（-0.5＜SPEI＜0.5），分区Ⅱ春玉米整个生育期都处在较为湿润的环境（SPEI＞0.5），而在分区Ⅲ的 5 月、6 月发生了中度到极端干旱（-4＜SPEI＜-1），但在生育期内的其他月份处于正常至湿润状态（SPEI＞0）。在同一分区的同一时间，尽管不同的时间尺度 SPEI 反映的气象干旱严重程度略有变化，但干旱或湿润状态基本一致。历史时期春玉米生育期内的严重和极端气象干旱主要发生在分区Ⅰ的 20 世纪 90 年代前期和分区Ⅱ和Ⅲ的 90 年代后期。分区Ⅰ易发生连续的气象干旱或湿润，1961～1992 年都处在干旱的状态，1992～2000 年旱情得以缓解，连续几年都处于相对湿润的状态，而在分区Ⅱ和Ⅲ干湿交替较为频繁。分区Ⅱ大多数年份春玉米生育期内很少发生严重或极端干旱事件。分区Ⅲ中，1999～2001 年连续三年发生了严重的气象干旱。

图 8-2 给出的是夏玉米生育期内（6～10 月）1～5 个月时间尺度 SPEI 的时间变化情况。本书中夏玉米站点都处在分区Ⅱ（华北地区），由图 8-2 可知，在夏玉米生育期内严重的气象干旱主要发生在 1962～1970 年；1991～1994 年 6～8 月 1～5 个月时间尺度干湿变化规律基本一致（SPEI＞0），而在 9 月、10 月大时间尺度 SPEI＞0，小时间尺度 SPEI 开始变小，说明在夏玉米生育期的后期出现了干旱，而在 1972～1990 年气象干旱多发于夏玉米生育期的前期。

2. SMDI 的变化规律

1961～2018 年春玉米生育期内 1～7 个月时间尺度 $SMDI_{0\sim10}$ 的时间变化规律如下：$SMDI_{0\sim10}$ 表征的农业干旱具有区域性、时间尺度性和月特异性。结果表明，在分区Ⅰ，1960～1975 年发生了持续的农业干旱（$SMDI_{0\sim10}$＜-1.0），1976～1997 年趋于湿润（$SMDI_{0\sim10}$＞0）；1999～2015 年在春玉米的生育期内发生了多次湿润事件，尤其是在 10 月；4～10 月的干湿状态也有变化，2005～2014 年春玉米生育期的前期发生了干旱，但在生育期的后期也逐渐趋于湿润。总的来说，1961～2018 年的作物生长期间，分区Ⅰ处于相对湿润状态；在分区Ⅱ，1961～1978 年，湿润事件较多，1979～2014 年，干旱事件较多，特别是在 2010～2014 年，在春玉米生长期间出现了持续的极端干旱事件（$SMDI_{0\sim10}$＜-2），随后连续四年处于湿润状态（$SMDI_{0\sim10}$＞1）；在分区Ⅲ，1996～2003 年春玉米整个生育期持续发生轻度、中度干旱（$-2 < SMDI_{0\sim10} < -1$），2004 年春玉米生育期内每个月都处于湿润状态（$SMDI_{0\sim10} > 1$），春玉米生育期内不同月份的干湿状态差异较大，如 1982～1994 年春玉米拔节期和开花期发生干旱的频率较高，其他月份相对湿润或正常，2010～2017 年春玉米拔节期和开花期较其他月份湿润。

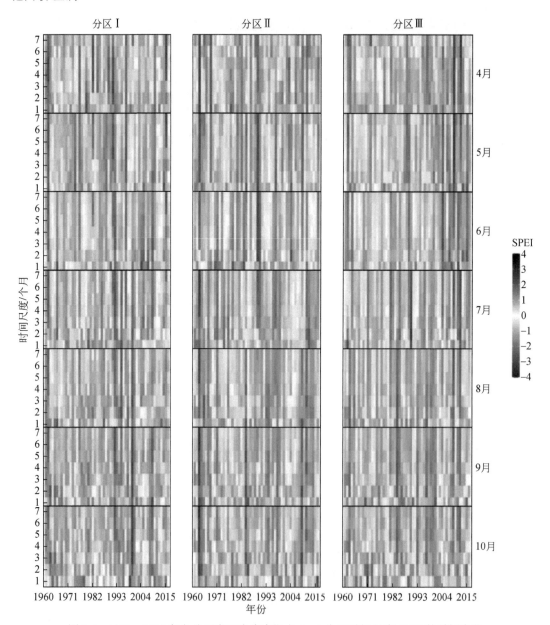

图 8-1　1961～2018 年各分区春玉米生育期内 1～7 个月时间尺度 SPEI 的时间变化

1961～2018 年春玉米生育期内 1～7 个月时间尺度 $SMDI_{10\sim40}$ 的时间变化具有如下规律：三个分区的 $SMDI_{10\sim40}$ 与 $SMDI_{0\sim10}$ 有相似的变化规律，但 $SMDI_{10\sim40}$ 显示的春玉米生育期内的农业干旱或湿润严重程度较 $SMDI_{0\sim10}$ 高；在分区 Ⅰ，$SMDI_{10\sim40}$ 的变化规律与

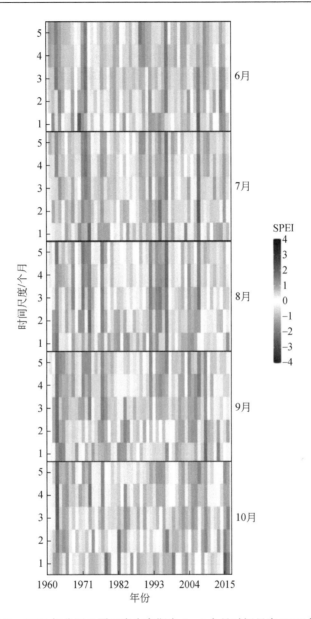

图 8-2　1961～2018 年分区 II 夏玉米生育期内 1～5 个月时间尺度 SPEI 的时间变化

$SMDI_{0\sim10}$ 基本一致，只存在干旱严重程度的区别；少部分年份和月份的干湿状态不同，如 $SMDI_{0\sim10}$ 显示 2005～2014 年春玉米生育期的前期发生了干旱，但 $SMDI_{10\sim40}$ 显示的状态为湿润（$SMDI_{10\sim40}>1$）；在分区 II，除 1965 年全生育期发生极端农业干旱（$SMDI_{10\sim40}<-2$）以外，1961～1977 年 $SMDI_{10\sim40}$ 明显大于 $SMDI_{0\sim10}$，全生育期处于较为湿润的状态；2010～2014 年春玉米生长期间，出现了持续的极端干旱事件（$SMDI_{10\sim40}<-2$）；在分区 III，1977～1979 年和 1995～2017 年春玉米全生育期出现了中等到极端干旱（$SMDI_{10\sim40}<-1$），其余的年份相对湿润。

　　总体来说，$SMDI_{10\sim40}$ 显示的干旱或湿润程度较 $SMDI_{0\sim10}$ 严重。SMDI 显示的春玉米生育期内不同月份的干湿状态基本保持一致，只有稍许的程度变化。

1961～2018 年夏玉米生育期内 0～10cm 和 10～40cm 深度土层 1～5 个月时间尺度 $SMDI_{0\sim10}$ 和 $SMDI_{10\sim40}$ 的时间变化分析结果表明，$SMDI_{0\sim10}$ 和 $SMDI_{10\sim40}$ 仍呈现相似的时间变化规律，1995 年以前干湿交替较为频繁，夏玉米生育期内发生的极端农业干旱（SMDI<-2）主要集中在 1996～2009 年，并且 6～10 月农业干旱严重程度逐渐加重，1997 年和 2003 年全年处于正常的状态，$SMDI_{0\sim10}$ 和 $SMDI_{10\sim40}$ 的变化规律完全一致，只是农业干旱严重程度上 $SMDI_{10\sim40}$ 更为严重。2012～2014 年-2<$SMDI_{0\sim10}$<-1，表明发生了中度农业干旱，而 $SMDI_{10\sim40}$>0，说明 10～40cm 土层不干旱。

3. SPEI 与 SMDI 之间的关系

通过计算滞后 0～6 个月的各时间尺度 $SMDI_{0\sim10}$ 与 SPEI 的 r，可分析 SPEI 与 $SMDI_{0\sim10}$ 的滞后关系。各分区春玉米和夏玉米生育期内各月各时间尺度的 $SMDI_{0\sim10}$（滞后 0～6 个月）与各时间尺度 SPEI 的 r>0.4 的时间尺度个数如图 8-3 所示。

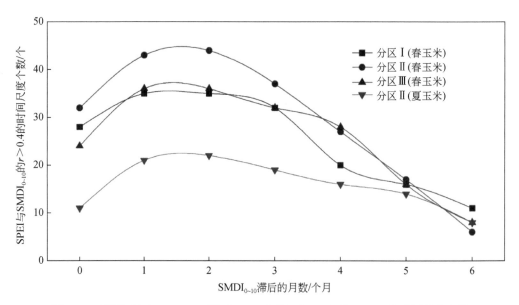

图 8-3　玉米各分区 $SMDI_{0\sim10}$（滞后 0～6 个月）与 SPEI 的 r>0.4 的时间尺度个数

由图 8-3 可知，当 $SMDI_{0\sim10}$ 滞后 1 个月和 2 个月时，$SMDI_{0\sim10}$ 与 SPEI 的 r>0.4 的时间尺度个数最多。3 个分区春玉米生育期内各月 1～7 个月时间尺度 SPEI 和夏玉米生育期内各月 1～5 个月时间尺度的 SPEI 与滞后 2 个月 $SMDI_{0\sim10}$ 的 r>0.4 的时间尺度分别有 35 个、44 个、36 个和 22 个，之后随着 $SMDI_{0\sim10}$ 滞后月数增加，SPEI 与 $SMDI_{0\sim10}$ 的 r>0.4 的时间尺度的个数逐渐减少。3 个分区春玉米生育期内各月 1～7 个月时间尺度 SPEI 和夏玉米生育期内各月 1～5 个月时间尺度 SPEI 与滞后 6 个月 $SMDI_{0\sim10}$ 的 r>0.4 的时间尺度分别只有 11 个、6 个、8 个和 8 个。

8.2.2　未来时期玉米生育期内干旱变化规律

1. SPEI 的变化规律

2021～2100 年 SSP1-2.6 情景下三个分区春玉米生育期内 1～7 个月时间尺度 SPEI 的时间变化过程表明，各分区 SPEI 的变化规律都不同，在西北地区春玉米生育期内不同月的干湿状态基本保持一致，且不同时间尺度 SPEI 显示的气象干旱严重程度差别较小，除 2038 年 7～9 月有极端的气象干旱（SPEI<-2）发生外，其余大部分时间都在正常状态（-0.5<SPEI<0.5）附近波动，SPEI 年际差异小，2038 年以后西北地区趋于湿润，SPEI>0.5 的情况越发频繁；华北地区在 4～6 月发生气象干旱的频率较高，7～9 月基本处于很湿润的状态，但在 10 月较小尺度的 SPEI 骤减，说明分区 II 在 10 月发生气象干旱的频率很高；在东北地区 5 月、6 月发生气象干旱的频率较其他月份高，与华北地区相似，10 月较小尺度 SPEI 骤减的频率高，即在 SSP1-2.6 情景下 10 月易发生干旱。

2. SMDI 的变化规律

SSP1-2.6 情景下 2021～2100 年春玉米生育期内 1～7 个月时间尺度 $SMDI_{0\sim10}$ 的时间变化分析结果表明，在未来时期 3 个分区的干湿变化规律有较大的差异；在分区 I，发生干旱的频率较其他两个分区要高，分区 II 和分区 III 在 2040～2100 年干湿交替的情况较多；在 2041 年之前，3 个分区都处于较为干旱的状态，2041 年之后，分区 I 发生干旱的频率没有降低，而分区 II 和分区 III 干湿交替的情况明显增加；不同分区在某些年份呈现相同的干湿状态，如 2088 年、2089 年、2099 年和 2100 年 3 个分区都显示发生了中度的农业干旱（-2<$SMDI_{0\sim10}$<-1），在 2041 年都处在较为湿润的状态（$SMDI_{0\sim10}$>1）。

SSP1-2.6 情景下，2021～2100 年春玉米生育期内 1～7 个月时间尺度 $SMDI_{10\sim40}$ 的时间变化分析结果表明，$SMDI_{10\sim40}$ 与 $SMDI_{0\sim10}$ 的变化规律相似，在大多数年份 $SMDI_{10\sim40}$ 与 $SMDI_{0\sim10}$ 表示的干湿状态一致，而干旱严重程度有区别，$SMDI_{10\sim40}$ 显示的干旱严重程度较 $SMDI_{0\sim10}$ 高。例如，在分区 II，$SMDI_{10\sim40}$ 显示在 1967 年发生了极端农业干旱（$SMDI_{10\sim40}$<-2），而 $SMDI_{0\sim10}$ 显示在 1967 年仅发生了中度农业干旱（-2<$SMDI_{0\sim10}$<-1），且在分区 II，发生农业干旱的频率增加。在春玉米的生育期内各月 1～7 个月时间尺度的 $SMDI_{10\sim40}$ 表征的干湿状态基本一致。在分区 I 和分区 III，极端的农业干旱主要发生在 2088～2100 年，在 2088 年以前干湿交替的情况较多，而且干旱和湿润的严重程度都不高。

8.3　本　章　小　结

与 SPEI 相比，玉米生育期内 SMDI 的波动较小，玉米生育期内 SMDI 表征的干湿状态基本一致，干旱严重程度有所变化。在西北地区（分区 I）与东北地区（分区 III），10～40cm 土层深度的农业干旱程度较 0～10cm 土层深度的农业干旱程度要高；在华北地区（分区 II），0～10cm 和 10～40cm 土层深度农业干旱的严重程度相似。

由 2021～2100 年 SSP1-2.6、SSP2-4.5、SSP3-7.0 和 SSP5-8.5 情景下 SPEI 的时间变化

可以看出，分区Ⅱ，玉米生育期内的7～9月发生气象干旱的频次较少；分区Ⅰ和分区Ⅱ干湿交替的情况增多。在2021～2100年未来时期SSP1-2.6和SSP2-4.5情景下，3个分区0～10cm深度土层与10～40cm深度土层的农业干湿状态基本一致，10～40cm土层深度的农业干旱严重程度高于0～10cm土层深度的农业干旱严重程度，2021～2060年年际间干湿交替的情况较多并且发生的农业干旱严重程度不高，2061～2100年农业干旱的频次增加；2021～2040年SSP3-7.0和SSP5-8.5情景下，3个分区0～10cm深度土层与10～40cm深度土层的农业干湿状态不一致，当0～10cm土层发生农业干旱时，10～40cm土层却处在正常或较为湿润的状态，2021～2070年0～10cm深度土层将长期处于农业干旱的状态，2065年以后10～40cm深度土层发生农业干旱的频次增加；在SSP5-8.5情景下，2021～2070年0～10cm土层深度将长期处于农业干旱的状态，并且约隔20年会出现持续的极端农业干旱（$SMDI_{0\sim10}<-2$）。

第9章 玉米生长和产量的时空变化规律

目前，多数站点玉米种植过程中土壤管理及生长和产量的观测数据极为宝贵，多年数据非常稀缺，但序列不长，不够完整。本章首先使用玉米物候期和产量历史时期的观测数据并结合 DSSAT-CERES-Maize 模型，对各个玉米种植站点玉米的遗传参数进行调试；之后在 DSSAT-CERES-Maize 模型中使用调试好的玉米遗传参数，模拟历史时期（1961～2018年）玉米生育期内 LAI_{max}、成熟期地上部分生物量和产量，研究历史时期玉米相关要素的变化规律；接着再结合 NWAI-WG 统计降尺度后 CMIP6 中 SSP1-2.6、SSP2-4.5、SSP3-7.0 和 SSP5-8.5 情景下 27 个 GCM 数据，模拟未来时期（2021～2060 年和 2061～2100 年）玉米的开花期、成熟期、生育期内 LAI_{max}，成熟期地上部分生物量和产量，以此来研究未来时期玉米关键生育期和产量相关要素的变化规律。

9.1 玉米的生物物理过程模型参数化与多情景模拟技术

9.1.1 研究区概况

与第 8 章的研究区一致，详见 8.1.1 节。

9.1.2 气象及作物数据

从中国气象数据网下载了 46 个春玉米站点和 18 个夏玉米站点 2001～2013 年的玉米产量数据和 1992～2013 年的玉米物候期数据。玉米的生育期分别为播种期、出苗期、拔节期、开花期、乳熟期和成熟期。

图 9-1 详细绘制了 1992～2013 年春玉米和夏玉米各生育阶段的年平均儒历日（DOY）的空间变化。结果表明，春玉米的生育期为 4～10 月，夏玉米为 6～10 月；春玉米的播种期、拔节期、开花期、乳熟期和成熟期分别为 4 月下旬至 5 月上旬、6 月下旬、7 月中旬（东北地区为 7 月下旬）、8 月中旬（东北地区为 8 月下旬）和 9 月中旬左右（东北地区部分站点为 10 月下旬）；夏玉米播种期、拔节期、开花期、乳熟期和成熟期的物候期依次为 6 月上旬、7 月上旬、8 月上旬、9 月下旬和 10 月中旬。

9.1.3 土壤数据

从中国科学院国家青藏高原科学数据中心国家科技资源共享服务平台中收集了 0～4.5cm、4.5～9.1cm、9.1～16.6cm、16.6～28.9cm、28.9～49.3cm、49.3～82.9cm 和 82.9～

138.3cm 深度的饱和土壤含水率（SAT）、残留含水率（RMC）、凋萎系数（WP）、田间持水量（FC）和饱和导水率（SHC）数据。0～30cm 和 30～100cm 深度的土壤黏粒和砂粒含量数据下载自中国土壤特征数据集。在 GEE 平台上下载 1948～2018 年 0～10cm、10～40cm 土层深度逐日的土壤含水量数据。下载和单位换算的方法参见 8.1.3 节。

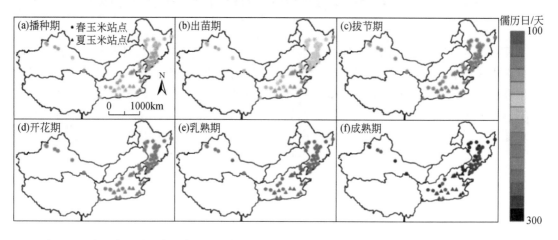

图 9-1　春玉米和夏玉米 6 个不同生育期年平均儒历日（1992～2013 年平均值）的空间分布

9.1.4　DSSAT-CERES-Maize 模型

1. 模型简介

本书收集的作物产量数据仅为 2～13 年，为了研究干旱对小麦和玉米产量的长期影响，有必要使用 DSSAT-CERES-Maize 模型扩展产量数据系列。模型的初步建立是在收集、处理和建立一些输入文件的基础上进行的。输入数据通常包含气象模块、土壤模块、田间管理和作物遗传参数。气象数据主要包括太阳辐射、最高和最低温度、降水量、风速和日照时数。输入的土壤数据包括 0～4.5cm、4.5～9.1cm、9.1～16.6cm、16.6～28.9cm、28.9～49.3cm、49.3～82.9cm、82.9～138.3cm 深度范围内的 SAT、WP、FC、SHC、RMC、黏粒含量、砂粒含量和初始土壤含水率。田间管理数据包括播种期、施肥量、灌溉方式和灌溉量。

2. 作物基因参数的校准和验证

在应用 DSSAT 模型模拟历史时期（1961～2018 年）作物的生长和产量之前，需要对作物品种的遗传参数进行校准和验证。作物的遗传参数与作物生长发育、植株形态和产量形成密切相关。因此，模拟玉米产量的第一步是利用 13 年（2001～2013 年）实测的开花期、成熟期和产量数据校准春玉米的遗传参数。玉米的遗传参数分别为 P1、P2、P5、G2、G3 和 PHINT，各遗传参数的含义见表 9-1。在 DSSAT 中，通过广义似然不确定性估计（GLUE）对玉米的遗传参数进行调试（Chen et al.，2020a）。第一轮作物遗传参数调试的目的是调整作物的物候期参数，第二轮是估计作物的生长参数，每轮 6000 次。利用前 6 年

（2001～2006 年）的开花期、成熟期和产量数据对遗传参数进行校准，并利用后 7 年的数据对遗传参数进行验证。最后，利用各个玉米种植站点校准过的遗传参数模拟 1961～2018 年作物生育期内 LAI_{max}、成熟期地上部分生物量和产量。

表 9-1　DSSAT-CERES-Maize 中玉米遗传参数的意义及取值范围

参数	参数定义	参数范围	单位
P1	幼苗期生长特性参数	150～350	℃·d
P2	光周期敏感系数	0.34～0.7	%
P5	灌浆期特征参数	485～958	℃·d
G2	单株最大穗粒数	540～971	个/g
G3	潜在灌浆速率参数	7.09～11.29	mg/（粒·d）
PHINT	出叶间隔特性参数	35～55	℃·d

3. 作物模拟效果评价指标

本书使用决定系数（R^2）和相对均方根误差（RRMSE）来评估 DSSAT-CERES-Maize 模型在校准、验证和模拟过程中的性能。具体计算公式在 4.1.3 节中已详细介绍，在此不再赘述。

4. 历史和未来时期生长过程和产量模拟

使用通过校准和验证后的春玉米、夏玉米遗传参数，结合历史时期（1961～2020 年）的气象数据和未来时期（2021～2100 年）的 GCM 数据，模拟历史和未来时期春玉米、夏玉米的物候期、生育期内 LAI_{max}、成熟期地上部分生物量和产量。

9.2　历史时期和未来时期玉米生长和产量变化

9.2.1　DSSAT-CERES-Maize 模型评价

基于 DSSAT-CERES-Maize 模型结合 GLUE 调试玉米遗传参数，各春玉米和夏玉米站点 P1、P2、P5、G2、G3 和 PHINT 见表 9-2 和表 9-3。

表 9-2　春玉米遗传参数

站名	编号	遗传参数					
		P1/（℃·d）	P2/%	P5/（℃·d）	G2/（个/g）	G3/[mg/（粒·d）]	PHINT/（℃·d）
龙江	50739	250.1	0.499	683.1	871.3	9.099	38.90
富裕	50742	245.7	0.675	958.0	750.6	7.800	41.64
海伦	50756	327.1	0.612	765.3	739.3	8.291	43.00
泰来	50844	327.1	0.612	765.3	689.3	8.291	43.00

续表

站名	编号	遗传参数					
		P1/(℃·d)	P2/%	P5/(℃·d)	G2/(个/g)	G3/[mg/(粒·d)]	PHINT/(℃·d)
巴彦	50867	290.7	0.675	958.0	750.6	8.200	45.64
集贤	50880	252.1	0.499	683.1	871.3	9.099	38.90
饶河	50892	202.1	0.455	665.3	588.3	9.291	40.00
白城	50936	281.1	0.599	753.1	901.3	9.399	38.89
哈尔滨	50953	351	0.623	651.9	691.3	9.122	40.00
方正	50964	245.7	0.675	958.0	750.6	8.200	55.64
尚志	50968	327.1	0.412	765.3	869.3	8.291	48.00
博乐	51238	222.9	0.555	580.2	808.2	8.711	49.00
精河	51334	237.1	0.412	765.3	949.3	8.291	49.00
昌吉	51368	222.9	0.555	600.2	848.2	9.711	43.00
哈密	52203	264.9	0.555	690.2	838.2	9.711	49.00
酒泉	52533	290.7	0.675	898.0	750.6	7.200	41.64
忻州	53674	252	0.512	698.9	791.2	9.099	38.90
隰县	53853	267.1	0.412	765.3	739.3	8.291	48.00
介休	53863	237.1	0.555	765.3	649.3	8.291	35.00
崆峒	53915	290.7	0.675	858.0	850.6	8.900	43.64
旬邑	53938	321	0.623	651.9	651.3	8.422	35.00
晋城	53976	255.1	0.412	765.3	949.3	8.291	49.00
舒兰	54076	265.4	0.556	682.8	648.0	8.173	40.00
五常	54080	245.4	0.405	682.8	748.0	8.173	40.00
双阳	54165	245.4	0.405	682.8	540.0	8.173	40.00
永吉	54171	242.1	0.499	683.1	871.3	9.099	38.90
昌图	54243	242.1	0.499	663.1	951.3	9.099	39.90
辽源	54260	250.1	0.412	765.3	949.3	8.291	49.00
梅河口	54266	252	0.512	768.9	971.2	9.099	38.90
桦甸	54273	250.1	0.499	683.1	871.3	9.099	38.90
建平	54326	281.1	0.599	683.1	811.3	9.399	38.89
新民	54333	267.1	0.552	865.3	949.3	9.222	49.00
灯塔	54348	252	0.512	698.9	871.2	9.099	38.90
通化	54362	244.9	0.555	670.2	688.2	8.711	40.00
集安	54377	237.1	0.412	765.3	949.3	8.291	49.00
建昌	54452	267.1	0.412	765.3	709.3	8.291	49.00
绥中	54454	277.1	0.412	665.3	949.3	9.291	44.00
岫岩	54486	327.1	0.612	765.3	649.3	8.091	43.00

续表

站名	编号	遗传参数					
		P1/(℃·d)	P2/%	P5/(℃·d)	G2/(个/g)	G3/[mg/(粒·d)]	PHINT/(℃·d)
宽甸	54493	237.1	0.412	765.3	949.3	8.291	49.00
瓦房店	54563	267.1	0.412	765.3	859.3	8.291	49.00
庄河	54584	291.1	0.599	733.1	691.3	8.099	38.89
双城	50955	275.9	0.555	690.2	788.2	8.711	39.00
沙湾	51358	207.1	0.412	665.3	889.3	8.291	40.00
公主岭	54156	252	0.512	698.9	751.2	8.099	38.90
本溪	54349	251.1	0.499	683.1	871.3	9.099	38.90
海城	54472	267.1	0.412	765.3	949.3	8.291	49.00

表 9-3　夏玉米遗传参数

站名	编号	遗传参数					
		P1/(℃·d)	P2/%	P5/(℃·d)	G2/(个/g)	G3/[mg/(粒·d)]	PHINT/(℃·d)
运城	53959	237.1	0.412	865.3	559.3	8.291	49.00
涿州	54502	237.1	0.412	765.3	559.3	7.091	43.00
容城	54503	225.1	0.340	654.1	698.9	10.31	49.00
霸州	54518	136.9	1.981	729.7	544.6	10.06	49.00
三河	54520	155.8	1.453	674.5	681.3	10.18	49.00
昌黎	54540	158.8	0.387	601.9	656.8	7.215	43.38
潍坊	54843	237.1	0.412	685.3	949.3	8.291	49.00
莱阳	54852	180.1	0.412	715.3	859.3	8.291	49.00
濮阳	54900	150.1	0.412	485.3	969.3	11.21	43.00
济宁	54915	170.1	0.612	655.3	949.3	10.29	47.00
大荔	57043	237.1	0.412	765.3	949.3	8.291	49.00
渭南	57045	187.1	0.412	765.3	849.3	8.291	49.00
郑州	57083	187.1	0.512	605.3	959.3	9.291	49.00
内乡	57169	221.8	0.482	624.6	872.4	8.041	49.00
郧西	57251	187.1	0.412	685.3	949.3	11.29	49.00
沭阳	58038	237.1	0.412	765.3	859.3	8.291	43.00
睢宁	58130	167.1	0.412	605.3	929.3	8.291	49.00
平武	56193	237.1	0.412	725.3	949.3	8.291	49.00

　　图 9-2 是春玉米、夏玉米开花期、成熟期和产量校准（2001～2006 年）与验证（2007～2013 年）结果，将 2001～2006 年和 2007～2013 年的观测数据和模拟数据做相关分析并计算 R^2 和 RRMSE，通过 R^2 和 RRMSE 的数值大小来判断校准和验证结果的好坏。由图 9-2

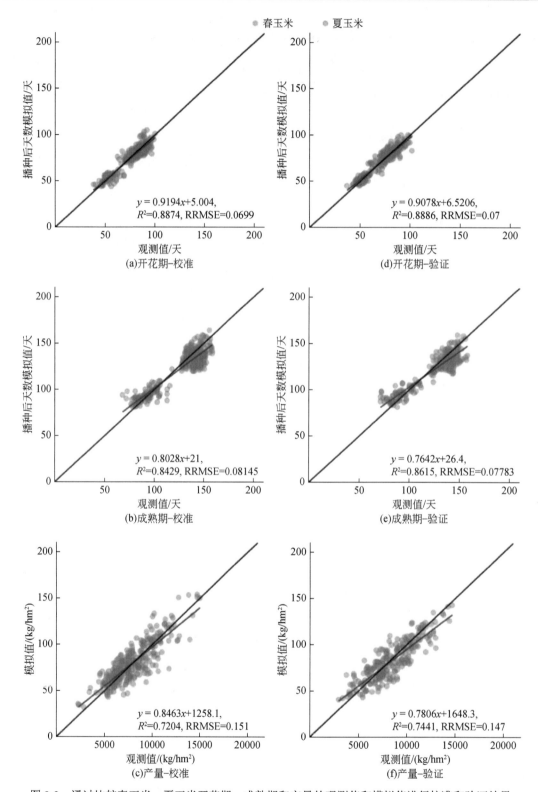

图 9-2 通过比较春玉米、夏玉米开花期、成熟期和产量的观测值和模拟值进行校准和验证结果

可知，DSSAT-CERES-Maize 模型对玉米开花期的模拟效果最好，且校准（$R^2=0.8874$，RRMSE=0.0699）与验证（$R^2=0.8886$，RRMSE=0.07）的结果相似；成熟期的校准（$R^2=0.8429$，RRMSE=0.08145）和验证（$R^2=0.8615$，RRMSE=0.07783）结果也很好，观测值和模拟值的 R^2 很大的同时，保持很小的 RRMSE；产量的校准和验证结果较物候期要差，RRMSE 都在 0.15 左右（<0.2），R^2 分别是 0.7204 和 0.7441，但误差在可接受范围以内。DSSAT-CERES-Maize 模型可以很好地模拟春玉米和夏玉米的生长和产量。

使用各站点调试好的玉米遗传参数模拟历史时期（1961～2018 年）和未来时期（2021～2100 年）的生育期内 LAI_{max}、地上部分生物量和产量。

9.2.2　历史时期玉米生长和产量变化

1. 生育期内 LAI_{max} 的时间变化

LAI 是玉米生长的重要生长指标，由于 LAI 随作物生长阶段而变化不能全部用于分析，所以选择整个生长期的 LAI_{max} 作为关键作物生长参数。图 9-3 给出的是 1961～2018 年玉米 LAI_{max} 雨养条件下模拟值的年际变化。每个框内的黑线表示所有站点生育期内 LAI_{max} 的中位数；框上下边界分别表示所有站点生育期内 LAI_{max} 的上四分位数和下四分位数；框下方和上方的横线分别表示所有站点生育期内 LAI_{max} 的第 90 分位数和第 10 分位数；每个框上方和下方的圆点表示异常值。

如图 9-3 所示，生育期内 LAI_{max} 具有时空变异性，但每年各站点春玉米和夏玉米生育期内 LAI_{max} 的平均值的变化幅度都不大；1961～2018 年春玉米生育期内 LAI_{max} 的平均值相近，都在 5.3 左右。华北地区（4.1～7.5）和东北地区（3.7～7.3）春玉米部分站点的生育期内 LAI_{max} 能达到 7，较西北地区（4.2～6.2）生育期内 LAI_{max} 高；夏玉米的生育期内 LAI_{max} 的变化范围是 2.4～5.2，春玉米生育期内 LAI_{max} 年平均值比夏玉米高约 20%。

2. 地上部分生物量的时间变化

本书选用 DSSAT-CERES-Maize 模型模拟成熟期的地上部分生物量用于分析。图 9-4 给出的是 1961～2018 年雨养条件下春玉米和夏玉米地上部分生物量 DSSAT-CERES-Maize 模型模拟值的年际变化。每个框内的黑线表示所有站点成熟期地上部分生物量的中位数；框上下边界分别表示所有站点成熟期地上部分生物量的上四分位数和下四分位数；框下方和上方的横线分别表示所有站点成熟期地上部分生物量的第 90 分位数和第 10 分位数；每个框上方和下方的圆点表示异常值。

如图 9-4 所示，三个分区春玉米成熟期地上部分生物量的变化范围分别是 12951～29871kg/hm²、11256～33200kg/hm²、11187～31247kg/hm²；分区 II 和分区 III，各个站点成熟期春玉米的地上部分生物量平均值（20165kg/hm²、19634kg/hm²）高于分区 I（18536kg/hm²），且分区 II 的各个站点春玉米地上部分生物量平均值变化幅度最大；夏玉米成熟期地上部分生物量的变化范围为 7864～24158kg/hm²，平均值在 15863kg/hm² 左右，明显小于春玉米。

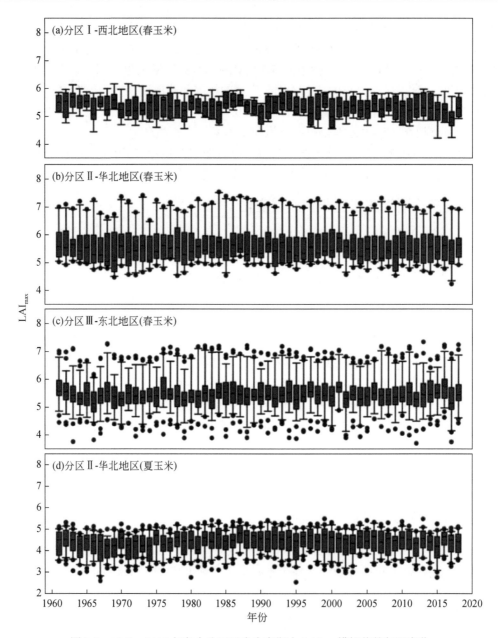

图 9-3 1961～2018 年各个分区玉米生育期内 LAI_{max} 模拟值的年际变化

3. 玉米产量的时间变化

图 9-5 展示了 1961～2018 年雨养条件下 DSSAT-CERES-Maize 模型模拟的春玉米和夏玉米产量年际变化。

图 9-5 中每个框内的黑线表示所有站点玉米产量的中位数；框上下边界分别表示所有站点玉米产量的上四分位数和下四分位数；框下方和上方的横线分别表示所有站点玉米产量的第 90 分位数和第 10 分位数；每个框上方和下方的圆点表示异常值。由图 9-5 可知，

分区Ⅰ到分区Ⅲ春玉米产量模拟值的变化范围分别是 6100～16200kg/hm²、4476～14756kg/hm²、4786～17354kg/hm²；东北地区（分区Ⅲ）产量的平均值波动最大，尤其是在 1961～1970 年，最高的平均产量达到 12452kg/hm²，在 1963 年的平均产量最低，仅为7254kg/hm²；夏玉米产量的平均值相对稳定，保持在 7200kg/hm² 左右。总体来说，1961～2018 年各分区春玉米和夏玉米产量有略微下降的趋势。

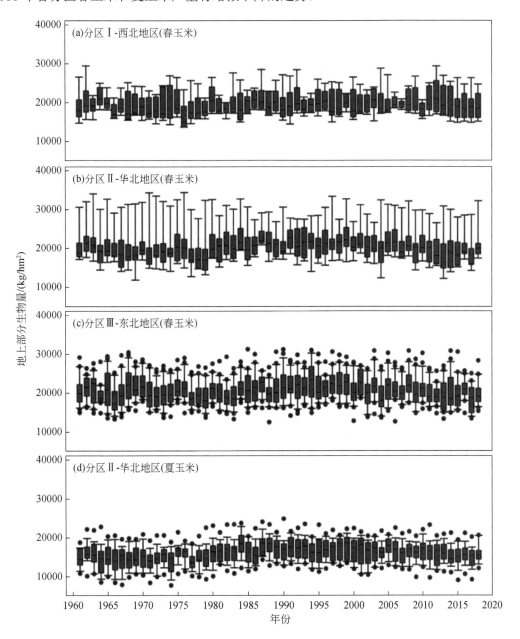

图 9-4　1961～2018 年各个分区玉米成熟期地上部分生物量模拟值的年际变化

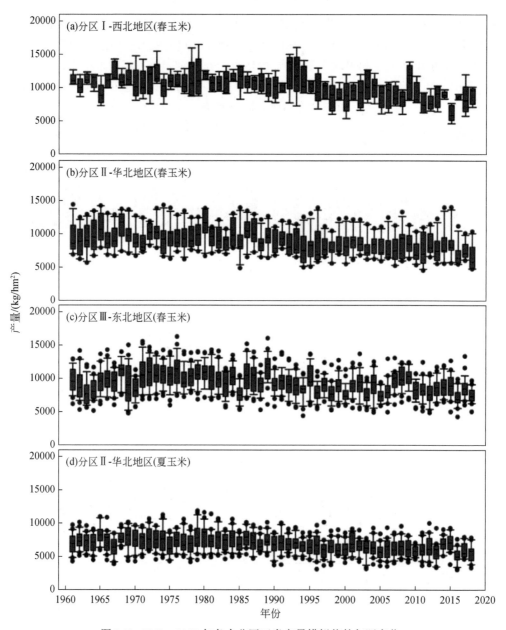

图 9-5　1961～2018 年各个分区玉米产量模拟值的年际变化

9.2.3　未来时期玉米生长和产量变化

1. 玉米关键生育期变化

图 9-6 给出的是 2021～2060 年和 2061～2100 年 SSP1-2.6、SSP2-4.5、SSP3-7.0 和 SSP5-8.5 情景下春玉米 ［图 9-6（a）～图 9-6（c）］ 和夏玉米 ［图 9-6（d）］ 各分区开花期播种后天数（DAP）的小提琴图，图 9-6 中黑色实线表示分区中各站点 27 个 GCM 开花期

DAP 平均值，上面和下面的虚线分别表示分区中各站点 27 个 GCM 开花期 DAP 平均值的
上四分位数和下四分位数。

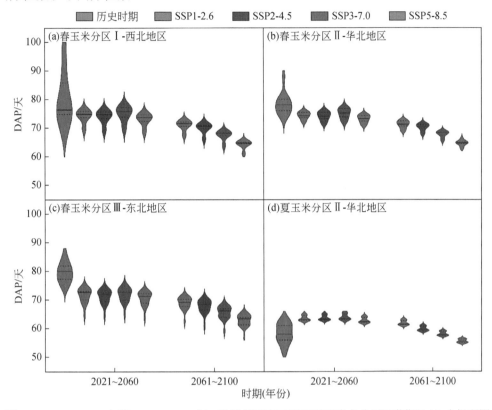

图 9-6　2021～2060 年和 2061～2100 年 4 种情景下春玉米和夏玉米各分区开花期 DAP 小提琴图

由图 9-6 可知，在分区Ⅲ，春玉米历史时期与未来时期开花期 DAP 相差最大，2021～
2060 年开花期的 DAP 比历史时期开花期的 DAP 少 6 天左右，2061～2100 年在 SSP5-8.5
情景下开花期 DAP 比历史时期少 16 天，比 2021～2060 年少 8 天；对于夏玉米而言，2021～
2060 年夏玉米开花期的 DAP 比历史时期多 4 天左右，2061～2100 年 SSP1-2.6、SSP2-4.5、
SSP3-7.0 和 SSP5-8.5 情景下开花期的 DAP 依次减少，SSP3-7.0 情景下开花期的 DAP 与历
史时期一样（68 天），SSP5-8.5 情景下开花期的 DAP 仅为 54 天。

总体来说，在未来时期，春玉米开花期的 DAP 较历史时期要少，而夏玉米在 2021～
2060 年开花期的 DAP 多于历史时期，2061～2100 年开花期的 DAP 少于历史时期；2061～
2100 年开花期的 DAP 要少于 2021～2060 年开花期的 DAP；各分区在 2021～2060 年
SSP1-2.6、SSP2-4.5、SSP3-7.0 和 SSP5-8.5 情景下开花期的 DAP 相近，4 种情景下开花期
的 DAP 相差 1～3 天，SSP5-8.5 情景下开花期的 DAP 最少；在 2061～2100 年，玉米在
SSP1-2.6、SSP2-4.5、SSP3-7.0 和 SSP5-8.5 情景下开花期的 DAP 依次递减，每种情景开花
期的 DAP 相差 1～3 天；未来时期，DSSAT-CERES-Maize 模型模拟夏玉米开花期的 DAP
与春玉米开花期的 DAP 相比，夏玉米开花期 DAP 的变化幅度较小。

图 9-7 给出的是 2021～2060 年和 2061～2100 年 SSP1-2.6、SSP2-4.5、SSP3-7.0 和

SSP5-8.5 情景下春玉米 [图 9-7（a）～图 9-7（c）] 和夏玉米 [图 9-7（d）] 各分区成熟期 DAP 的小提琴图，图 9-7 中黑色实线表示分区中各站点 27 个 GCM 成熟期 DAP 平均值，上面和下面的虚线分别表示分区中各站点 27 个 GCM 成熟期 DAP 平均值的上四分位数和下四分位数。

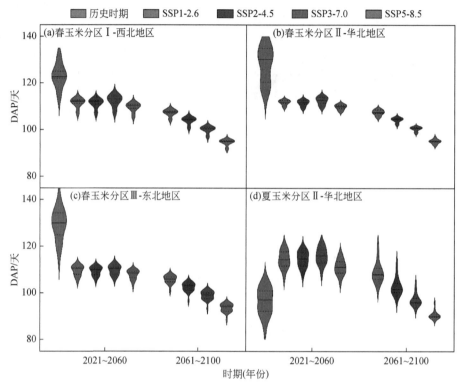

图 9-7　2021～2060 年和 2061～2100 年 4 种情景下春玉米和夏玉米各分区成熟期 DAP 小提琴图

　　由图 9-7 可知，在未来时期成熟期 DAP 与开花期 DAP 有相同的变化规律，未来时期成熟期 DAP 与历史时期的差距比未来时期开花期 DAP 与历史时期的差距更大。2021～2060 年，4 种情景下春玉米成熟期 DAP 相似，在分区 Ⅰ，成熟期 DAP 比历史时期成熟期 DAP 少 13 天，分区 Ⅱ 和分区 Ⅲ 在 2021～2060 年成熟期 DAP 与历史时期成熟期 DAP 相比相差更大，都在 20 天左右；2061～2100 年 SSP5-8.5 情景下，春玉米成熟期 DAP 要比历史时期春玉米成熟期 DAP 少一个月以上；对于夏玉米而言，2021～2060 年夏玉米成熟期 DAP 约为 117 天，比历史时期高了 19 天，2061～2100 年，SSP3-7.0 情景下成熟期 DAP 与历史时期一致为 98 天，SSP5-8.5 情景下成熟期 DAP 比历史时期 DAP 少 5 天。

　　2021～2060 年和 2061～2100 年 4 种情景下玉米开花期 DAP 的空间分布分析结果表明，春玉米开花期 DAP 比夏玉米开花期 DAP 要高；在分区 Ⅰ 和分区 Ⅱ，春玉米开花期 DAP 相近，而在分区 Ⅲ，大致呈现随着纬度的增加开花期 DAP 越来越少的规律，夏玉米开花期 DAP 相近；在同一种情景下，各站点 2021～2060 年开花期 DAP 比 2061～2100 年开花期 DAP 要多；在同一时间段，SSP1-2.6、SSP2-4.5、SSP3-7.0 和 SSP5-8.5 情景下开花期 DAP 依次减少，2021～2060 年从 SSP1-2.6 情景到 SSP5-8.5 情景开花期 DAP 少了约 3 天，2061～

2100 年从 SSP1-2.6 情景到 SSP5-8.5 情景开花期 DAP 少了约 5 天；不同时间段和不同情景下开花期 DAP 的空间分布规律相似。

2021～2060 年和 2061～2100 年 4 种情景下玉米成熟期 DAP 的空间分布分析结果表明，春玉米成熟期 DAP 略多于夏玉米成熟期 DAP；与开花期 DAP 的空间分布规律相似，在分区 I 和分区 II，春玉米成熟期 DAP 相近，而在分区III，大致呈现随着纬度的增加成熟期 DAP 越来越少的规律，夏玉米成熟期 DAP 相近；在同一种情景下，各站点 2021～2060 年成熟期 DAP 比 2061～2100 年成熟期 DAP 要多 5 天左右；在同一时间段，SSP1-2.6、SSP2-4.5、SSP3-7.0 和 SSP5-8.5 情景下成熟期 DAP 依次减少，2061～2100 年成熟期 DAP 的变化幅度较大；2021～2060 年从 SSP1-2.6 情景到 SSP5-8.5 情景成熟期 DAP 少了约 3 天，在 2061～2100 年从 SSP1-2.6 情景到 SSP5-8.5 情景成熟期 DAP 少了约 10 天；不同时间段和不同情景下成熟期 DAP 的空间分布规律相似。

2. 玉米生育期内 LAI_{max} 变化

图 9-8 对比了 2021～2060 年和 2061～2100 年 SSP1-2.6、SSP2-4.5、SSP3-7.0 和 SSP5-8.5 情景下春玉米 [图 9-8（a）～图 9-8（c）] 和夏玉米 [图 9-8（d）] 各分区生育期内 LAI_{max} 的小提琴图，图 9-8 中黑色实线表示分区中各站点 27 个 GCM 生育期内 LAI_{max} 平均值，上面和下面的虚线分别表示分区中各站点 27 个 GCM 生育期内 LAI_{max} 平均值的上四分位数和下四分位数。

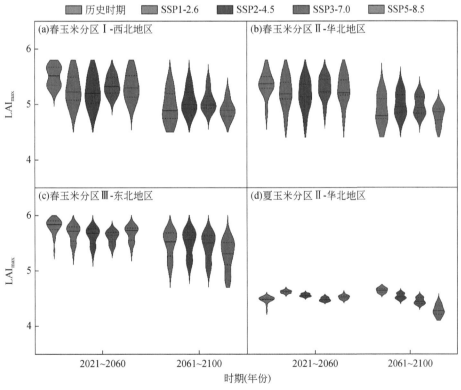

图 9-8 2021～2060 年和 2061～2100 年 4 种情景下春玉米和夏玉米各分区生育期内 LAI_{max} 小提琴图

由图 9-8 可知，对于春玉米而言，未来时期春玉米生育期内 LAI_{max} 比历史时期春玉米生育期内 LAI_{max} 要低，在同一情景下，2021～2060 年生育期内 LAI_{max} 比 2061～2100 年生育期内 LAI_{max} 大，分区Ⅰ和分区Ⅱ2061～2100 年 SSP1-2.6 情景下生育期内 LAI_{max} 最小，而在分区Ⅲ，SSP5-8.5 情景下生育期内 LAI_{max} 最小；对于夏玉米而言，同一情景下 2021～2060 年夏玉米生育期内 LAI_{max} 要大于 2061～2100 年夏玉米生育期内 LAI_{max}，2021～2060 年夏玉米生育期内 LAI_{max} 要高于历史时期，2061～2100 年夏玉米生育期内 LAI_{max} 要低于历史时期。总体来说，未来时期夏玉米生育期内 LAI_{max} 无论是同一时期不同情景之间还是同一情景下不同时间段之间的差距都不大，都在 0.3 以内。

3. 玉米成熟期地上部分生物量变化

图 9-9 给出的是 2021～2060 年和 2061～2100 年 SSP1-2.6、SSP2-4.5、SSP3-7.0 和 SSP5-8.5 情景下春玉米［图 9-9（a）～图 9-9（c）］和夏玉米［图 9-9（d）］各分区成熟期地上部分生物量的小提琴图，图 9-9 中黑色实线表示分区中各站点 27 个 GCM 成熟期地上部分生物量平均值，上面和下面的虚线分别表示分区中各站点 27 个 GCM 生育期内成熟期地上部分生物量平均值的上四分位数和下四分位数。

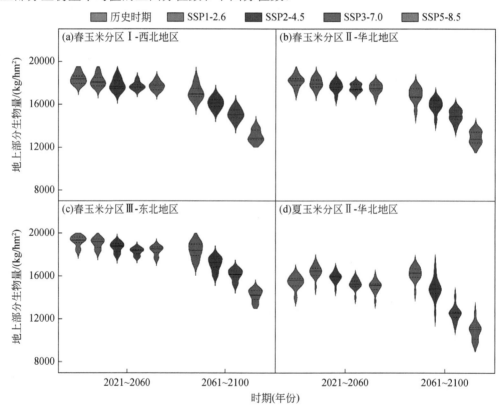

图 9-9　2021～2060 年和 2061～2100 年 4 种情景下春玉米和夏玉米各分区成熟期地上部分生物量小提琴图

由图 9-9 可知，对于春玉米而言，2021～2060 年 4 种情景下春玉米成熟期地上部分生物量与历史时期的差距很小，2021～2060 年 SSP1-2.6 情景下春玉米成熟期地上部分生物量与历史时期春玉米成熟期地上部分生物量最接近，其他 3 种情景略低于 SSP1-2.6 情景下春玉米成熟期地上部分生物量，而 2061～2100 年 SSP1-2.6、SSP2-4.5、SSP3-7.0 和 SSP5-8.5情景下春玉米成熟期地上部分生物量依次减少，SSP1-2.6 情景下春玉米成熟期地上部分生物量比 SSP5-8.5 情景下春玉米成熟期地上部分生物量高约 $4000kg/hm^2$。对于夏玉米而言，从 SSP1-2.6 情景到 SSP5-8.5 情景夏玉米成熟期地上部分生物量也是依次降低的，在 2021～2060 年 SSP1-2.6 情景和 SSP2-4.5 情景下夏玉米成熟期地上部分生物量高于历史时期夏玉米成熟期地上部分生物量，其余两个情景下夏玉米成熟期地上部分生物量低于历史时期夏玉米成熟期地上部分生物量，在 SSP1-2.6 情景下 2021～2060 年与 2061～2100 年的夏玉米成熟期地上部分生物量仅相差 $200kg/hm^2$ 左右，在 SSP5-8.5 情景下 2021～2060 年的夏玉米成熟期地上部分生物量与 2061～2100 年的夏玉米成熟期地上部分生物量约相差 $3500kg/hm^2$。

4. 未来时期玉米产量变化

图 9-10 展示了各分区 2021～2060 年和 2061～2100 年 SSP1-2.6、SSP2-4.5、SSP3-7.0 和 SSP5-8.5 情景下春玉米 [图 9-10（a）～图 9-7（c）] 和夏玉米 [图 9-10（d）] 产量的小提琴图，图 9-10 中黑色实线表示分区中各站点 27 个 GCM 产量平均值，上面和下面的虚线分别表示分区中各站点 27 个 GCM 产量平均值的上四分位数和下四分位数。由图 9-10 可

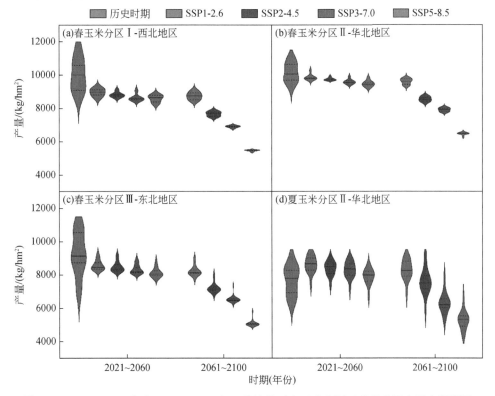

图 9-10　2021～2060 年和 2061～2100 年 4 种情景下春玉米和夏玉米各分区产量小提琴图

知，对于春玉米而言，在 2021～2060 年 SSP1-2.6 情景下春玉米产量比其他情景下春玉米产量高，其余 3 种情景下春玉米产量相差不大，在 2061～2100 年 SSP1-2.6、SSP2-4.5、SSP3-7.0 和 SSP5-8.5 情景下春玉米产量依次减少，SSP1-2.6 情景下春玉米产量比 SSP5-8.5 情景下春玉米产量高约 3200kg/hm²。对于夏玉米而言，从 SSP1-2.6 情景到 SSP5-8.5 情景夏玉米产量也是依次降低的，在 2021～2060 年各种情景下夏玉米的产量均高于历史时期，在 2061～2100 年 SSP1-2.6 情景下夏玉米的产量仍高于历史时期，其余 3 种情景下夏玉米产量低于历史时期夏玉米产量，在 SSP1-2.6 情景下 2021～2060 年与 2061～2100 年的产量仅相差 200kg/hm² 左右，在 SSP5-8.5 情景下 2021～2060 年与 2061～2100 年的产量相差 3000kg/hm² 左右。

9.3　本 章 小 结

（1）DSSAT-CERES-Maize 模型可以很好地模拟春玉米和夏玉米的生长和产量，观测值和模拟值的 $R^2 > 0.72$，生长阶段 RRMSE 在 0.07 左右、产量阶段 RRMSE 在 0.15 左右（<0.2）。DSSAT-CERES-Maize 模型对玉米物候期的模拟效果好于对产量的模拟。

（2）历史时期，华北地区（分区Ⅱ）和东北地区（分区Ⅲ）春玉米生育期内 LAI_{max} 比西北地区（分区Ⅰ）高；3 个分区春玉米成熟期地上部分生物量相近；1961～2018 年各分区春玉米产量和夏玉米产量有略微下降的趋势；春玉米生育期内 LAI_{max}、成熟期地上部分生物量和产量均要高于夏玉米。

（3）在未来时期，2021～2060 年，在 SSP1-2.6、SSP2-4.5、SSP3-7.0 和 SSP5-8.5 情景下玉米生育期内 LAI_{max}、成熟期地上部分生物量和产量的差异较小，2061～2100 年的差异较大。春玉米的开花期和成熟期会提前，SSP1-2.6 到 SSP5-8.5 情景下春玉米开花期和成熟期提前的天数越来越多，SSP1-2.6、SSP2-4.5、SSP3-7.0 和 SSP5-8.5 情景下春玉米产量都有下降的趋势。夏玉米的开花期和成熟期将推后，特别是在 2021～2060 年，2021～2060 年在 SSP1-2.6、SSP2-4.5、SSP3-7.0 和 SSP5-8.5 情景下，夏玉米的产量均高于历史时期，但在 2061～2100 年只有 SSP1-2.6 情景下夏玉米产量高于历史时期，其余的 3 种情景下夏玉米产量均低于历史时期。

第 10 章　干旱对玉米生长和产量的影响

当干旱发生时，农业生产将产生负响应，确定春玉米、夏玉米生长和产量变化对干旱响应的关键生育期、适宜的干旱指标及关键时间尺度，从而为农业生产应对旱灾提供依据。本章在前文的基础上，通过研究 3 个分区春玉米、夏玉米生育期内 1～7 个月时间尺度的 SPEI/SMDI 和各分区生育期内 LAI$_{max}$、成熟期地上部分生物量和产量，分析春玉米、夏玉米的关键生育期、适宜的干旱指标及关键干旱指标时间尺度。

10.1　基于作物模型与统计验证的干旱影响评估框架

10.1.1　研究区概况及干旱指标的计算

以玉米的种植区域为主要研究区，研究区概况详见 8.1.1 节。春玉米生育期内各月 1～7 个月时间尺度和夏玉米生育期内各月 1～5 个月时间尺度的 SPEI 和 SMDI 详细计算过程已在 2.1.4 节和 3.1.4 节详细介绍说明。

10.1.2　玉米生长和产量模拟

使用 DSSAT-CERES-Maize 模型，结合历史时期的气象数据和 CMIP6 中 SSP1-2.6、SSP2-4.5、SSP3-7.0 和 SSP5-8.5 情景下的 GCM 数据，模拟春玉米和夏玉米历史时期（1961～2018 年）和未来时期（2021～2100 年）生育期内 LAI$_{max}$、地上部分生物量和产量的具体步骤已在 4.1.3 节详细介绍。在本章中使用长序列的玉米生长和产量数据，结合生育期内的干旱指标数据，进一步研究干旱对玉米生长和产量的长期影响。

10.1.3　干旱指标与产量相关要素之间的皮尔逊相关分析和线性斜率

在本章中使用皮尔逊相关分析研究 1961～2018 年以及 2021～2100 年 SSP1-2.6、SSP2-4.5、SSP3-7.0 和 SSP5-8.5 情景下，春玉米生育期内各月 1～7 个月时间尺度和夏玉米生育期内各月 1～5 个月时间尺度的 SPEI、SMDI$_{0～10}$ 和 SMDI$_{10～40}$ 与 DSSAT-CERES-Maize 模型模拟出来的生育期内 LAI$_{max}$、地上部分生物量和产量的相关关系。

为进一步分析干旱对玉米生长和产量的影响，分别计算 1961～2018 年以及 2021～2100 年 SSP1-2.6、SSP2-4.5、SSP3-7.0 和 SSP5-8.5 情景下，对玉米生长和产量影响最大的时间尺度的干旱指标（SPEI 和 SMDI）线性斜率与产量相关要素（生育期内 LAI$_{max}$、地上部分生物量和产量）线性斜率之间的相关关系。线性斜率的值量化了时间序列的变化。当线性斜率为负值时表示该序列数据具有下降的趋势，而当线性斜率为正值时表明该序列数据具有上升的趋势。以上计算通过 3.4.3 版本的 R 语言实现。

10.2 历史时期和未来时期玉米生长和产量
对干旱的响应

10.2.1 历史时期玉米生长和产量对干旱的响应

1. 生育期内 LAI_{max} 与干旱指标的关系

表 10-1 给出了 3 个分区 1961~2018 年春玉米生育期内 1~7 个月时间尺度 SPEI 与 DSSAT-CERES-Maize 模型模拟的生育期内 LAI_{max} 的皮尔逊相关系数（r）。

表 10-1 春玉米生育期内各时间尺度 SPEI 与生育期内 LAI_{max} 的 r

分区	月份	SPEI 与生育期内 LAI_{max} 相关的时间尺度						
		1 个月	2 个月	3 个月	4 个月	5 个月	6 个月	7 个月
I	4 月	0.06	0.03	0.06	0.17	0.18	0.15	0.18
	5 月	0.21	0.22	0.20	0.20	0.25*	0.26*	0.23
	6 月	0.22	0.29*	0.29**	0.27**	0.27*	0.31*	0.31*
	7 月	-0.30*	-0.04	0.11	0.11	0.11	0.12	0.17
	8 月	0.03	-0.18	-0.02	0.10	0.10	0.10	0.10
	9 月	-0.07	-0.03	-0.17	-0.05	0.06	0.07	0.06
	10 月	-0.19	-0.17	-0.12	-0.23	-0.11	0.00	0.01
II	4 月	0.21*	0.05	-0.23**	0.31**	0.18**	0.17*	-0.02
	5 月	0.01	0.22*	0.04	0.22*	0.29*	0.23**	0.19
	6 月	0.06	0.03	0.18*	0.27*	0.18*	0.07	0.07
	7 月	-0.02	0.01	0.01	0.04	0.02	0.04	0.04
	8 月	-0.11	-0.08	-0.05	-0.05	-0.02	-0.03	-0.02
	9 月	0.02	-0.10	-0.06	-0.04	-0.05	-0.01	-0.02
	10 月	-0.09	-0.05	-0.12	-0.08	-0.06	-0.06	-0.03
III	4 月	0.02	0.10	0.11	0.09	0.12	0.10	0.13
	5 月	0.18*	0.10	0.19*	0.18*	0.16*	0.22**	0.16
	6 月	0.13	0.19*	0.21**	0.26**	0.27*	0.20*	0.21*
	7 月	0.06	0.11	0.15*	0.14	0.16*	0.17**	0.16*
	8 月	-0.19	-0.09	-0.05	-0.02	-0.02	-0.00	0.01
	9 月	0.03	-0.15	-0.07	-0.03	-0.01	-0.00	0.02
	10 月	-0.04	-0.01	-0.17	-0.09	-0.05	-0.02	-0.01

**表示 $p \leqslant 0.01$；*表示 $p \leqslant 0.1$。下同。

如表 10-1 所示，三个分区春玉米生育期内不同时间尺度与生育期内 LAI_{max} 的 r 有较大的区别，但大致上也呈现出相似的规律，4～6 月各时间尺度 SPEI 与生育期内 LAI_{max} 基本上呈正相关关系，而 8～10 月各时间尺度 SPEI 与生育期内 LAI_{max} 基本上呈负相关关系；4 个月和 5 个月时间尺度的 SPEI 与生育期内 LAI_{max} 的 r 较大且显著（$p \leqslant 0.1$）。但各分区的相关关系也不尽相同，分区Ⅰ，6 月 6 个月时间尺度的 SPEI 与生育期内 LAI_{max} 的 r 最大（$r=0.31$，$p \leqslant 0.1$）；分区Ⅱ，4 月 4 个月时间尺度的 SPEI 与生育期内 LAI_{max} 的 r 最大（$r=0.31$，$p \leqslant 0.01$）；分区Ⅲ，4 月干旱指标与生育期内 LAI_{max} 的正相关关系不大，5～7 月的正相关关系较好，6 月 5 个月时间尺度的 SPEI 与生育期内 LAI_{max} 的 r 最大（$r=0.27$，$p \leqslant 0.1$）。

表 10-2 给出了 3 个分区 1961～2018 年春玉米生育期内 1～7 个月时间尺度 $SMDI_{0\sim10}$ 与 DSSAT-CERES-Maize 模型模拟的生育期内 LAI_{max} 的 r。由表 10-2 可知，春玉米生育期内 1～7 个月时间尺度的 $SMDI_{0\sim10}$ 与生育期内 LAI_{max} 的相关关系和 SPEI 与生育期内 LAI_{max} 的相关关系有较大的区别，春玉米生育期内 LAI_{max} 与 SPEI 在生育期的前三个月有较好的相关关系，而与 $SMDI_{0\sim10}$ 在生育期的中后期（7～9 月）的相关关系最好。3 个分区 $SMDI_{0\sim10}$ 与生育期内 LAI_{max} 的相关关系各不相同，在分区Ⅰ和分区Ⅲ，8 月 1 个月时间尺度的 $SMDI_{0\sim10}$ 与生育期内 LAI_{max} 的 r 最大且相关关系显著（$p \leqslant 0.1$），r 分别是 0.21 和 0.24；在分区Ⅱ，8 月和 9 月 3～4 个月时间尺度的 $SMDI_{0\sim10}$ 与生育期内 LAI_{max} 的关系较好，8 月 4 个月时间尺度的相关关系最大（$r=0.31$，$p \leqslant 0.1$）；3 个分区都在 8 月 $SMDI_{0\sim10}$ 与生育期内 LAI_{max} 有最好的相关关系。

表 10-2　春玉米生育期内各时间尺度 $SMDI_{0-10}$ 与生育期内 LAI_{max} 的 r

分区	月份	$SMDI_{0\sim10}$ 与生育期内 LAI_{max} 相关的时间尺度						
		1 个月	2 个月	3 个月	4 个月	5 个月	6 个月	7 个月
Ⅰ	4 月	-0.12	-0.05	-0.05	-0.08	-0.07	-0.05	-0.09
	5 月	0.15	0.15	0.11	-0.08	-0.06	-0.07	-0.10
	6 月	0.13	0.15	0.15	0.12	-0.10	-0.08	-0.09
	7 月	0.14	0.15*	0.16*	0.16*	0.13	0.11	-0.10
	8 月	0.21*	0.18*	0.18**	0.18*	0.18*	0.15	-0.13
	9 月	0.13	0.16	0.15	0.15	0.16	0.17*	0.15
	10 月	0.07	0.13	0.15	0.15	0.15	0.16	0.17
Ⅱ	4 月	-0.20	-0.13	-0.03	-0.15	-0.09	-0.14	-0.17
	5 月	-0.14	-0.17	-0.11	-0.03	-0.06	-0.11	-0.03
	6 月	-0.07	-0.10	-0.11	-0.07	0.00	0.08	0.08
	7 月	0.05	-0.00	-0.02	-0.03	0.00	0.05	0.12
	8 月	0.13	0.19*	0.27**	0.31*	0.03	0.06	0.09
	9 月	0.17*	0.16*	0.18**	0.26**	0.09	0.08	0.09
	10 月	0.21	0.19*	0.18	0.17*	0.13	0.12*	0.11

续表

分区	月份	$SMDI_{0\sim10}$ 与生育期内 LAI_{max} 相关的时间尺度						
		1 个月	2 个月	3 个月	4 个月	5 个月	6 个月	7 个月
III	4 月	0.23	0.07	-0.15	-0.18	-0.23	-0.28	-0.30
	5 月	0.18	0.07	-0.14	-0.20	-0.23	-0.27	-0.31
	6 月	-0.15	0.09	-0.12	-0.17	-0.21	-0.24	-0.28
	7 月	0.12*	0.10	0.08*	0.11	-0.14	-0.18	-0.20
	8 月	0.24*	0.22*	0.16**	0.07	0.13*	-0.12	-0.15
	9 月	0.05	0.03	0.18*	0.19*	0.12*	-0.11	-0.13
	10 月	-0.13	-0.09	-0.07	-0.09	-0.12	-0.12	-0.14

表 10-3 给出了 3 个分区 1961~2018 年春玉米生育期内 1~7 个月时间尺度 $SMDI_{10\sim40}$ 与 DSSAT-CERES-Maize 模型模拟的生育期内 LAI_{max} 的 r。由表 10-3 中的数据可知，与 $SMDI_{0\sim10}$ 和生育期内 LAI_{max} 的相关关系规律相似，在春玉米生育期内的 7~9 月 $SMDI_{10\sim40}$ 与生育期内 LAI_{max} 的相关关系相对较好，但与 $SMDI_{0\sim10}$ 相比，$SMDI_{10\sim40}$ 与生育期内 LAI_{max} 的 r 较小。

表 10-3 春玉米生育期内各时间尺度 $SMDI_{10\sim40}$ 与生育期内 LAI_{max} 的 r

分区	月份	$SMDI_{10\sim40}$ 与生育期内 LAI_{max} 相关的时间尺度						
		1 个月	2 个月	3 个月	4 个月	5 个月	6 个月	7 个月
I	4 月	-0.13	-0.07	-0.06	-0.10	-0.09	-0.06	-0.11
	5 月	0.13*	0.13*	0.09	-0.09	-0.08	-0.09	-0.12
	6 月	0.11*	0.13*	0.13	0.11	-0.11	-0.10	-0.11
	7 月	0.12*	0.13*	0.14*	0.15*	0.11	0.09	-0.11
	8 月	0.17*	0.16*	0.17*	0.16*	0.16*	0.13*	-0.15
	9 月	0.18*	0.20**	0.16*	0.15*	0.12*	0.11*	0.13*
	10 月	0.05	0.11*	0.13*	0.13*	0.13*	0.15*	0.15*
II	4 月	-0.21	-0.14	-0.05	-0.17	-0.11	-0.16	-0.19
	5 月	-0.16	-0.19	-0.13	-0.05	-0.07	-0.12	-0.04
	6 月	-0.08	-0.12	-0.13	-0.09	-0.02	0.07	0.06
	7 月	0.03	-0.02	-0.03	-0.05	-0.01	0.03	0.10
	8 月	0.12*	0.17*	0.25**	0.29**	0.24**	0.04	0.07
	9 月	0.15*	0.14*	0.16**	0.25**	0.18**	0.06	0.07
	10 月	0.20*	0.17*	0.17*	0.15*	0.11*	0.11*	0.09
III	4 月	0.22	0.05	-0.17	-0.20	-0.25	-0.29	-0.32
	5 月	0.16	0.05	-0.16	-0.21	-0.24	-0.29	-0.32
	6 月	-0.17	0.07	-0.13	-0.18	-0.23	-0.26	-0.30
	7 月	0.11	0.08	0.06	0.09	-0.15	-0.20	-0.21
	8 月	0.23**	0.20**	0.15*	0.18*	0.11*	-0.14	-0.17
	9 月	0.04	0.01	0.17*	0.17*	0.10*	-0.13	-0.15
	10 月	-0.15	-0.10	-0.09	-0.11	0.17*	-0.14	-0.16

在分区 I，春玉米生育期内各月 1～7 个月时间尺度的 $SMDI_{10\sim40}$ 与生育期内 LAI_{max} 的 r 不大，9 月 2 个月时间尺度的 $SMDI_{10\sim40}$ 与生育期内 LAI_{max} 的相关关系最好（$r=0.2$，$p\leqslant0.01$）；在分区 II，3～5 个月时间尺度的 $SMDI_{10\sim40}$ 与生育期内 LAI_{max} 的相关关系较好，8 月 4 个月时间尺度的 $SMDI_{10\sim40}$ 与生育期内 LAI_{max} 的 r 最大（$r=0.29$，$p\leqslant0.01$）；在分区 III，8 月 1 个月时间尺度的 $SMDI_{10\sim40}$ 与生育期内 LAI_{max} 的相关关系最好（$r=0.23$，$p\leqslant0.01$）。

表 10-4 给出了分区 II 1961～2018 年夏玉米生育期内 1～5 个月时间尺度 SPEI 与 DSSAT-CERES-Maize 模型模拟的生育期内 LAI_{max} 的 r。

表 10-4　夏玉米生育期内各时间尺度 SPEI 与生育期内 LAI_{max} 的 r

分区	月份	SPEI 与生育期内 LAI_{max} 相关的时间尺度				
		1 个月	2 个月	3 个月	4 个月	5 个月
II	6 月	-0.15	-0.17	-0.16	-0.12	-0.08
	7 月	0.31**	-0.07	-0.09	-0.10	-0.07
	8 月	0.22*	0.18**	-0.06	-0.08	-0.09
	9 月	0.27*	0.21*	0.19*	-0.08	-0.10
	10 月	0.11	0.05	0.22*	0.18*	-0.04

由表 10-4 可知，夏玉米生育期内 1～5 个月时间尺度 SPEI 与生育期内 LAI_{max} 的 r 有较为明显的规律，7～10 月 1 个月时间尺度，8～10 月 2 个月时间尺度，9～10 月 3 个月时间尺度和 10 月 4 个月时间尺度的 SPEI 与生育期内 LAI_{max} 呈正相关关系，其余呈负相关关系；夏玉米生育期内时间尺度的 SPEI 与生育期内 LAI_{max} 的相关关系较好，7 月 1 个月时间尺度的 SPEI 与生育期内 LAI_{max} 的 r 最大（$r=0.31$，$p\leqslant0.01$）。

表 10-5 展示了分区 II 1961～2018 年夏玉米生育期内 1～5 个月时间尺度 $SMDI_{0\sim10}$ 与 DSSAT-CERES-Maize 模型模拟的生育期内 LAI_{max} 的 r。由表 10-5 中展示的数据可知，夏玉米生育期的后期（9 月、10 月）1～5 个月时间尺度 $SMDI_{0\sim10}$ 与生育期内 LAI_{max} 呈正相关关系，6～8 月 1～5 个月时间尺度 $SMDI_{0\sim10}$ 与生育期内 LAI_{max} 基本上呈负相关关系；10 月 $SMDI_{0\sim10}$ 与生育期内 LAI_{max} 的正相关关系较其他月份要好，1 个月时间尺度的 $SMDI_{0\sim10}$ 与生育期内 LAI_{max} 的 r 最大（$r=0.27$，$p\leqslant0.1$）。

表 10-5　夏玉米生育期内各时间尺度 $SMDI_{0\sim10}$ 与生育期内 LAI_{max} 的 r

分区	月份	$SMDI_{0\sim10}$ 与生育期内 LAI_{max} 相关的时间尺度				
		1 个月	2 个月	3 个月	4 个月	5 个月
II	6 月	-0.05	-0.05	-0.06	-0.10	-0.13
	7 月	-0.10	-0.02	-0.01	-0.09	-0.13
	8 月	0.14	0.13*	0.13	-0.13	-0.14
	9 月	0.20*	0.19**	0.18**	0.17*	0.17
	10 月	0.27*	0.24*	0.22*	0.22**	0.22*

表 10-6 展示了分区 II 1961~2018 年夏玉米生育期内 1~5 个月时间尺度 $SMDI_{10\sim40}$ 与 DSSAT-CERES-Maize 模型模拟的生育期内 LAI_{max} 的 r。由表 10-6 中呈现的数据可知，在 10 月 $SMDI_{10\sim40}$ 与生育期内 LAI_{max} 的相关关系最好，$SMDI_{10\sim40}$ 的时间尺度越大，r 越小，1 个月时间尺度的 $SMDI_{10\sim40}$ 与生育期内 LAI_{max} 的 r 最大（$r=0.26$，$p\leqslant0.01$）。

表 10-6　夏玉米生育期内各时间尺度 $SMDI_{10\text{-}40}$ 与生育期内 LAI_{max} 的 r

分区	月份	$SMDI_{10\sim40}$ 与生育期内 LAI_{max} 相关的时间尺度				
		1 个月	2 个月	3 个月	4 个月	5 个月
II	6 月	-0.06	-0.06	-0.07	-0.11	-0.15
	7 月	-0.11	-0.03	-0.03	-0.11	-0.15
	8 月	0.12*	0.11	0.11	-0.15	-0.16
	9 月	0.18**	0.18**	0.16*	0.15*	0.15*
	10 月	0.26**	0.23*	0.20*	0.20*	0.20*

2. 地上部分生物量与干旱指标的关系

表 10-7 给出了各个分区 1961~2018 年春玉米生育期内 1~7 个月时间尺度 SPEI 与 DSSAT-CERES-Maize 模型模拟的地上部分生物量的 r。

表 10-7　春玉米生育期内各时间尺度 SPEI 与地上部分生物量的 r

分区	月份	SPEI 与地上部分生物量相关的时间尺度						
		1 个月	2 个月	3 个月	4 个月	5 个月	6 个月	7 个月
I	4 月	0.18	0.2	0.15	0.06	0.03	0.04	-0.03
	5 月	-0.11	-0.02	0	-0.01	-0.05	-0.07	-0.06
	6 月	0.12	-0.01	0.06	0.07	0.06	0.01	0
	7 月	0.36**	0.33**	0.17	0.21*	0.22*	0.21	0.15
	8 月	0.1	0.3*	0.33**	0.18*	0.22*	0.23*	0.21*
	9 月	0.15	0.17	0.31**	0.33**	0.21*	0.23*	0.24*
	10 月	0.01	0.13	0.17	0.29*	0.31**	0.21*	0.23*
II	4 月	-0.02	0.05	-0.01	0.05	0.03	-0.01	0
	5 月	0.24*	0.16*	0.17*	0.13*	0.17*	0.14*	0.11
	6 月	-0.14	0.04	0.03	0.23**	0.26**	0.17*	0.05
	7 月	0.03	-0.06	0.04	0.03	0.24**	0.23**	0.05*
	8 月	0.12	0.08	0.02	0.1	0.08	0.09	0.08
	9 月	0.07	0.13	0.09	0.04	0.1	0.09	0.1
	10 月	0.11	0.13	0.16	0.11	0.06	0.12	0.11

续表

分区	月份	SPEI 与地上部分生物量相关的时间尺度						
		1 个月	2 个月	3 个月	4 个月	5 个月	6 个月	7 个月
III	4 月	-0.03	-0.03	-0.08	-0.05	-0.08	-0.08	-0.11
	5 月	-0.09	-0.09	-0.09	0.28^{**}	0.19^{*}	0.12^{*}	-0.11
	6 月	-0.1	0.22^{*}	0.18^{**}	0.27^{**}	0.29^{**}	0.17^{*}	0.19^{*}
	7 月	0.08	0.02	0.12^{*}	0.01	0.02	-0.05	-0.04
	8 月	0.03	0.09	0.05	0.02	0.02	0.02	0.01
	9 月	-0.07	0.01	0.06	0.04	0.02	0	0
	10 月	0.1	0.01	0.03	0.07	0.05	0.02	0.01

由表 10-7 中的数据可知，3 个分区春玉米生育期内 SPEI 与地上部分生物量的相关关系的规律存在较大的差异。在分区 I，两者的正相关关系主要出现在 6~10 月，且 SPEI 与地上部分生物量正相关程度较高的月份对应的时间尺度呈现阶梯形状，7 月 1 个月时间尺度的 r 最大（r=0.36，p≤0.01），但较大时间尺度的 SPEI 与地上部分生物量也有较好并且显著的正相关关系，r 都能达到 0.21 左右；在分区 II，5~7 月 SPEI 与地上部分生物量的相关关系较好，6 月 5 个月时间尺度的 SPEI 与地上部分生物量的相关关系最好（r=0.26，p≤0.01）；分区 III 与分区 II 相似，显著正相关关系大多都出现在 5~7 月，6 月 5 个月时间尺度的 r 最大（r=0.29，p≤0.01）。总体来说，分区 I 与其他两个分区的差异最大，但 3 个分区也存在相似的规律，在 SPEI 与地上部分生物量的正相关关系较好的月份，4 个月和 5 个月时间尺度的 SPEI 与生物量的 r 都比较大。

表 10-8 给出了各个分区 1961~2018 年春玉米生育期内 1~7 个月时间尺度 $SMDI_{0\sim10}$ 与 DSSAT-CERES-Maize 模型模拟的地上部分生物量的 r。

表 10-8　春玉米生育期内各时间尺度 $SMDI_{0-10}$ 与地上部分生物量的 r

分区	月份	$SMDI_{0\sim10}$ 与地上部分生物量相关的时间尺度						
		1 个月	2 个月	3 个月	4 个月	5 个月	6 个月	7 个月
I	4 月	0.21^{*}	0.19^{*}	0.09^{*}	0.07	0.07	0.07	0.06
	5 月	0.21^{**}	0.21^{*}	0.20^{*}	0.19^{*}	0.07	0.07	0.07
	6 月	0.03	0.09	0.21^{**}	0.20^{*}	0.09^{*}	0.08	0.07
	7 月	0.01	0.03	0.07	0.19	0.09	0.08^{*}	0.07
	8 月	-0.01	0.01	0.02	0.07	0.08^{*}	0.08^{*}	0.08
	9 月	-0.07	-0.05	-0.02	0.00	0.03	0.05	0.05
	10 月	-0.13	-0.08	-0.06	-0.04	-0.02	0.02	0.03

分区	月份	$SMDI_{0\sim10}$与地上部分生物量相关的时间尺度						
		1个月	2个月	3个月	4个月	5个月	6个月	7个月
Ⅱ	4月	-0.11	-0.12	-0.08	-0.02	0.07	0.15	0.20
	5月	-0.03	-0.07	-0.07	-0.05	-0.00	0.08	0.16
	6月	0.01	-0.01	-0.03	-0.04	-0.01	0.03	0.09
	7月	0.13	0.10	0.08	0.06	0.05	0.06	0.09
	8月	0.25*	0.18	0.16	0.15	0.13	0.12	0.13
	9月	0.30**	0.28*	0.23*	0.21*	0.20*	0.19*	0.18
	10月	0.33*	0.31*	0.30*	0.26*	0.24*	0.23	0.22
Ⅲ	4月	0.07	0.02	-0.01	-0.02	-0.04	-0.06	-0.08
	5月	0.06	0.05	0.00	-0.03	-0.03	-0.05	-0.07
	6月	0.12	0.14	0.12	0.08	0.04	0.02	-0.01
	7月	0.32**	0.23*	0.22*	0.18	0.14	0.10	0.07
	8月	0.27*	0.30*	0.24**	0.24**	0.21*	0.17	0.12
	9月	0.12	0.18	0.22*	0.20	0.21*	0.18	0.15
	10月	0.03	0.07	0.13	0.16	0.15	0.16	0.14

由表 10-8 中的内容可知,3 个分区春玉米生育期内 $SMDI_{0\sim10}$ 与地上部分生物量的相关关系与 3 个分区春玉米生育期内 SPEI 与地上部分生物量的相关关系类似,分区Ⅰ的相关关系规律与分区Ⅱ和分区Ⅲ的差异最大。在分区Ⅰ,$SMDI_{0\sim10}$ 与地上部分生物量的正相关关系出现在春玉米生育期的前期(4~7 月),r 较大的数据方格呈阶梯状,5 月 1 个月时间尺度和 6 月 3 个月时间尺度的 $SMDI_{0\sim10}$ 与地上部分生物量的相关关系最好($r=0.21,p\leqslant0.01$);而在分区Ⅱ与分区Ⅲ,$SMDI_{0\sim10}$ 与地上部分生物量的正相关关系大多都出现在春玉米生育期的中后期(7~10 月);在分区Ⅱ,10 月 1 个月时间尺度的 $SMDI_{0\sim10}$ 与地上部分生物量相关的关系最好($r=0.33$,$p\leqslant0.1$);在分区Ⅲ,7 月 1 个月时间尺度的 $SMDI_{0\sim10}$ 与地上部分生物量的 r 最大($r=0.32$,$p\leqslant0.01$);3 个分区的共同特点是,在正相关关系较好的月份,较小时间尺度的 $SMDI_{0\sim10}$ 与地上部分生物量的 r 往往较大。

表 10-9 给出了各个分区 1961~2018 年春玉米生育期内 1~7 个月时间尺度 $SMDI_{10\sim40}$ 与 DSSAT-CERES-Maize 模型模拟的地上部分生物量的 r。

由表 10-9 可知,3 个分区各时间尺度 $SMDI_{10\sim40}$ 与地上部分生物量的相关关系规律有较大的差异。在分区Ⅰ,$SMDI_{10\sim40}$ 与地上部分生物量的正相关关系都出现在 4~7 月,且 r 都在 0.18 左右($p\leqslant0.1$);在分区Ⅱ,$SMDI_{10\sim40}$ 与地上部分生物量显著的正相关关系主要出现在 9 月和 10 月,10 月 1 个月时间尺度的 $SMDI_{10\sim40}$ 与地上部分生物量的正相关程度最高($r=0.31$,$p\leqslant0.01$);在分区Ⅲ,$SMDI_{10\sim40}$ 与地上部分生物量显著的正相关关系主要出现在 8 月和 9 月,8 月 2 个月时间尺度的 $SMDI_{10\sim40}$ 与地上部分生物量的正相关程度最高

（r=0.30，$p \leqslant 0.01$）。

表 10-9　春玉米生育期内各时间尺度 $SMDI_{10\sim40}$ 与地上部分生物量的 r

分区	月份	$SMDI_{10\sim40}$ 与地上部分生物量相关的时间尺度						
		1 个月	2 个月	3 个月	4 个月	5 个月	6 个月	7 个月
I	4 月	0.19*	0.17*	0.01	−0.01	−0.02	−0.05	−0.03
	5 月	0.19*	0.19*	0.18*	0.18*	−0.02	−0.02	0.01
	6 月	−0.01	−0.07	0.19*	0.18*	0.01	−0.01	−0.01
	7 月	−0.00	−0.01	−0.05	0.18*	0.01	−0.01	−0.01
	8 月	−0.03	−0.01	−0.00	0.05	−0.01	−0.01	−0.01
	9 月	−0.09	−0.07	−0.03	−0.02	0.01	−0.03	−0.03
	10 月	−0.15	−0.10	−0.07	−0.06	−0.05	−0.00	−0.02
II	4 月	−0.12	−0.14	−0.10	−0.04	0.05	0.13	0.19
	5 月	−0.04	−0.09	−0.08	−0.07	−0.02	0.06	0.15
	6 月	−0.01	−0.03	−0.05	−0.05	−0.02	0.01	0.07
	7 月	0.11	0.08	0.07	0.04	0.04	0.05	0.08
	8 月	0.23*	0.16	0.15	0.13	0.11	0.10	0.12
	9 月	0.28**	0.26*	0.21*	0.19*	0.18*	0.17	0.16*
	10 月	0.31**	0.30**	0.28	0.24*	0.23*	0.21*	0.21*
III	4 月	0.06	0.01	−0.03	−0.04	−0.06	−0.08	−0.09
	5 月	0.05	0.03	−0.02	−0.04	−0.04	−0.07	−0.09
	6 月	0.10	0.12	0.10	0.06	0.02	0.01	−0.03
	7 月	0.26*	0.21	0.20*	0.17	0.13	0.08	0.05
	8 月	0.25*	0.30**	0.23*	0.22*	0.19*	0.16	0.11
	9 月	0.10	0.16	0.21*	0.19*	0.19*	0.16*	0.14
	10 月	0.01	0.05	0.11	0.14*	0.13	0.15	0.12

表 10-10 给出了分区 II 1961～2018 年夏玉米生育期内 1～5 个月时间尺度 SPEI 与 DSSAT-CERES-Maize 模型模拟的地上部分生物量的 r。

由表 10-10 可知，在夏玉米的生育期内，7 月和 8 月 SPEI 与地上部分生物量的相关关系较其他月份要好；8 月 4 个月时间尺度的 SPEI 与地上部分生物量的 r 最大（r=0.25，$p \leqslant 0.01$）。

表 10-11 展示了分区 II 1961～2018 年夏玉米生育期内 1～5 个月时间尺度 $SMDI_{0\sim10}$ 与 DSSAT-CERES-Maize 模型模拟的地上部分生物量的 r。

表 10-10　夏玉米生育期内各时间尺度 SPEI 与地上部分生物量的 r

分区	月份	SPEI 与地上部分生物量相关的时间尺度				
		1 个月	2 个月	3 个月	4 个月	5 个月
	6 月	0.07	0.11	0.01	0.06	0.08
	7 月	0.17	0.15	0.19**	0.09	0.12
II	8 月	0.19**	0.24**	0.21**	0.25**	0.16*
	9 月	0.05	0.17*	0.22*	0.19*	0.2*
	10 月	-0.1	-0.03	0.09	0.15	0.14

表 10-11　夏玉米生育期内各时间尺度 $SMDI_{0-10}$ 与地上部分生物量的 r

分区	月份	$SMDI_{0\sim10}$ 与地上部分生物量相关的时间尺度				
		1 个月	2 个月	3 个月	4 个月	5 个月
	6 月	-0.13	-0.16	-0.16	-0.17	0.21*
	7 月	-0.14	-0.16	-0.17	-0.18	0.19*
II	8 月	-0.16	-0.16	0.17	0.19*	0.19*
	9 月	0.19	0.19	0.18*	0.2*	0.21*
	10 月	0.24*	0.22*	0.21*	0.21*	0.22*

由表 10-11 给出的数据可知，10 月 $SMDI_{0\sim10}$ 与地上部分生物量呈显著正相关关系，夏玉米生育期内各月 5 个月时间尺度的 $SMDI_{0\sim10}$ 与地上部分生物量也均呈显著正相关关系；和夏玉米生育期内 SPEI 与地上部分生物量相关关系规律相比，呈正相关的月份明显滞后；10 月 1 个月时间尺度的 $SMDI_{0\sim10}$ 与地上部分生物量的 r 最大（$r=0.24$，$p \leqslant 0.1$）。

表 10-12 展示了分区 II 1961～2018 年夏玉米生育期内 1～5 个月时间尺度 $SMDI_{10\sim40}$ 与 DSSAT-CERES-Maize 模型模拟的地上部分生物量的 r。由表 10-12 中的数据可知，夏玉米生育期内 $SMDI_{10\sim40}$ 与地上部分生物量的相关关系规律明显，左上角的数据方格的 r 小于 0，右下角的数据方格 $r>0$；10 月 1 个月时间尺度的 $SMDI_{10\sim40}$ 与地上部分生物量的 r 最大（$r=0.22$，$p \leqslant 0.1$）。

表 10-12　夏玉米生育期内各时间尺度 $SMDI_{10-40}$ 与地上部分生物量的 r

分区	月份	$SMDI_{10\sim40}$ 与地上部分生物量相关的时间尺度				
		1 个月	2 个月	3 个月	4 个月	5 个月
	6 月	-0.14	-0.18	-0.18	-0.18	0.19*
	7 月	-0.16	-0.18	-0.19	-0.19	0.18*
II	8 月	-0.17	-0.17	0.15*	0.17*	0.17*
	9 月	0.17*	0.18*	0.16*	0.18*	0.20*
	10 月	0.22*	0.20*	0.19*	0.20*	0.20*

3. 产量与干旱指标的关系

表 10-13 给出了各个分区 1961～2018 年春玉米生育期内 1～7 个月时间尺度 SPEI 与 DSSAT-CERES-Maize 模型模拟的产量的 r。

表 10-13　春玉米生育期内各时间尺度 SPEI 与产量的 r

分区	月份	SPEI 与产量相关的时间尺度						
		1 个月	2 个月	3 个月	4 个月	5 个月	6 个月	7 个月
I	4 月	−0.15	−0.20	−0.25	−0.18	−0.18	−0.17	−0.12
	5 月	0.19	0.10	0.04	−0.04	0.00	−0.01	−0.01
	6 月	0.38**	0.37**	0.28*	0.22	0.15	0.16	0.15
	7 月	0.06	0.32*	0.36**	0.27*	0.22	0.17	0.17
	8 月	0.10	0.10	0.32*	0.34*	0.27*	0.23	0.18
	9 月	0.04	0.08	0.10	0.28*	0.30*	0.24	0.21
	10 月	0.23	0.18	0.19	0.18	0.33*	0.35**	0.29*
II	4 月	−0.06	−0.11	−0.11	−0.11	−0.12	0.06	0.11
	5 月	0.29*	0.17	0.12	0.11	0.11	0.1	0.2
	6 月	−0.06	0.16	0.09	0.07	0.06	0.06	0.06
	7 月	0.12	0.06	0.18*	0.14	0.12	0.12	0.12
	8 月	0.15	0.18	0.13	0.39**	0.36**	0.16	0.15
	9 月	0.03	0.14	0.16	0.12	0.33**	0.32**	0.26*
	10 月	0.06	0.08	0.15	0.18	0.14	0.29*	0.26
III	4 月	0.09	−0.01	−0.01	0.03	0.09	0.19	0.23
	5 月	0.16	0.18	0.11	0.10	0.13	0.15	0.22
	6 月	−0.01	0.08	0.12	0.08	0.08	0.10	0.12
	7 月	0.30*	0.25	0.30*	0.30*	0.26*	0.26	0.28*
	8 月	0.24	0.37**	0.35**	0.40**	0.39**	0.36**	0.35**
	9 月	0.02	0.23	0.34*	0.33*	0.37**	0.36**	0.33*
	10 月	−0.03	−0.02	0.21	0.31*	0.31*	0.35**	0.34**

由表 10-13 给出的数据可知，春玉米产量与气象干旱指标之间的相关关系是随着 SPEI 的时间尺度、作物生长阶段和分区不断变化的。在分区 I，6～10 月各时间尺度的 SPEI 与产量大都呈正相关关系，r 较大且相关关系显著的数据方格呈阶梯状，6 月 1 个月时间尺度的 SPEI 与产量的相关系数最大（$r=0.38$，$p \leqslant 0.01$）；在分区 II 与分区 III，显著的正相关关系大都出现在 7～10 月，且 4 个月和 5 个月时间尺度的 SPEI 与产量的 r 较其他时间尺度的要大，产量都与 8 月 4 个月时间尺度的 SPEI 相关关系最好且正相关关系显著（$p \leqslant 0.01$），

r 分别为 0.39 和 0.4。

不同的分区也反映出相似的规律。在分区Ⅰ，虽然 6 月 1 个月时间尺度的 SPEI 与产量的相关系数最大，但 8 月 4 个月时间尺度的 SPEI 与产量仍有较高的 r（$r=0.34$，$p \leq 0.1$）。所以总体上来说 8 月 4 个月时间尺度的 SPEI 能够较好地识别春玉米生育期内的气象干旱。

表 10-14 展示了 3 个分区 1961~2018 年春玉米生育期内 1~7 个月时间尺度 $SMDI_{0~10}$ 与 DSSAT-CERES-Maize 模型模拟的产量的 r。

表 10-14 春玉米生育期内各时间尺度 $SMDI_{0-10}$ 与产量的 r

分区	月份	$SMDI_{0~10}$ 与产量相关的时间尺度						
		1 个月	2 个月	3 个月	4 个月	5 个月	6 个月	7 个月
Ⅰ	4 月	0.22**	0.09	0.07	0.05	0.06	0.04	0.02
	5 月	0.04	0.31**	0.18**	0.06	0.04	0.09	0.02
	6 月	-0.02	0.27**	0.28*	0.23*	0.05	0.04	0.09
	7 月	0.00	-0.01	0.10	0.12	0.24*	0.04	0.03
	8 月	-0.08	-0.05	-0.05	0.08	0.21*	0.13*	0.02
	9 月	-0.19	-0.14	-0.10	-0.09	-0.05	-0.02	-0.01
	10 月	-0.21	-0.19	-0.16	-0.13	-0.11	-0.07	-0.05
Ⅱ	4 月	-0.13	-0.15	-0.11	-0.05	0.04	0.13	0.18
	5 月	-0.03	-0.07	-0.08	-0.06	-0.01	0.07	0.15
	6 月	0.04	0.01	-0.01	-0.03	-0.01	0.03	0.10
	7 月	0.16	0.13	0.10	0.08	0.07	0.07	0.10
	8 月	0.27*	0.21	0.19	0.17	0.15	0.14	0.14
	9 月	0.31*	0.30*	0.25*	0.23*	0.22	0.20	0.19
	10 月	0.33*	0.32*	0.30*	0.28*	0.26*	0.24*	0.23*
Ⅲ	4 月	0.03	0.04	0.05	0.07	0.07	0.07	0.06
	5 月	0.02	0.03	0.02	0.04	0.06	0.07	0.07
	6 月	0.15	0.13	0.12	0.11	0.11	0.11	0.11
	7 月	0.38*	0.26*	0.23*	0.19	0.19	0.17	0.17
	8 月	0.33*	0.35*	0.29*	0.28*	0.24*	0.22*	0.20
	9 月	0.19	0.26*	0.29*	0.27*	0.26*	0.24*	0.22
	10 月	0.13	0.16	0.21	0.25*	0.24*	0.24*	0.22*

由表 10-14 可知，春玉米生育期内各月 1~7 个月时间尺度 $SMDI_{0~10}$ 与产量的相关关系和春玉米生育期内各月 1~7 个月时间尺度 SPEI 与产量的关系存在差异。在分区Ⅰ，春玉米生育期内 $SMDI_{0~10}$ 与产量在 4~7 月大多呈正相关，r 较大且相关关系明显的数据方格呈阶梯状，5 月 2 个月时间尺度的 $SDMI_{0~10}$ 与产量的相关关系最好，r 为 0.31（$p \leq 0.01$）；

在分区 II 与分区 III，8～10 月 $SDMI_{0～10}$ 与产量相关关系基本显著并且呈正相关，产量分别与分区 II 10 月 1 个月时间尺度 $SDMI_{0～10}$（$r=0.33$，$p≤0.1$）和分区 III 7 月 1 个月时间尺度的 $SMDI_{0～10}$（$r=0.38$，$p≤0.1$）正相关程度最大。总体上来说，在 $SMDI_{0～10}$ 与产量呈正相关的月份，1～3 个月时间尺度的 $SDMI_{0～10}$ 与产量有较好的正相关关系。

表 10-15 展示了分区 II 1961～2018 年春玉米生育期内 1～7 个月时间尺度 $SMDI_{10～40}$ 与 DSSAT-CERES-Maize 模型模拟的产量的 r。由表 10-15 的数据可知，整体上来说春玉米生育期内 $SMDI_{10～40}$ 与产量的相关关系规律和 $SDMI_{0～10}$ 与产量的相关关系规律相似，在分区 I、分区 II 和分区 III 产量分别与 5 月 2 个月时间尺度（$r=0.29$，$p≤0.01$）、10 月 2 个月时间尺度（$r=0.31$，$p≤0.01$）和 8 月 2 个月时间尺度（$r=0.35$，$p≤0.01$）的 $SMDI_{10～40}$ 的正相关程度最高；在 $SMDI_{10～40}$ 与产量呈正相关的月份，2 个月时间尺度的 $SMDI_{10～40}$ 与产量的 r 最大。

表 10-15　春玉米生育期内各时间尺度 $SMDI_{10-40}$ 与产量的 r

分区	月份	$SMDI_{10～40}$ 与产量相关的时间尺度						
		1 个月	2 个月	3 个月	4 个月	5 个月	6 个月	7 个月
I	4 月	0.20*	0.07	0.05	0.03	0.04	0.03	0.01
	5 月	0.03	0.29**	0.16	0.04	0.02	0.08	0.00
	6 月	-0.03	0.26**	0.26**	0.22*	0.03	0.02	0.07
	7 月	-0.02	-0.02	0.08	0.10	0.22*	0.03	0.01
	8 月	-0.10	-0.07	-0.06	0.06	0.19*	0.12	0.00
	9 月	-0.21	-0.16	-0.12	-0.11	-0.07	-0.03	-0.03
	10 月	-0.22	-0.21	-0.17	-0.15	-0.13	-0.09	-0.07
II	4 月	-0.14	-0.17	-0.13	-0.06	0.02	0.11	0.17
	5 月	-0.05	-0.09	-0.10	-0.08	-0.03	0.05	0.13
	6 月	0.02	0.00	-0.02	-0.05	-0.02	0.01	0.08
	7 月	0.14	0.11	0.09	0.06	0.05	0.05	0.08
	8 月	0.25*	0.19*	0.17*	0.16*	0.13	0.12	0.12
	9 月	0.29**	0.28**	0.23*	0.22*	0.21*	0.18*	0.18*
	10 月	0.31*	0.31**	0.29**	0.26**	0.25*	0.22*	0.22*
III	4 月	0.02	0.02	0.03	0.06	0.06	0.05	0.05
	5 月	0.00	0.01	0.00	0.02	0.04	0.05	0.06
	6 月	0.14	0.12	0.10	0.10	0.10	0.09	0.10
	7 月	0.31*	0.25*	0.21*	0.18	0.17	0.16	0.15
	8 月	0.31*	0.35**	0.27**	0.26**	0.22*	0.20*	0.19*
	9 月	0.17	0.24*	0.27*	0.25**	0.25*	0.22*	0.21*
	10 月	0.12	0.14	0.19*	0.23*	0.22*	0.22*	0.20*

表 10-16 给出了分区 II 1961~2018 年夏玉米生育期内 1~5 个月时间尺度 SPEI 与 DSSAT-CERES-Maize 模型模拟的产量的 r。

表 10-16　夏玉米生育期内各时间尺度 SPEI 与产量的 r

分区	月份	SPEI 与产量相关的时间尺度				
		1 个月	2 个月	3 个月	4 个月	5 个月
II	6 月	0.32*	0.39**	0.25	0.22	0.19
	7 月	−0.04	0.21	0.39**	0.18	0.17
	8 月	0.17	0.1	0.36**	0.41**	0.23
	9 月	0.13	0.21	0.16	0.39**	0.32*
	10 月	0.08	0.17	0.24	0.21	0.32

由表 10-16 给出的数据可知，夏玉米生育期内 SPEI 与产量的 r，随着时间尺度和生育期不同阶段而不断变化，r 较大且相关关系显著的数据方格呈现出类似阶梯状变化规律，即在夏玉米生育期的前期，较小时间尺度的 SPEI 与产量有较大的 r；在夏玉米生育期的后期，较大时间尺度的 SPEI 与产量的相关关系较好；8 月 4 个月时间尺度的 SPEI 与产量的 r 最大（$r=0.41$，$p \leqslant 0.01$）。

表 10-17 展示了分区 II 1961~2018 年夏玉米生育期内 1~5 个月时间尺度 $SMDI_{0\sim10}$ 与 DSSAT-CERES-Maize 模型模拟的产量的 r。

表 10-17　夏玉米生育期内各时间尺度 $SMDI_{0\sim10}$ 与产量的 r

分区	月份	$SMDI_{0\sim10}$ 与产量相关的时间尺度				
		1 个月	2 个月	3 个月	4 个月	5 个月
II	6 月	0.11*	0.14**	0.13*	0.14	0.17*
	7 月	0.11	0.12	0.13*	0.13	0.15
	8 月	0.10	0.11	0.12*	0.13*	0.13*
	9 月	−0.07	−0.09	0.10	0.10*	0.11*
	10 月	−0.04	−0.06	−0.07*	−0.08	0.08*

由表 10-17 中的数据可知，夏玉米生育期内各月 1~5 个月时间尺度 $SMDI_{0\sim10}$ 与产量之间存在明显的规律。但整体上来说，夏玉米生育期内 $SMDI_{0\sim10}$ 与产量的相关程度很低，6 月 5 个月时间尺度的 r 最大（$r=0.17$，$p \leqslant 0.1$）。

表 10-18 展示了分区 II 1961~2018 年夏玉米生育期内 1~5 个月时间尺度 $SMDI_{10\sim40}$ 与 DSSAT-CERES-Maize 模型模拟的产量的 r。由表 10-18 中的数据可知，夏玉米生育期内 $SMDI_{10\sim40}$ 与产量的相关关系规律和 $SDMI_{0\sim10}$ 与产量的相关关系规律相似，6 月 4 个月时间尺度的 $SMDI_{10\sim40}$ 与产量的正相关程度最高（$r=0.20$，$p \leqslant 0.1$）。

表 10-18　夏玉米生育期内各时间尺度 $SMDI_{10-40}$ 与产量的 r

分区	月份	$SMDI_{10\sim40}$ 与产量相关的时间尺度				
		1 个月	2 个月	3 个月	4 个月	5 个月
II	6 月	0.10	0.12^*	0.11^*	0.20^*	0.18^*
	7 月	0.09	0.10	0.11^*	0.11^*	0.13^*
	8 月	0.09	0.09	0.10	0.11	0.11^*
	9 月	-0.09	-0.11	0.08	0.08	0.09
	10 月	-0.06	-0.08	-0.09	-0.10	0.07

4. 干旱指标线性斜率与玉米产量相关要素斜率的关系

基于历史时期玉米生育期内各时间尺度 SPEI 与玉米产量相关要素的相关分析,分别选取与各分区玉米的生育期内 LAI_{max}、地上部分生物量和产量具有较好正相关关系的 SPEI,进一步分析 SPEI 线性斜率与产量相关要素线性斜率的关系。

图 10-1 给出的是春玉米和夏玉米生育期内 LAI_{max}、成熟期地上部分生物量和产量线性斜率与相应时间尺度 SPEI 线性斜率的相关分析。由图 10-1 可知,玉米产量线性斜率与相应时间尺度 SPEI 线性斜率的相关性比生育期内 LAI_{max} 和成熟期地上部分生物量好,春玉

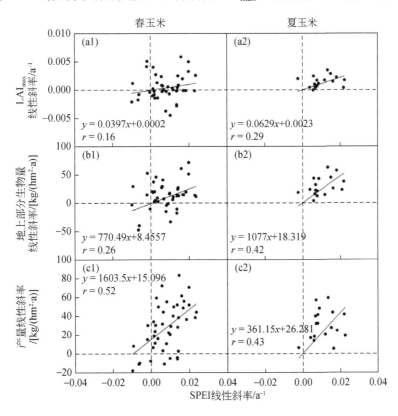

图 10-1　春玉米和夏玉米产量相关要素线性斜率与相应时间尺度 SPEI 线性斜率的相关分析

米和夏玉米产量线性斜率与相应时间尺度 SPEI 线性斜率的 r 分别是 0.52 和 0.43；夏玉米生育期内 LAI_{max} 和成熟期地上部分生物量线性斜率与相应时间尺度 SPEI 线性斜率的相关性好于春玉米。

图 10-2 给出的是春玉米和夏玉米生育期内 LAI_{max}、成熟期地上部分生物量和产量线性斜率与相应时间尺度 $SMDI_{0\sim10}$ 线性斜率的相关分析。由图 10-2 可知，春玉米产量线性斜率与对应时间尺度 $SMDI_{0\sim10}$ 线性斜率的相关性要好于生育期内 LAI_{max} 和成熟期地上部分生物量，r 为 0.47；夏玉米成熟期地上部分生物量与对应时间尺度 $SMDI_{0\sim10}$ 线性斜率的 r 最大（r=0.43）。

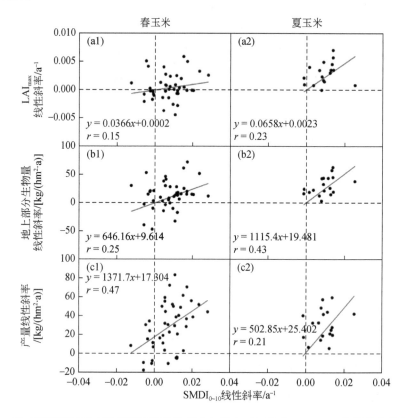

图 10-2　春玉米和夏玉米产量相关要素线性斜率与相应时间尺度 $SMDI_{0\sim10}$ 线性斜率的相关分析

图 10-3 给出的是春玉米和夏玉米生育期内 LAI_{max}、成熟期地上部分生物量和产量线性斜率与相应时间尺度 $SMDI_{10\sim40}$ 线性斜率的相关分析。由图 10-3 可知，春玉米和夏玉米生育期内 LAI_{max}、成熟期地上部分生物量和产量线性斜率和相应时间尺度 $SMDI_{10\sim40}$ 线性斜率的相关关系与春玉米和夏玉米生育期内 LAI_{max}、成熟期地上部分生物量和产量线性斜率和相应时间尺度 $SMDI_{0\sim10}$ 线性斜率的相关关系非常相似；春玉米产量线性斜率与对应时间尺度 $SMDI_{10\sim40}$ 线性斜率的 r 值为 0.49，要好于生育期内 LAI_{max} 和成熟期地上部分生物量；夏玉米成熟期地上部分生物量与对应时间尺度 $SMDI_{10\sim40}$ 线性斜率的 r 最大（r=0.49）。

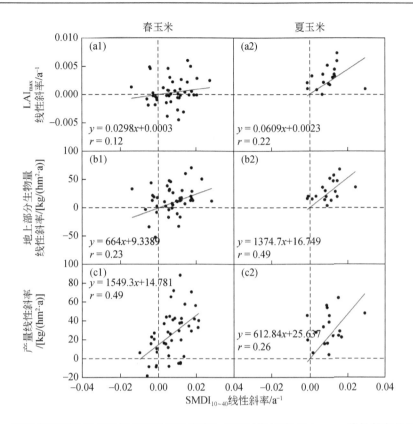

图 10-3　春玉米和夏玉米产量相关要素线性斜率与相应时间尺度 $SMDI_{10\sim40}$ 线性斜率的相关分析

10.2.2　未来时期玉米生长和产量对干旱的响应

为进一步分析未来时期干旱与玉米生长和产量的关系，在本节通过关联未来时期 SSP1-2.6、SSP2-4.5、SSP3-7.0 和 SSP5-8.5 情景下干旱指标与玉米产量相关要素（生育期内 LAI_{max}、成熟期地上部分生物量和产量），进一步分析玉米的关键生育期、适宜的干旱指标及时间尺度，将未来时期分为 2021～2060 年和 2061～2100 年两个时间段，计算每个时间段内产量相关要素与干旱指标的 r。

1. 干旱对玉米生育期内 LAI_{max} 的影响

计算 2021～2060 年和 2061～2100 年两个时间段内 SSP1-2.6、SSP2-4.5、SSP3-7.0 和 SSP5-8.5 情景下各站点玉米生育期内 LAI_{max} 与干旱指标的 r，当站点玉米生育期内的 LAI_{max} 与干旱指标的 $r > 0.4$ 时（中度相关），即认为该站点（春玉米，46 个站点；夏玉米，18 个站点）玉米生育期内 LAI_{max} 与干旱指标的相关关系较好。

图 10-4 展示的是在 2021～2060 年和 2061～2100 年两个时间段内 SSP1-2.6、SSP2-4.5、SSP3-7.0 和 SSP5-8.5 情景下，春玉米生育期内 LAI_{max} 与春玉米生育期内各月 1～7 个月时间尺度 SPEI 的 $r > 0.4$ 的站点数。

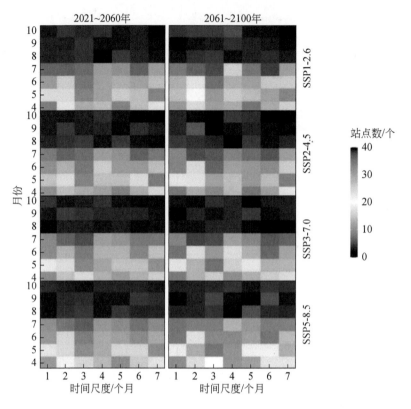

图 10-4　不同情景下春玉米生育期 1~7 个月时间尺度 SPEI 与 LAI_{max} 的 $r>0.4$ 的站点数

由图 10-4 可知,在未来时期各种情景下春玉米生育期内 LAI_{max} 与春玉米生育期内各月 1~7 个月时间尺度 SPEI 的 $r>0.4$ 的站点数变化不大,且在 2021~2060 年和 2061~2100 年这两个时间段里变化幅度也很小;在未来时期各种情景下,春玉米生育期内 4~6 月的 1~ 7 个月时间尺度的 SPEI 与春玉米生育期内 LAI_{max} 的相关关系较好, 有 20 个以上的春玉米 站点在 4~6 月各时间尺度 SPEI 与春玉米生育期内 LAI_{max} 的 $r>0.4$;在 7 月以后只有很少 的站点各时间尺度的 SPEI 与春玉米生育期内 LAI_{max} 的 $r>0.4$。

为进一步研究与春玉米生育期内 LAI_{max} 最相关的 SPEI 的时间尺度,统计春玉米生育 期内所有月份在 2021~2060 年和 2061~2100 年两个时间段 SSP1-2.6、SSP2-4.5、SSP3-7.0 和 SSP5-8.5 情景下 1~7 个月时间尺度的 SPEI 与春玉米生育期内 LAI_{max} 的 $r>0.4$ 的站点 数,如表 10-19 所示。由表 10-19 可知,不同时间段和不同情景下 1~7 个月时间尺度的 SPEI 与春玉米生育期内 LAI_{max} 的 $r>0.4$ 的站点数差别不大,都在 92 个站点左右,相对来说春 玉米生育期内所有月份 3 个月时间尺度的 SPEI 与生育期内 LAI_{max} 的 $r>0.4$ 的站点数最多。

图 10-5 展示的是在 2021~2060 年和 2061~2100 年两个时间段内 SSP1-2.6、SSP2-4.5、 SSP3-7.0 和 SSP5-8.5 情景下,春玉米生育期内 LAI_{max} 与春玉米生育期内各月 1~7 个月时 间尺度 $SMDI_{0~10}$ 的 $r>0.4$ 的站点数。

表 10-19　不同情景下春玉米生育期 1～7 个月时间尺度 SPEI 与 LAI_{max} 的
$r > 0.4$ 的站点数　　　　　　　　　　（单位：个）

时期	情景	时间尺度						
		1 个月	2 个月	3 个月	4 个月	5 个月	6 个月	7 个月
2021～2060 年	SSP1-2.6	97	88	109	98	101	94	92
	SSP2-4.5	99	94	107	99	103	91	92
	SSP3-7.0	99	92	100	102	99	96	92
	SSP5-8.5	94	87	101	96	101	98	99
2061～2100 年	SSP1-2.6	95	86	107	106	102	91	89
	SSP2-4.5	107	89	99	95	110	91	`94
	SSP3-7.0	97	86	100	100	91	94	89
	SSP5-8.5	96	87	108	107	99	103	93

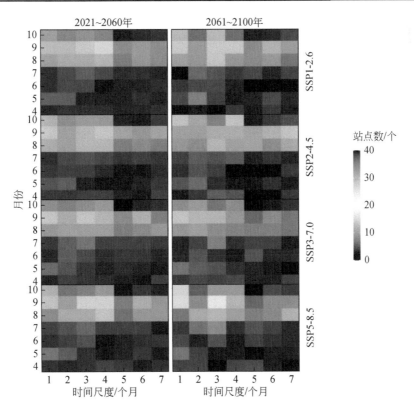

图 10-5　不同情景下春玉米生育期 1～7 个月时间尺度 $SMDI_{0～10}$ 与 LAI_{max} 的 $r > 0.4$ 的站点数

由图 10-5 可知，不同时间段和不同情景下春玉米生育期各月 1～7 个月时间尺度 $SMDI_{0～10}$ 与生育期内 LAI_{max} 的 $r > 0.4$ 的站点数变化幅度不大。总体上，8 月、9 月的 1～4 个月时间尺度的 $SMDI_{0～10}$ 与春玉米生育期内 LAI_{max} 的 $r > 0.4$ 的站点数最多；SSP3-7.0 和 SSP5-8.5 情景下各时间尺度 $SMDI_{0～10}$ 与春玉米生育期内 LAI_{max} 的 $r > 0.4$ 的站点数最多。

表 10-20 给出的是春玉米生育期内所有月份在 2021～2060 年和 2061～2100 年两个时间段在 SSP1-2.6、SSP2-4.5、SSP3-7.0 和 SSP5-8.5 情景下 1～7 个月时间尺度的 $SMDI_{0\sim10}$ 与春玉米生育期内 LAI_{max} 的 $r>0.4$ 的站点数。由表 10-20 给出的数据可知，春玉米生育期内所有月份 1～4 个月时间尺度 $SMDI_{0\sim10}$ 与生育期内 LAI_{max} 的 $r>0.4$ 的站点数较多，5～7 个月时间尺度 $SMDI_{0\sim10}$ 与生育期内 LAI_{max} 的 $r>0.4$ 的站点数明显减少；2061～2100 年不同情景下玉米生育期内所有月份 1～4 个月时间尺度 $SMDI_{0\sim10}$ 与生育期内 LAI_{max} 的 $r>0.4$ 的站点数较 2021～2060 年有上升的趋势。

表 10-20 不同情景下春玉米生育期 1～7 个月时间尺度 $SMDI_{0-10}$ 与 LAI_{max} 的 $r>0.4$ 的站点数 （单位：个）

时期	情景	时间尺度						
		1 个月	2 个月	3 个月	4 个月	5 个月	6 个月	7 个月
2021～2060年	SSP1-2.6	83	87	83	73	33	38	37
	SSP2-4.5	85	91	84	79	35	35	45
	SSP3-7.0	83	94	89	80	37	41	39
	SSP5-8.5	91	87	84	74	35	45	37
2061～2100年	SSP1-2.6	78	94	83	74	34	42	36
	SSP2-4.5	89	100	87	87	32	38	47
	SSP3-7.0	84	93	92	85	36	34	31
	SSP5-8.5	97	87	81	77	38	40	36

图 10-6 展示的是在 2021～2060 年和 2061～2100 年两个时间段内 SSP1-2.6、SSP2-4.5、SSP3-7.0 和 SSP5-8.5 情景下，春玉米生育期内 LAI_{max} 与春玉米生育期内各月 1～7 个月时间尺度 $SMDI_{10\sim40}$ 的 $r>0.4$ 的站点数。

由图 10-6 可知春玉米生育期内 LAI_{max} 与春玉米生育期内各月 1～7 个月时间尺度 $SMDI_{10\sim40}$ 的 $r>0.4$ 的站点数的情况，与春玉米生育期内 LAI_{max} 与春玉米生育期内各月 1～7 个月时间尺度 $SMDI_{0\sim10}$ 的 $r>0.4$ 的站点数的情况相似，在春玉米生育期的后 3 个月 1～4 个月时间尺度的 $SMDI_{10\sim40}$ 与生育期内 LAI_{max} 的 $r>0.4$ 的站点数较多；2061～2100 年春玉米生育期内各月 1～7 个月时间尺度的 $SMDI_{10\sim40}$ 与生育期内 LAI_{max} 的 $r>0.4$ 的站点数较 2021～2060 年有上升的趋势。

表 10-21 给出的是春玉米生育期内所有月份在 2021～2060 年和 2061～2100 年两个时间段 SSP1-2.6、SSP2-4.5、SSP3-7.0 和 SSP5-8.5 情景下 1～7 个月时间尺度的 $SMDI_{10\sim40}$ 与春玉米生育期内 LAI_{max} 的 $r>0.4$ 的站点数。由表 10-21 给出的数据可知，春玉米生育期内所有月份 1～7 个月时间尺度 $SMDI_{0\sim10}$ 和 $SMDI_{10\sim40}$ 与生育期内 LAI_{max} 的 $r>0.4$ 的站点数相近；2061～2100 年 SSP3-7.0 情景下 1 个月时间尺度 $SMDI_{10\sim40}$ 与春玉米生育期内 LAI_{max} 的 $r>0.4$ 的站点数明显少于其他 3 种情景，一共只有 77 个站点。

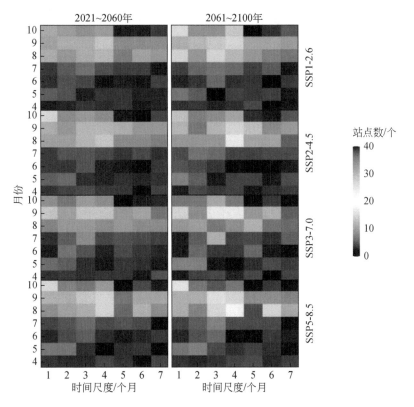

2021~2060年　　2061~2100年

图 10-6　不同情景下春玉米生育期 1~7 个月时间尺度 $SMDI_{10\sim40}$ 与 LAI_{max} 的 $r > 0.4$ 的站点数

表 10-21　不同情景下春玉米生育期 1~7 个月时间尺度 $SMDI_{10\sim40}$ 与 LAI_{max} 的
$r > 0.4$ 的站点数　　　　　　　　　（单位：个）

时期	情景	时间尺度						
		1 个月	2 个月	3 个月	4 个月	5 个月	6 个月	7 个月
2021~2060年	SSP1-2.6	85	93	88	79	39	36	39
	SSP2-4.5	91	94	88	77	40	33	44
	SSP3-7.0	84	97	92	80	47	41	39
	SSP5-8.5	94	91	84	75	33	47	36
2061~2100年	SSP1-2.6	88	92	82	86	46	41	37
	SSP2-4.5	96	102	85	75	44	37	45
	SSP3-7.0	77	101	94	73	52	39	34
	SSP5-8.5	92	96	83	69	35	48	30

　　为研究夏玉米生育期内 LAI_{max} 相关程度最高的干旱指标、月份和干旱指标时间尺度，本章分析了 2021~2060 年和 2061~2100 年 SSP1-2.6、SSP2-4.5、SSP3-7.0 和 SSP5-8.5 情景下夏玉米生育期内各月 1~5 个月时间尺度 SPEI、$SMDI_{0\sim10}$、$SMDI_{10\sim40}$ 与夏玉米生育期内 LAI_{max} 的皮尔逊相关关系，统计了夏玉米生育期内各月 1~5 个月时间尺度 SPEI、$SMDI_{0\sim10}$、$SMDI_{10\sim40}$ 与夏玉米生育期内 LAI_{max} 的 $r > 0.4$ 的站点数。为进一步探寻与夏玉米生育期内

LAI_{max} 相关程度最高的干旱指标时间尺度，统计了 2021～2060 年和 2061～2100 年 SSP1-2.6、SSP2-4.5、SSP3-7.0 和 SSP5-8.5 情景下 1～5 个月时间尺度 SPEI、$SMDI_{0～10}$、$SMDI_{10～40}$ 与夏玉米生育期内 LAI_{max} 的 $r>0.4$ 的站点数。

2. 干旱对玉米成熟期地上部分生物量的影响

计算 2021～2060 年和 2061～2100 年两个时间段内 SSP1-2.6、SSP2-4.5、SSP3-7.0 和 SSP5-8.5 情景下各站点成熟期地上部分生物量与干旱指标的 r，当站点成熟期地上部分生物量与干旱指标的 $r>0.4$ 时（中度相关），即认为该站点（春玉米，46 个站点；夏玉米，18 个站点）成熟期地上部分生物量与干旱指标的相关关系较好。

表 10-22 给出的是春玉米生育期内所有月份在 2021～2060 年和 2061～2100 年两个时间段 SSP1-2.6、SSP2-4.5、SSP3-7.0 和 SSP5-8.5 情景下 1～7 个月时间尺度的 SPEI 与春玉米成熟期地上部分生物量的 $r>0.4$ 的站点数。由表 10-22 呈现的数据可知，每个时间尺度的 SPEI 与成熟期地上部分生物量的 $r>0.4$ 的站点数相差不是特别大，相对来说，2～5 个月时间尺度 SPEI 与成熟期地上部分生物量的 $r>0.4$ 的站点数要多于其他的时间尺度；SSP2-4.5 情景下 1～7 个月时间尺度的 SPEI 与春玉米成熟期地上部分生物量的 $r>0.4$ 的站点数比其他 3 种情景要少；2061～2100 年不同情景下春玉米生育期所有月份 1～7 个月时间尺度的 SPEI 与成熟期地上部分生物量的 $r>0.4$ 的站点数比 2021～2060 年有所上升。

表 10-22　不同情景下春玉米生育期 1～7 个月时间尺度 SPEI 与成熟期地上部分生物量的 $r>0.4$ 的站点数　　　　　（单位：个）

时期	情景	时间尺度						
		1 个月	2 个月	3 个月	4 个月	5 个月	6 个月	7 个月
2021～2060 年	SSP1-2.6	44	62	58	71	59	42	38
	SSP2-4.5	38	64	47	67	64	39	34
	SSP3-7.0	37	60	54	71	67	40	51
	SSP5-8.5	48	62	51	72	66	42	33
2061～2100 年	SSP1-2.6	46	63	46	73	67	51	34
	SSP2-4.5	39	65	45	63	67	46	35
	SSP3-7.0	39	56	60	70	58	43	56
	SSP5-8.5	58	55	53	61	70	49	28

表 10-23 给出的是春玉米生育期内所有月份在 2021～2060 年和 2061～2100 年两个时间段 SSP1-2.6、SSP2-4.5、SSP3-7.0 和 SSP5-8.5 情景下 1～7 个月时间尺度的 $SMDI_{0～10}$ 与春玉米成熟期地上部分生物量的 $r>0.4$ 的站点数。由表 10-23 给出的数据可知，春玉米生育期内所有月份 1～7 个月时间尺度的 $SMDI_{0～10}$ 与春玉米成熟期地上部分生物量的 $r>0.4$ 的站点数比春玉米生育期内所有月份 1～7 个月时间尺度的 SPEI 与春玉米成熟期地上部分生物量的 $r>0.4$ 的站点数多；1～5 个月时间尺度的 $SMDI_{0～10}$ 与春玉米成熟期地上部分生物量的 $r>0.4$ 的站点数较多，其中 4 个月时间尺度的 $SMDI_{0～10}$ 与春玉米成熟期地上部分生物量的 $r>0.4$ 的站点数最多，2021～2060 年 SSP1-2.6、SSP2-4.5、SSP3-7.0 和 SSP5-8.5 情

景下 4 个月时间尺度的 $SMDI_{0\sim10}$ 与春玉米成熟期地上部分生物量的 $r>0.4$ 的站点数分别为 90 个、83 个、81 个和 89 个。

表 10-23　不同情景下春玉米生育期 1～7 个月尺度 $SMDI_{0\text{-}10}$ 与成熟期地上部分生物量的 $r>0.4$ 的站点数　　　　　　（单位：个）

时期	情景	时间尺度						
		1 个月	2 个月	3 个月	4 个月	5 个月	6 个月	7 个月
2021～2060 年	SSP1-2.6	83	79	84	90	81	47	47
	SSP2-4.5	74	70	84	83	76	51	49
	SSP3-7.0	80	80	80	81	74	47	45
	SSP5-8.5	76	81	78	89	80	53	43
2061～2100 年	SSP1-2.6	82	74	82	93	76	45	47
	SSP2-4.5	75	69	85	91	76	47	50
	SSP3-7.0	90	84	80	79	77	47	45
	SSP5-8.5	79	89	78	86	84	62	38

表 10-24 给出的是春玉米生育期内所有月份在 2021～2060 年和 2061～2100 年两个时间段 SSP1-2.6、SSP2-4.5、SSP3-7.0 和 SSP5-8.5 情景下 1～7 个月时间尺度的 $SMDI_{10\sim40}$ 与春玉米成熟期地上部分生物量的 $r>0.4$ 的站点数。由表 10-24 给出的数据可知，春玉米生育期内所有月份 1～4 个月时间尺度 $SMDI_{10\sim40}$ 与春玉米成熟期地上部分生物量的 $r>0.4$ 的站点数比 5～7 个月时间尺度 $SMDI_{10\sim40}$ 与春玉米成熟期地上部分生物量的 $r>0.4$ 的站点数多。以 2021～2060 年 SSP2-4.5 情景下 1～7 个月时间尺度 $SMDI_{10\sim40}$ 与春玉米成熟期地上部分生物量的 $r>0.4$ 的站点数为例，春玉米生育期内所有月份 1～7 个月时间尺度 $SMDI_{10\sim40}$ 与春玉米成熟期地上部分生物量的 $r>0.4$ 的站点数分别为 103 个、106 个、100 个、88 个、58 个、43 个、54 个；2061～2100 年春玉米生育期内所有月份 1～2 个月时间尺度 $SMDI_{10\sim40}$ 与春玉米成熟期地上部分生物量的 $r>0.4$ 的站点数较 2021～2060 年有上升的趋势。

表 10-24　不同情景下春玉米生育期 1～7 个月尺度 $SMDI_{10\text{-}40}$ 与成熟期地上部分生物量的 $r>0.4$ 的站点数　　　　　　（单位：个）

时期	情景	时间尺度						
		1 个月	2 个月	3 个月	4 个月	5 个月	6 个月	7 个月
2021～2060 年	SSP1-2.6	96	101	101	92	46	48	49
	SSP2-4.5	103	106	100	88	58	43	54
	SSP3-7.0	96	105	107	92	57	56	56
	SSP5-8.5	106	105	93	82	42	60	51
2061～2100 年	SSP1-2.6	104	104	92	82	45	52	52
	SSP2-4.5	106	106	102	93	56	54	57
	SSP3-7.0	101	112	109	100	64	57	58
	SSP5-8.5	110	112	96	85	35	64	43

为确定夏玉米成熟期地上部分生物量相关程度最高的干旱指标、月份和干旱指标时间尺度,本章分析了 2021～2060 年和 2061～2100 年 SSP1-2.6、SSP2-4.5、SSP3-7.0 和 SSP5-8.5 情景下夏玉米生育期内各月 1～5 个月时间尺度 SPEI、$SMDI_{0\sim10}$、$SMDI_{10\sim40}$ 与夏玉米成熟期地上部分生物量的皮尔逊相关关系,统计了夏玉米生育期内各月 1～5 个月时间尺度 SPEI、$SMDI_{0\sim10}$、$SMDI_{10\sim40}$ 与夏玉米成熟期地上部分生物量的 $r>0.4$ 的站点数。为进一步确定与夏玉米成熟期地上部分生物量相关程度最高的干旱指标时间尺度,统计了 2021～2060 年和 2061～2100 年 SSP1-2.6、SSP2-4.5、SSP3-7.0 和 SSP5-8.5 情景下 1～5 个月时间尺度 SPEI、$SMDI_{0\sim10}$、$SMDI_{10\sim40}$ 与夏玉米成熟期地上部分生物量的 $r>0.4$ 的站点数。

3. 干旱对玉米产量的影响

计算 2021～2060 年和 2061～2100 年两个时间段内 SSP1-2.6、SSP2-4.5、SSP3-7.0 和 SSP5-8.5 情景下各站点春玉米产量与干旱指标的 r,当站点春玉米产量与干旱指标的 $r>0.4$ 时(中度相关),即认为该站点(春玉米,46 个站点;夏玉米,18 个站点)春玉米产量与干旱指标的相关关系较好。

分析 2021～2060 年和 2061～2100 年两个时间段内 SSP1-2.6、SSP2-4.5、SSP3-7.0 和 SSP5-8.5 情景下春玉米产量与春玉米生育期内各月 1～7 个月时间尺度 SPEI 的 $r>0.4$ 的站点数,结果表明,8 月 2～7 个月时间尺度 SPEI 与春玉米产量的 $r>0.4$ 的站点数最多,7 月 3～7 个月时间尺度 SPEI 与春玉米产量的 $r>0.4$ 的站点数也很多。在 2021～2060 年和 2061～2100 年不同情景下,都有半数以上的春玉米种植站点的产量与 8 月 2～7 个月时间尺度和 7 月 3～7 个月时间尺度的 $r>0.4$;2061～2100 年不同情景下春玉米产量与春玉米生育期内各月 1～7 个月时间尺度 SPEI 的 $r>0.4$ 的站点数比 2021～2060 年多。

表 10-25 给出的是春玉米生育期内所有月份在 2021～2060 年和 2061～2100 年两个时间段 SSP1-2.6、SSP2-4.5、SSP3-7.0 和 SSP5-8.5 情景下 1～7 个月时间尺度的 SPEI 与产量的 $r>0.4$ 的站点数。由表 10-25 可知,4～7 个月时间尺度 SPEI 与产量的 $r>0.4$ 的站点数较多,在 2021～2060 年 SSP3-7.0 情景下 4～7 个月时间尺度 SPEI 与产量的 $r>0.4$ 的站点数,比 SSP1-2.6、SSP2-4.5 和 SSP5-8.5 情景下 4～7 个月时间尺度 SPEI 与产量的 $r>0.4$ 的站点数多。在 2061～2100 年 4 种情景下 1～7 个月时间尺度的 SPEI 与产量的 $r>0.4$ 的站点数差别不大。

分析在 2021～2060 年和 2061～2100 年两个时间段内 SSP1-2.6、SSP2-4.5、SSP3-7.0 和 SSP5-8.5 情景下春玉米产量与春玉米生育期内各月 1～7 个月时间尺度 $SMDI_{0\sim10}$ 的 $r>0.4$ 的站点数,结果表明,7 月和 8 月 1～3 个月时间尺度 $SMDI_{0\sim10}$ 与春玉米产量的 $r>0.4$ 的站点数较多,尤其是在 8 月;1 个月时间尺度 $SMDI_{0\sim10}$ 与春玉米产量的 $r>0.4$ 的站点数较其他时间尺度要多;2061～2100 年春玉米产量与春玉米生育期内各月 1～7 个月时间尺度 $SMDI_{0\sim10}$ 的 $r>0.4$ 的站点数比 2021～2060 年有上升的趋势,但是上升的幅度不大;2021～2060 年和 2061～2100 年 SSP2-4.5 和 SSP5-8.5 情景下春玉米生育期内各月 1～7 个月时间尺度 $SMDI_{0\sim10}$ 的 $r>0.4$ 的站点数比 SSP1-2.6 和 SSP3-7.0 情景下的多。

表 10-25　不同情景下春玉米生育期内 1~7 个月时间尺度 SPEI
与产量的 $r > 0.4$ 的站点数　　　　　　　（单位：个）

时期	情景	时间尺度						
		1 个月	2 个月	3 个月	4 个月	5 个月	6 个月	7 个月
2021~2060 年	SSP1-2.6	43	60	76	86	91	91	87
	SSP2-4.5	56	70	76	90	90	108	80
	SSP3-7.0	51	70	82	100	91	107	100
	SSP5-8.5	48	68	89	92	95	90	87
2061~2100 年	SSP1-2.6	43	55	74	76	93	97	91
	SSP2-4.5	54	72	76	92	98	119	80
	SSP3-7.0	62	75	83	90	81	93	102
	SSP5-8.5	56	70	88	96	93	94	86

表 10-26 给出的是春玉米生育期内所有月份在 2021~2060 年和 2061~2100 年两个时间段 SSP1-2.6、SSP2-4.5、SSP3-7.0 和 SSP5-8.5 情景下 1~7 个月时间尺度 $SMDI_{0~10}$ 与春玉米成熟期地上部分生物量 $r > 0.4$ 的站点数。由表 10-26 可知，2021~2060 年和 2061~2100 年不同情景下 1~7 个月时间尺度 $SMDI_{0~10}$ 与春玉米产量 $r > 0.4$ 的站点数比 1~7 个月时间尺度 SPEI 与春玉米产量的 $r > 0.4$ 的站点数少。1~5 个月时间尺度 $SMDI_{0~10}$ 与春玉米产量 $r > 0.4$ 的站点数相对较多，6~7 个月时间尺度 $SMDI_{0~10}$ 与春玉米产量的 $r > 0.4$ 的站点数较少。以 2021~2060 年 SSP5-8.5 情景为例，1~5 个月时间尺度 $SMDI_{0~10}$ 与春玉米产量 $r > 0.4$ 的站点数分别为 76 个、81 个、78 个、89 个和 80 个，而 6~7 个月时间尺度 $SMDI_{0~10}$ 与春玉米产量 $r > 0.4$ 的站点数仅为 53 个和 43 个。

表 10-26　不同情景下春玉米生育期 1~7 个月时间尺度 $SMDI_{0-10}$
与产量的 $r > 0.4$ 的站点数　　　　　　（单位：个）

时期	情景	时间尺度						
		1 个月	2 个月	3 个月	4 个月	5 个月	6 个月	7 个月
2021~2060 年	SSP1-2.6	83	79	84	90	81	47	47
	SSP2-4.5	74	70	84	83	76	51	49
	SSP3-7.0	80	80	80	81	74	47	45
	SSP5-8.5	76	81	78	89	80	53	43
2061~2100 年	SSP1-2.6	82	74	82	93	76	45	47
	SSP2-4.5	75	69	85	91	76	47	50
	SSP3-7.0	90	84	80	79	77	47	45
	SSP5-8.5	79	89	78	86	84	62	38

分析 2021~2060 年和 2061~2100 年两个时间段内 SSP1-2.6、SSP2-4.5、SSP3-7.0 和 SSP5-8.5 情景下春玉米产量与春玉米生育期内各月 1~7 个月时间尺度 $SMDI_{10~40}$ 的 $r > 0.4$ 的站点数，结果表明，春玉米生育期内各月 1~7 个月时间尺度 $SMDI_{10~40}$ 与产量的 $r > 0.4$

的站点数与春玉米生育期内各月 1～7 个月时间尺度 $SMDI_{0～10}$ 与产量的 $r>0.4$ 的站点数相似；7 月和 8 月 1～3 个月时间尺度的 $SMDI_{10～40}$ 与产量的 $r>0.4$ 的站点数较多；2021～2060 年和 2061～2100 年不同情景下春玉米生育期内各月 1～7 个月时间尺度 $SMDI_{10～40}$ 与产量的 $r>0.4$ 的站点数变化幅度不大。

表 10-27 给出的是春玉米生育期内所有月份在 2021～2060 年和 2061～2100 年两个时间段 SSP1-2.6、SSP2-4.5、SSP3-7.0 和 SSP5-8.5 情景下 1～7 个月时间尺度 $SMDI_{10～40}$ 与春玉米产量的 $r>0.4$ 的站点数。由表 10-27 给出的数据可知，春玉米生育期内所有月份 1～2 个月时间尺度 $SMDI_{10～40}$ 与春玉米成熟期地上部分生物量的 $r>0.4$ 的站点数较其他时间尺度要多；2061～2100 年 SSP2-4.5 情景下春玉米生育期内所有月份 1～7 个月时间尺度 $SMDI_{10～40}$ 与春玉米成熟期地上部分生物量的 $r>0.4$ 的站点数与 2021～2160 年相比，有明显的上升趋势。

表 10-27　不同情景下春玉米生育期 1～7 个月时间尺度 $SMDI_{10-40}$ 与产量的
$r>0.4$ 的站点数　　　　　　　　　　　（单位：个）

时期	情景	时间尺度						
		1 个月	2 个月	3 个月	4 个月	5 个月	6 个月	7 个月
2021～2060 年	SSP1-2.6	95	79	69	74	58	65	50
	SSP2-4.5	87	91	83	63	54	69	63
	SSP3-7.0	92	92	74	53	64	68	66
	SSP5-8.5	76	95	74	64	66	61	57
2061～2100 年	SSP1-2.6	98	80	64	80	51	55	41
	SSP2-4.5	103	100	92	64	53	67	64
	SSP3-7.0	96	93	79	48	72	59	58
	SSP5-8.5	77	101	74	63	69	51	53

为研究夏玉米产量相关程度最高的干旱指标、月份和干旱指标时间尺度，本章分析了 2021～2060 年和 2061～2100 年 SSP1-2.6、SSP2-4.5、SSP3-7.0 和 SSP5-8.5 情景下夏玉米生育期内各月 1～5 个月时间尺度 SPEI、$SMDI_{0～10}$、$SMDI_{10～40}$ 与夏玉米产量的皮尔逊相关关系，统计了夏玉米生育期内各月 1～5 个月时间尺度 SPEI、$SMDI_{0～10}$、$SMDI_{10～40}$ 与夏玉米产量的 $r>0.4$ 的站点数。为进一步探寻与夏玉米产量相关程度最高的干旱指标时间尺度，本章统计了 2021～2060 年和 2061～2100 年 SSP1-2.6、SSP2-4.5、SSP3-7.0 和 SSP5-8.5 情景下 1～5 个月时间尺度 SPEI、$SMDI_{0～10}$、$SMDI_{10～40}$ 与夏玉米产量的 $r>0.4$ 的站点数。

10.3　本章小结

玉米生长和产量与 SPEI 的相关关系好于 SMDI。SMDI 对玉米生长和产量的影响与气象干旱对玉米生长和产量的影响相比存在明显的滞后现象。例如，夏玉米生育期内各时间尺度 SPEI 与生育期内 LAI_{max} 在 7 月和 8 月相关关系最好，而夏玉米生育期内各时间尺度

$SMDI_{0\sim10}$ 与生育期内 LAI_{max} 在 9 月和 10 月相关关系最好；在分区Ⅱ与分区Ⅲ，$SMDI_{0\sim10}$ 与地上部分生物量的正相关关系大多都出现在春玉米生育期的中后期（7～10 月），而 SPEI 与地上部分生物量在 5～7 月相关关系最好；夏玉米的 SPEI 和 $SMDI_{0\sim10}$ 分别与地上部分生物量在 8 月和 10 月的相关关系最好；气象干旱对玉米生长和产量的影响与气象干旱相比要滞后 1～2 个月。

春玉米开花期—乳熟期（7～8 月）的持续干旱对春玉米产量的影响最大，在分区Ⅰ中，6 月 1 个月时间尺度 SPEI（$r=0.38$，$p \leqslant 0.01$）对产量的影响最大，虽然 6 月 1 个月时间尺度的 SPEI 与产量的 r 最大（$r=0.38$），但 8 月 4 个月时间尺度的 SPEI 与产量仍有较高的 r（$r=0.34$，$p \leqslant 0.1$）；而在分区Ⅱ和分区Ⅲ中，产量与 8 月 4 个月时间尺度的 SPEI 的相关性最大（r 分别为 0.39 和 0.40，$p \leqslant 0.01$）；对于夏玉米而言，干旱在开花期前后（7～8 月）对产量的影响最大，8 月 4 个月时间尺度的 SPEI 与产量的正相关程度最高最好（$r=0.41$，$p \leqslant 0.01$）。所以总体上来说，8 月 4 个月时间的 SPEI 能够较好地识别玉米生育期内的气象干旱。

未来时期干旱指标（SPEI、$SMDI_{0\sim10}$ 和 $SMDI_{10\sim40}$）与玉米产量相关要素（生育期内 LAI_{max}、成熟期地上部分生物量和产量）正相关程度最高的月份和时间尺度与历史时期相似。

第11章 主要结论

11.1 干旱时空变异性对冬小麦生长和产量的影响

（1）与历史时期相比，未来时期 SSP1-2.6、SSP2-4.5、SSP3-7.0 和 SSP5-8.5 情景下，西北温带和暖温带沙漠区干旱有加大趋势，而其他地区的干旱化趋势得到缓解，甚至出现湿润化趋势。排放情景越高，青藏高寒区、东北温带地区和华北暖温带区湿润化趋势越明显。与 1961～2000 年相比，2021～2060 年和 2061～2100 年西北温带和暖温带沙漠区和青藏高寒区极端干旱发生频次、历时及强度均有所增加，轻度、中度和严重干旱历时和强度有降低趋势。华北暖温带区干旱频次比其他分区低。未来低排放情景下干旱频次大于其他三个情景；高排放情景下极端干旱历时和强度大于其他三个情景，研究结果对未来我国各地区干旱预警具有指导作用。

（2）1981～2015 年黄淮海平原地区和其他地区冬小麦生育期内气象干旱较新疆地区更为频繁；黄淮海平原地区 1～9 个月时间尺度 SMDI$_{0~10}$ 和 SMDI$_{10~40}$ 农业干旱发生频次大于其他两个分区。与表层相比，黄淮海平原地区和其他地区 10～40cm 土层农业干旱更为严重；新疆地区 10～40cm 土层的干旱程度较 0～10cm 土层低。在未来时期，10 月至次年 2 月中短时间尺度气象干旱发生频次较高；3～6 月 0～10cm 农业干旱发生频次较高；1～4 月 10～40cm 农业干旱发生频次较高。随着排放情景增大，各分区冬小麦生育期内农业干旱有增加趋势。在 SSP3-7.0 和 SSP5-8.5 情景下，0～10cm 土层干旱程度比 10～40cm 土层大。

（3）DSSAT-CERES-Wheat 模型对冬小麦开花期、成熟期以及冬小麦产量的模拟效果较好。历史时期黄淮海平原地区和其他地区冬小麦生育期内 LAI$_{max}$、成熟期地上部分生物量及产量比新疆地区高。2021～2060 年及 2061～2100 年，在 4 个情景尤其高排放情景下，各分区开花期和成熟期都有提前；黄淮海平原地区和新疆地区冬小麦开花期和成熟期有所延迟。2021～2060 年 4 种情景下冬小麦 LAI$_{max}$、成熟期地上部分生物量及冬小麦产量相差不大，SSP5-8.5 情景下黄淮海平原地区和新疆地区冬小麦产量增幅较大。

（4）历史和未来时期 4 个月时间尺度 SPEI、1 个月尺度 SMDI$_{0~10}$ 和 SMDI$_{10~40}$ 对冬小麦 LAI$_{max}$、成熟期地上部分生物量及产量影响较大；SMDI 与冬小麦 LAI$_{max}$、成熟期地上部分生物量及产量的相关性大于 SPEI，说明农业干旱对冬小麦生长和产量的影响比气象干旱大。2021～2060 年各排放情景下气象和农业干旱与冬小麦 LAI$_{max}$、成熟期地上部分生物量及产量相关性相差不大，而 2061～2100 年随着排放情景的增大，气象和农业干旱与冬小麦 LAI$_{max}$、成熟期地上部分生物量及产量相关性逐渐降低。冬小麦各生育阶段干旱指标与冬小麦 LAI$_{max}$ 和成熟期地上部分生物量相关性相差不大。而冬小麦拔节期和灌浆期干旱对冬小麦产量影响较大，在冬小麦越冬期适当的"干旱锻炼"对冬小麦产量影响不大。农业干旱与冬小麦产量变异性的决定系数为 14%，而气象干旱与冬小麦产量变异性的决定系数仅为 2% 左右。黄淮海平原地区拔节期和灌浆期各干旱指标与冬小麦 LAI_{max}、成熟期地上部分生物量及产量相关性最大，其次是新疆地区。历史时期干旱年份黄淮海平原地区和其他地区大多站点冬小麦减产 5%～25%。

11.2　干旱时空变异性对春小麦生长和产量的影响

（1）历史时期春小麦生育期内气象干旱频繁发生，其中 3～5 月干旱发生频率较高；青藏高原区的气象干旱较东北平原和北方地区更为频繁，严重和极端干旱在生育期内均有发生。2021～2100 年在 SSP1-2.6、SSP2-4.5、SSP3-7.0 和 SSP5-8.5 情景下，春小麦生育期内 0～10cm 土层农业干旱多为 2～5 个月时间尺度干旱，在 6～9 月干旱发生频率较高；2021～2100 年 4 种情景下春小麦生育期内不同时间尺度的农业干旱差别不大。春小麦干旱和气象干旱之间呈现出较好的关联性，并且春小麦农业干旱对气象干旱的响应月份为 1～2 个月。

（2）DSSAT-CERES-Wheat 模型对春小麦开花期、成熟期和产量的模拟的 R^2 在 0.84 以上，DSSAT-CERES-Wheat 模型对春小麦的生长过程和产量具有较好的模拟效果。历史时期春小麦分区Ⅰ-东北平原区生育期内 LAI_{max}、地上部分生物量和产量较小，而分区Ⅲ-青藏高原区春小麦生育期内 LAI_{max}、地上部分生物量和产量较其他两个分区大，分区Ⅱ-北方干旱半干旱区春小麦生育期内 LAI_{max}、地上部分生物量和产量的年际变化较平缓。未来时期各分区生育期内 LAI_{max}、地上部分生物量和产量的平均值均比历史时期大。未来时期 2061～2100 年春小麦生育期内 LAI_{max}、地上部分生物量和产量平均值相较于 2021～2060 年也有轻微的增加趋势。未来时期各情景间没有明显的规律。

（3）历史时期在 SPEI、$SMDI_{0～10}$ 和 $SMDI_{10～40}$ 三个指标中，$SMDI_{0～10}$ 为影响春小麦生长过程和产量最关键的干旱指标。历史时期各分区内影响春小麦生育期内 LAI_{max}、成熟期地上部分生物量以及春小麦产量的关键月和关键时间尺度的干旱指标不同，但综合来看，短时间尺度的干旱指标对春小麦生长以及产量的影响更大；生育期前中期发生干旱对春小麦叶片的生长影响较大；生育期中后期发生干旱对春小麦地上部分生物量的积累以及产量的影响较大。未来时期 $SMDI_{0～10}$ 与春小麦产量的相关关系较历史时期略差；影响春小麦生长和产量较大的关键生育期和对应的最佳时间尺度的规律和历史时期较为类似，短时间尺度的干旱指标对春小麦生长及产量的影响更大；生育期中后期干旱对春小麦生长及产量的影响较大。

11.3　干旱时空变异性对玉米生长和产量的影响

（1）历史时期（1961～2018 年），在西北与东北地区，10～40cm 土层深度的农业干旱程度较 0～10cm 土层深度的农业干旱程度高，在华北地区，0～10cm 和 10～40cm 土层深度农业干旱的严重程度相似；玉米生育期内的气象干旱严重程度变化幅度较大，干湿交替的情况较多；而玉米生育期内的农业干旱严重程度变化幅度小，通常在整个生育期呈现一致的农业干湿状态。2021～2100 年，SSP1-2.6、SSP2-4.5、SSP3-7.0 和 SSP5-8.5 情景下华北地区玉米生育期内的 7～9 月发生气象干旱的频次减少，西北地区和东北地区干湿交替的情况增多；未来时期 SSP1-2.6 和 SSP2-4.5 情景下，3 个分区 0～10cm 深度土层与 10～40cm 深度土层的农业干湿状态基本一致，10～40cm 土层深度的农业干旱严重程度高于 0～10cm 土层深度的农业干旱严重程度。

（2）DSSAT-CERES-Maize 模型可以很好地模拟春玉米和夏玉米的生长和产量，观测值和实测值的 $R^2 > 0.72$，生长阶段 RRMSE 在 0.07 左右、产量 RRMSE 在 0.15 左右（<0.2），DSSAT-CERES-Maize 模型对玉米物候期的模拟效果好于对产量的模拟。历史时期，华北地区和东北地区春玉米生育期内 LAI_{max} 比西北地区高；3 个分区地上部分春玉米成熟期地上部分生物量相近；1961～2018 年各分区春玉米产量和夏玉米产量有略微下降的趋势；春玉米生育期内 LAI_{max}、成熟期地上部分生物量和产量均要高于夏玉米。在 2021～2060 年，SSP1-2.6、SSP2-4.5、SSP3-7.0 和 SSP5-8.5 情景下玉米的关键生育期、生育期内 LAI_{max}、成熟期地上部分生物量和产量的差异较小，2061～2100 年的差异较大；春玉米的开花期和成熟期提前，SSP1-2.6 到 SSP5-8.5 情景下春玉米开花期和成熟期提前的天数越来越多，4 个情景下春玉米产量都有下降趋势。

（3）玉米生长和产量与 SPEI 的相关关系好于 SMDI；与气象干旱相比农业干旱对玉米生长和产量的影响存在明显的滞后现象；干旱指标线性斜率与春玉米产量线性斜率的相关关系最好，而干旱指标线性斜率与夏玉米生育期内 LAI_{max} 线性斜率的相关关系最好。历史时期，对于春玉米而言，开花期—乳熟期（7～8 月）的持续干旱对春玉米产量的影响最大；对于夏玉米而言，干旱发生在 7～8 月对产量的影响最大；3 个分区 8 月 4 个月时间尺度的 SPEI 能够较好地识别玉米生育期内的气象干旱。未来时期 SSP1-2.6、SPP2-4.5、SSP3-7.0、SSP5-8.5 情景下干旱指标（SPEI、$SMDI_{0～10}$ 和 $SMDI_{10～40}$）与玉米产量相关要素（生育期内 LAI_{max}、成熟期地上部分生物量和产量）正相关程度最高的月份和时间尺度与历史时期相似。

参 考 文 献

曹卫星. 2017. 作物栽培学总论. 3 版. 北京：科学出版社.

曹永强，李维佳，朱明明. 2018. 河北省冬小麦、棉花全生育期缺水量时空特征分析. 水土保持研究，25（6）：348-356.

车晓翠，李洪丽，张春燕，等. 2021. 1980 年代以来气候变化对吉林省玉米产量的影响. 水土保持研究，28（2）：230-234，241.

陈财，阮甜，罗纲，等. 2019. 淮河蚌埠闸以上地区冬小麦干旱对气象干旱的响应. 自然灾害学报，28（5）：113-124.

陈实. 2020. 中国北部冬小麦种植北界时空变迁及其影响机制研究. 北京：中国农业科学院.

陈新国. 2021. 气象和农业干旱对冬小麦生长和产量的影响. 咸阳：西北农林科技大学.

高超，李学文，孙艳伟，等. 2019. 淮河流域夏玉米生育阶段需水量及农业干旱时空特征. 作物学报，45（2）：297-309.

高辉明，张正斌，徐萍，等. 2013. 2001—2009 年中国北部冬小麦生育期和产量变化. 中国农业科学，46（11）：2201-2210.

国家统计局. 2020. 中国统计年鉴 2020. 北京：中国统计出版社.

郝永红，王玮，王国卿，等. 2009. 气候变化及人类活动对中国北方岩溶泉的影响——以山西柳林泉为例. 地质学报，83（1）：138-144.

胡彩虹，赵留香，王艺璇，等. 2016. 气象、农业和水文干旱之间关联性分析. 气象与环境科学，39（4）：1-6.

胡文峰，陈玲玲，姚俊强，等. 2019. 近 55 年来新疆多时间尺度干旱格局演变特征. 人民珠江，40（11）：1-9.

黄岩，李晶，王莹，等. 2019. 不同生育期干旱对玉米生长及产量的影响模拟. 农业灾害研究，9（6）：47-49，92.

贾正雷，程家昌，李艳梅，等. 2018. 1978～2014 年中国玉米生产的时空特征变化研究. 中国农业资源与区划，39（2）：50-57.

江铭诺，刘朝顺，高炜. 2018. 华北平原夏玉米潜在产量时空演变及其对气候变化的响应. 中国生态农业学报，26（6）：865-876.

姜彤，吕嫣冉，黄金龙，等. 2020. CMIP6 模式新情景（SSP-RCP）概述及其在淮河流域的应用. 气象科技进展，10（5）：102-109.

康西言，李春强，杨荣芳. 2018. 河北省冬小麦生育期干旱特征及成因分析. 干旱地区农业研究，36（3）：210-217.

李剑锋，张强，陈晓宏，等. 2012. 基于标准降水指标的新疆干旱特征演变. 应用气象学报，23（3）：322-330.

李克南，杨晓光，刘园，等. 2012. 华北地区冬小麦产量潜力分布特征及其影响因素. 作物学报，38（8）：1483-1493.

李林超. 2019. 极端气温、降水和干旱事件的时空演变规律及其多模式预测. 咸阳：西北农林科技大学.

李熙婷. 2016. 河套灌区膜下滴灌小麦水肥盐动态变化与灌溉制度优化研究. 呼和浩特：内蒙古农业大学.

李祎君，吕厚荃. 2017. 近50 a南方农业干旱演变及其影响. 干旱气象，35（5）：724-733.

李毅，陈新国，赵会超，等. 2021a. 土壤干旱遥感监测的最新研究进展. 水利与建筑工程学报，19（1）：1-7.

李毅，姚宁，陈新国，等. 2021b. 新疆地区干旱严重程度时空变化研究. 北京：中国水利水电出版社.

刘寒，陈杰，吴桂炀. 2019. 径流响应评估中基于动力与统计相结合的降尺度方法是否优于单一的降尺度方法. 水资源研究，8（6）：535-546.

刘欢欢，王飞，张廷龙. 2018. CLDAS和GLDAS土壤湿度资料在黄土高原的适用性评价. 干旱地区农业研究，36（5）：270-276，294.

刘辉，张淑芳. 2019. 干旱条件下春小麦产量稳定性分析. 陕西农业科学，65（6）：44-47.

刘丽伟，魏栋，王小巍，等. 2019. 多种土壤湿度资料在中国地区的对比分析. 干旱气象，37（1）：40-47.

刘鑫，李文辉. 2020. 气象条件对共和春小麦生长发育和产量的影响分析. 农业灾害研究，10（4）：98-101.

马秀峰，夏军. 2011. 游程概率统计原理及其应用. 北京：科学出版社.

毛留喜，毕宝贵，孙涵，等. 2019. 中国精细化农业气候资源图集. 北京：气象出版社.

孟蔚. 2019. 干旱对玉米生长发育及产量的影响分析. 种子科技，37（13）：65-67.

南学军，胡宏远，马国飞，等. 2021. 宁夏引黄灌区头水灌溉对春小麦生长和产量的影响. 江苏农业科学，49（13）：64-70.

齐月，王鹤龄，张凯，等. 2019. 气候变化对黄土高原半干旱区春小麦生长和产量的影响——以定西市为例. 生态环境学报，28（7）：1313-1321.

史晓亮，吴梦月，丁皓. 2020. SPEI和植被遥感信息监测西南地区干旱差异分析. 农业机械学报，51（12）：184-192.

斯思，毕训强，孔祥慧，等. 2020. CMIP6情景中主要温室气体和气溶胶排放强度的时空分布特征分析. 气候与环境研究，25（4）：366-384.

孙汉玉. 2019. 浅谈干旱对玉米生长发育的影响及避旱措施. 农民致富之友，（7）：24.

谭方颖，何亮，吕厚荃，等. 2020. 基于游程理论的农业干旱指数在辽宁省春玉米旱灾损失评估中的应用. 中国生态农业学报（中英文），28（2）：191-199.

王斌，顾蕴倩，刘雪，等. 2012. 中国冬小麦种植区光热资源及其配比的时空演变特征分析. 中国农业科学，45（2）：228-238.

王琛，王连喜. 2019. 宁夏灌区春小麦形态结构及干物质分配对不同时期干旱胁迫的响应. 生态学杂志，38（7）：2049-2056.

王飞. 2020. 多干旱类型视角下的黄河流域干旱时空演变特征研究. 郑州：郑州大学.

王海燕，闫丽娟，李广，等. 2019. DSSAT模型在黄土丘陵区不同耕作措施中的适用性. 草业科学，36（3）：813-820.

王鹤龄，张强，王润元，等. 2015. 增温和降水变化对西北半干旱区春小麦产量和品质的影响. 应用生态学报，26（1）：67-75.

王利民，刘佳，张有智，等. 2021. 我国农业干旱灾害时空格局分析. 中国农业资源与区划，42（1）：96-105.

王连喜，胡海玲，李琪，等. 2015. 基于水分亏缺指数的陕西冬小麦干旱特征分析. 干旱地区农业研究，33（5）：237-244.

王瑞峥. 2018. 基于遥感监测黄淮海地区冬小麦物候对气候变化的响应及其对产量的影响. 南京：南京大学.

王天雪. 2021. 近 30 年来气候变化对中国主要种植区春-夏玉米产量的影响. 咸阳：西北农林科技大学.

吴海江，粟晓玲，张更喜. 2021. 基于 Meta-Gaussian 模型的中国农业干旱预测研究. 地理学报，76（3）：525-538.

吴克宁，赵瑞. 2019. 土壤质地分类及其在我国应用探讨. 土壤学报，56（1）：227-241.

吴泽棉，邱建秀，刘苏峡，等. 2020. 基于土壤水分的农业干旱监测研究进展. 地理科学进展，39（10）：1758-1769.

夏兴生，朱秀芳，潘耀忠，等. 2016. 农作物干旱灾害实时风险监测研究——以 2014 年河南干旱为例. 自然灾害学报，25（5）：28-36.

熊伟. 2009. CERES-Wheat 模型在我国小麦区的应用效果及误差来源. 应用气象学报，20（1）：88-94.

徐建文，居辉，刘勤，等. 2014. 黄淮海平原典型站点冬小麦生育阶段的干旱特征及气候趋势的影响. 生态学报，34（10）：2765-2774.

徐建文，居辉，梅旭荣，等.2015. 近 30 年黄淮海平原干旱对冬小麦产量的潜在影响模拟. 农业工程学报，31（6）：150-158.

徐昆，朱秀芳，刘莹，等. 2020. 气候变化下干旱对中国玉米产量的影响. 农业工程学报，36（11）：149-158.

杨华，丁文魁，王鹤龄，等. 2021. 河西走廊地区气候变化对灌溉春小麦生长的影响. 干旱地区农业研究，29（1）：207-214.

杨建莹，霍治国，邬定荣，等. 2017. 基于 MODIS 和 SEBAL 模型的黄淮海平原冬小麦水分生产力研究. 中国农业气象，38（7）：435-446.

杨勇. 2018. 我国耕地面积变化的影响因素分析及预测研究. 西安：陕西师范大学.

姚宁，周元刚，宋利兵，等. 2015. 不同水分胁迫条件下 DSSAT-CERES-Wheat 模型的调参与验证. 农业工程学报，31（12）：138-150.

战莘晔. 2018. 中国近 60 年农业旱灾等级评估及分析方法. 北京：中国气象学会.

张红英，李世娟，诸叶平，等. 2017. 小麦作物模型研究进展. 中国农业科技导报，19（1）：85-93.

张丽霞，陈晓龙，辛晓歌. 2019. CMIP6 情景模式比较计划（ScenarioMIP）概况与评述. 气候变化研究进展，15（5）：519-525.

张玲玲，冯浩，董勤各. 2019. 黄土高原冬小麦产量潜力时空分布特征及其影响因素. 干旱地区农业研究，37（3）：267-274.

张慕琪，闻新宇，包赟，等. 2022. 基于人工神经网络技术开发中国地区统计降尺度气候预估数据. 北京大学学报，58（2）：1-24.

张强，姚玉璧，李耀辉，等. 2020. 中国干旱事件成因和变化规律的研究进展与展望. 气象学报，78（3）：500-521.

张晓庆，王玉良，王景涛，等. 2018. 统计学. 7 版. 北京：清华大学出版社.

张有智，解文欢，吴黎，等. 2020. 农业干旱灾害研究进展. 中国农业资源与区划，41（9）：182-188.

赵焕，徐宗学，赵捷. 2017. 基于 CWSI 及干旱稀遇程度的农业干旱指数构建及应用. 农业工程学报，33（9）：116-125，316.

赵会超. 2020. 不同类型干旱的时空变化规律及其关系研究. 咸阳：西北农林科技大学.

周莉，江志红. 2017. 基于转移累计概率分布统计降尺度方法的未来降水预估研究：以湖南省为例. 气象学报，75（2）：223-235.

朱智，师春香. 2014. 中国气象局陆面同化系统和全球陆面同化系统对中国区域土壤湿度的模拟与评估. 科学技术与工程，14（32）：138-144.

Aadhar S，Mishra V. 2017. High-resolution near real-time drought monitoring in South Asia. Scientific Data，4：170145.

Ajaz A，TaghvAeian S，Khand K，et al. 2019. Development and evaluation of an agricultural drought index by harnessing soil moisture and weather data. Water，11（7）：1375.

Allen R G，Pereira L S，Raes D，et al.1998. Crop evapotranspiration-guidelines for computing crop water requirements. FAO，300（9）：D05109.

Anderson L O，Malhi Y，Aragão L E. 2010. Remote sensing detection of droughts in amazonian forest canopies. New Phytologist，187（3）：733-750.

Anwar M R，Liu D L，Farquharson R，et al.2015. Climate change impacts on phenology and yields of five broadacre crops at four climatologically distinct locations in Australia. Agricultural Systems，132：133-144.

Araya A，Hoogenboom G，Luedeling E，et al. 2015. Assessment of maize growth and yield using crop models under present and future climate in southwestern Ethiopia. Agricultural and Forest Meteorology，201：677-678.

Asadi Zarch M A，Sivakumar B，Sharma A. 2015. Droughts in a warming climate：A global assessment of Standardized precipitation index（SPI）and Reconnaissance drought index（RDI）. Journal of Hydrology，526：183-195.

Asong Z E，Wheater H S，Bonsal B，et al.2018. Historical drought patterns over Canada and their teleconnections with large-scale climate signals. Hydrology and Earth System Sciences，22（6）：3105-3124.

Berti A，Tardivo G，Chiaudani A，et al. 2014. Assessing reference evapotranspiration by the Hargreaves method in north-eastern Italy. Agricultural Water Management，140：20-25.

Bhalme H N，Mooley D A. 1980. Large-scale droughts/floods and monsoon circulation. Monthly Weather Review，108（8）：1197.

Braswell B H，Schimel D S，Linder E. 1997. The response of global terrestrial ecosystems to interannual temperature variability. Science，278（5339）：870-872.

Carrão H，Russo S，Sepulcre-Canto G，et al. 2016. An empirical standardized soil moisture index for agricultural drought assessment from remotely sensed data. International Journal of Applied Earth Observation and Geoinformation，48：74-84.

Chakrabarti S，Bongiovanni T，Judge J，et al. 2014. Assimilation of SMOS soil moisture for quantifying drought impacts on crop yield in agricultural regions. IEEE Journal of Selected Topics in Applied Earth Observations and Remote Sensing，7（9）：3867-3879.

Challinor A J，Müller C，Asseng S，et al. 2018. Improving the use of crop models for risk assessment and climate change adaptation. Agricultural Systems，159：296-306.

Chen H，Sun J，Lin W，et al. 2020. Comparison of CMIP6 and CMIP5 models in simulating climate extremes. Science Bulletin，65（17）：1415-1418.

Chen X G，Li Y，Chau H W，et al. 2020a. The spatiotemporal variations of soil water content and soil temperature and the influences of precipitation and air temperature at the daily，monthly，and annual timescales in China. Theoretical and Applied Climatology，140（1）：429-451.

Chen X G, Li Y, Yao N, et al. 2020b. Impacts of multi-timescale SPEI and SMDI variations on winter wheat yields. Agricultural Systems, 185: 255-271.

Cook B I, Mankin J S, Marvel K, et al. 2020. Twenty-first century drought projections in the CMIP6 forcing scenarios. Earth's Future, 8 (6): e2019EF001461.

Dai Y, Shangguan W, Duan Q, et al. 2013. Development of a China dataset of soil hydraulic parameters using pedotransfer functions for land surface modeling. Journal of Hydrometeorology, 14 (3): 869-887.

Duan K, Mei Y D. 2014. Comparison of meteorological, hydrological and agricultural drought responses to climate change and uncertainty assessment. Water Resources Management, 28 (14): 5039-5054.

Eyring V, Bony S, Meehl A, 2016. Overview of the Coupled Model Intercomparison Project Phase 6 (CMIP6) experimental design and organization. Geoscientific Model Development, 9 (5): 1937-1958.

Feleke H G, Savage M J, Tesfaye K. 2021. Calibration and validation of APSIM-Maize, DSSAT-CERES-Maize and AquaCrop models for Ethiopian tropical environments. South African Journal of Plant and Soil, 38 (1): 36-51.

Forzieri G, Feyen L, Russo S, et al. 2016. Multi-hazard assessment in Europe under climate change. Climatic Change, 137 (1-2): 105-119.

Fujimori S, Hasega W A T, Masui T, et al. 2017. SSP3: AIM implementation of Shared Socioeconomic Pathways. Global Environmental Change, 42: 268-283.

Gorelick N, Hancher M, Dixon M, et al.2017. Google Earth Engine: Planetary-scale geospatial analysis for everyone. Remote Sensing of Environment, 202: 18-27.

Grose M R, Narsey S, Delage F P, et al. 2020. Insights from CMIP6 for australia's future climate. Earth's Future, 8 (5): e2019EF001469.

Guna A, Zhang J, Tong S, et al.2019. Effect of climate change on maize yield in the growing season: A case study of the songliao plain maize belt. Water, 11 (10): w11102108.

Hao Z, Aghakouchak A. 2013. Multivariate standardized drought index: A parametric multi-index model. Advances in Water Resources, 57: 12-18.

He J, Jones J W, Graham W D, et al.2010. Influence of likelihood function choice for estimating crop model parameters using the generalized likelihood uncertainty estimation method. Agricultural Systems, 103 (5): 256-264.

Hoogenboom G, Porter C H, Shelia V, et al. 2019. Decision Support System for Agrotechnology Transfer (DSSAT) Version 4.7.5. Gainesville, Florida, USA: DSSAT Foundation.

Hu W, She D, Xia J, et al.2021. Dominant patterns of dryness/wetness variability in the Huang-Huai-Hai River Basin and its relationship with multiscale climate oscillations. Atmospheric Research, 247: 105148.

Hu Y N, Liu Y J, Tang H J, et al. 2014. Contribution of drought to potential crop yield reduction in a wheat-maize rotation region in the north China plain. Journal of Integrative Agriculture, 13 (7): 1509-1519.

Hu Z, Wu Z, Zhang Y, et al.2021. Risk assessment of drought disaster in summer maize cultivated areas of the Huang-Huai-Hai plain, Eastern China. Environmental Monitoring and Assessment, 193 (7): 441.

Hunt E D, Hubbard K G, Wilhite D A, et al. 2009. The development and evaluation of a soil moisture index. International Journal of Climatology, 29 (5): 747-759.

Jiang J, Zhou T, Chen X, et al. 2020. Future changes in precipitation over Central Asia based on CMIP6 projections. Environmental Research Letters, 15 (5): 054009.

Jobbagy E G, Sala O E. 2000. Controls of grass and shrub aboveground production in the patagonian steppe. Ecological Applications, 10 (2): 541-549.

Karakani E G, Malekian A, Gholami S, et al. 2021. Spatiotemporal monitoring and change detection of vegetation cover for drought management in the Middle East. Theoretical and Applied Climatology, 144: 299-315.

Kirchmann H, Thorvaldsson G. 2000. Challenging targets for future agriculture. European Journal of Agronomy, 12 (3-4): 145-161.

Kumar L, Mutanga O. 2018. Google earth engine applications since inception: Usage, trends, and potential. Remote Sensing, 10 (10): 1509.

Lamarque J F, Senior C A, Schlund M, et al. 2020. Context for interpreting equilibrium climate sensitivity and transient climate response from the CMIP6 Earth system models. Science Advances, 6 (26): eaba1981.

Leng G Y, Hall J. 2019. Crop yield sensitivity of global major agricultural countries to droughts and the projected changes in the future. Science of the Total Environment, 654: 811-821.

Li R, Tsunekawa A, Tsubo M. 2015. Assessment of agricultural drought in rainfed cereal production areas of northern China. Theoretical and Applied Climatology, 127 (3-4): 597-609.

Li Z, He J, Xu X, et al. 2018. Estimating genetic parameters of DSSAT-CERES model with the GLUE method for winter wheat (Triticum aestivum L.) production. Computers and Electronics in Agriculture, 154: 213-221.

Liu C, Yang C, Yang Q, et al. 2021. Spatiotemporal drought analysis by the standardized precipitation index (SPI) and standardized precipitation evapotranspiration index (SPEI) in Sichuan Province, China. Scientific Reports, 11 (1): 1280.

Liu D, Mishra A K, Yu Z. 2019. Evaluation of hydroclimatic variables for maize yield estimation using crop model and remotely sensed data assimilation. Stochastic Environmental Research and Risk Assessment, 33 (7): 1283-1295.

Liu D, Zuo H. 2012. Statistical downscaling of daily climate variables for climate change impact assessment over New South Wales, Australia. Climate Change, 115 (3-4): 629-666.

Liu M, Xu X, Yao J. 2020. Responses of crop growth and water productivity to climate change and agricultural water-saving in arid region. Science of the Total Environment, 703: 2-12.

Liu X, Pan Y, Zhu X, et al. 2018. Drought evolution and its impact on the crop yield in the North China Plain. Journal of Hydrology, 564: 984-996.

Liu X, Zhu X, Pan Y, et al. 2016. Agricultural drought monitoring: Progress, challenges, and prospects. Journal of Geographical Sciences, 26 (6): 750-767.

Liu Y, Chen S, Sun H, et al. 2019. Does the long-term precipitation variations and dry-wet conditions exist in the arid areas? A case study from China. Quaternary International, 519: 3-9.

Lu J, Carbone G J, Gao P. 2017. Detrending crop yield data for spatial visualization of drought impacts in the United States, 1895-2014. Agricultural and Forest Meteorology, 237-238: 196-208.

Manage N, Lockart N, Willgoose G, et al. 2016. Statistical testing of dynamically downscaled rainfall data for the Upper Hunter region, New South Wales, Australia. Hydrology and Earth System Sciences, 66 (2): 203-227.

Mishra A K, Singh V P. 2010. A review of drought concepts. Journal of Hydrology, 391 (1-2): 202-216.

Mkhabela M, Bullock P, Gervais M, et al. 2010. Assessing indicators of agricultural drought impacts on spring wheat yield and quality on the Canadian prairies. Agricultural and Forest Meteorology, 150 (3): 399-410.

Mutanga O, Kumar L. 2019. Google Earth Engine applications. Remote Sensing, 11 (5): 591.

Narasimhan B, Srinivasan R. 2005. Development and evaluation of Soil Moisture Deficit Index (SMDI) and Evapotranspiration Deficit Index (ETDI) for agricultural drought monitoring. Agricultural and Forest Meteorology, 133 (1-4): 69-88.

O' Neill B C, Kriegler E, Ebi K L, et al. 2017. The roads ahead: Narratives for shared socioeconomic pathways describing world futures in the 21st century. Global Environmental Change, 42: 169-180.

Palmer W C. 1968. Keeping track of crop moisture conditions, nationwide: The New Crop Moisture Index. Weatherwise, 21 (4): 156-161.

Pena-Gallardo M, Vicente-Serrano S M, Quiring S, et al. 2019. Response of crop yield to different time-scales of drought in the United States: Spatio-temporal patterns and climatic and environmental drivers. Agricutural and Forest Meteorology, 264: 40-55.

Qu C, Li X. 2019. The impacts of climate change on wheat yield in the Huang-Huaihai Plain of China using DSSAT-CERES-Wheat model under different climate scenarios. ScienceDirect, 18 (6): 1379-1391.

Rhee J, Im J, Carbone G J. 2010. Monitoring agricultural drought for arid and humid regions using multi-sensor remote sensing data. Remote Sensing of Environment, 114 (12): 2875-2887.

Ritchie J T. 1998. Soil water balance and plant water stress//Understanding Options for Agricultural Production. Great Britain: Kluwer Academic Publishers: 41-54.

Rivera J, Arnould G. 2020. Evaluation of the ability of CMIP6 models to simulate precipitation over Southwestern South America: Climatic features and long-term trends (1901-2014). Atmospheric Research, 63: 241-252.

Rodell M, Houser P R, Jambor U, et al. 2004. The global land data assimilation system. Bulletin of the American Meteorological Society, 85 (3): 381-394.

Salehnia N, Salehnia N, Saradari T A, et al. 2020. Rainfed wheat (*Triticum aestivum* L.) yield prediction using economical, meteorological, and drought indicators through pooled panel data and statistical downscaling. Ecological Indicators, 111: 105991.

Sen P K. 1968. Estimates of the regression coefficient based on Kendall' s tau. Journal of the American Statistical Association, 63 (324): 1379-1389.

Shi L, Feng P, Wang B, et al. 2020. Projecting potential evapotranspiration change and quantifying its uncertainty under future climate scenarios: A case study in southeastern Australia. Journal of Hydrology, 584: 124756.

Shiru M S, Shahid S, Chung E-S, 2019. Changing characteristics of meteorological droughts in Nigeria during 1901-2010. Atmospheric Research, 223: 60-73.

Shrestha A, Rahaman M M, Kalra A, et al. 2020. Climatological drought forecasting using bias corrected CMIP6 climate data: A case study for India. Forecasting, 2 (2): 59-84.

Souza A G S S，Ribeiro N A，Souza L L D. 2021. Soil moisture-based index for agricultural drought assessment：SMADI application in Pernambuco State-Brazil. Remote Sensing of Environment，252：112124.

Spinoni J，Vogt J V，Naumann G，et al. 2018. Will drought events become more frequent and severe in Europe? International Journal of Climatology，38（4）：1718-1736.

Sun C，Xiao Z，Sun J，et al. 2019. Projection of temperature change and extreme temperature events in the Lancang-Mekong River Basin. Atmospheric and Oceanic Science Letters，13（1）：16-25.

Ukkola A M，De Kauwe M G，Roderick M L，et al. 2020. Robust future changes in meteorological drought in CMIP6 projections despite uncertainty in precipitation. Geophysical Research Letters，47（11）：e2020GL08782.

Vaghefi S A，Iravani M，Sauchyn D，et al. 2019. Regionalization and parameterization of a hydrologic model significantly affect the cascade of uncertainty in climate-impact projections. Climate Dynamics，53：2861-2886.

van Rooy M P. 1965. A rainfall anomaly index independent of time and space. Notes，Weather Bureau of South Africa，14：43-48.

van Vuuren D P，Stehfest E，Gernaat D E H J，et al. 2017. Energy，land-use and greenhouse gas emissions trajectories under a green growth paradigm. Global Environmental Change，42：237-250.

Vicente-Serrano S M，Quiring S M，Peña-Gallardo M. 2020. A review of environmental droughts：Increased risk under global warming? Earth-Science Reviews，201：102953.

Wambua R M. 2019. Spatio-temporal characterization of agricultural drought using soil moisture deficit index （SMDI） in the Upper Tana River basin，Kenya. International Journal of Engineering Research and Advanced Technology，5（2）：93-106.

Wang B，Feng P，Liu D L，et al. 2020. Sources of uncertainty for wheat yield projections under future climate are site-specific. Nature Food，1（11）：720-728.

Wang B，Liu D L，Asseng S，et al. 2015. Impact of climate change on wheat flowering time in eastern Australia. Agricultural and Forest Meteorology，209-210：11-21.

Wang B，Liu D L，Macadam I，et al. 2016. Multi-model ensemble projections of future extreme temperature change using a statistical downscaling method in south eastern Australia. Climatic Change，138（1-2）：85-98.

Wang H，Vicente-Serrano S M，Tao F，et al. 2016. Monitoring winter wheat drought threat in Northern China using multiple climate-based drought indices and soil moisture during 2000-2013. Agricultural and Forest Meteorology，228-229：1-12.

Wang Q，Wu J，Li X，et al. 2017. A comprehensively quantitative method of evaluating the impact of drought on crop yield using daily multi-scale SPEI and crop growth process model. International Journal of Biometeorology，61（4）：685-699.

Wang X，Jiang D，Lang X. 2017. Future extreme climate changes linked to global warming intensity. Science Bulletin，62（24）：1673-1680.

Wang Y，Wang C，Zhang Q. 2020. Synergistic effects of climatic factors and drought on maize yield in the east of Northwest China against the background of climate change. Theoretical and Applied Climatology，143：1-17.

Wu D，Li Z，Zhu Y，et al. 2021. A new agricultural drought index for monitoring the water stress of winter wheat. Agricultural Water Management，244：106599.

Wu J，Chen X. 2019. Spatiotemporal trends of dryness/wetness duration and severity：The respective contribution of precipitation and temperature. Atmospheric Research，216：176-185.

Wu J，Chen X，Yao H，et al. 2017. Non-linear relationship of hydrological drought responding to meteorological drought and impact of a large reservoir. Journal of Hydrology，551：495-507.

Wu J，Liu M，Lu A，et al. 2014. The variation of the water deficit during the winter wheat growing season and its impact on crop yield in the North China Plain. International Journal of Biometeorology，58（9）：1951-1960.

Wu M，Li Y，Hu W，et al. 2020. Spatiotemporal variability of standardized precipitation evapotranspiration index in Chinese mainland over 1961-2016. International Journal of Climatology，40（11）：1-19.

Wyser K，Kjellström E，Koenigk T，et al. 2020. Warmer climate projections in EC-Earth3-Veg：The role of changes in the greenhouse gas concentrations from CMIP5 to CMIP6. Environmental Research Letters，15（5）：054020.

Xiao D，Liu D L，Wang B，et al. 2020. Climate change impact on yields and water use of wheat and maize in the North China Plain under future climate change scenarios. Agricultural Water Management，238：106238.

Xu Y，Wang L，Ross K，et al. 2018. Standardized soil moisture index for drought monitoring based on soil moisture active passive observations and 36 years of north american land data assimilation system data：A case study in the Southeast United States. Remote Sensing，10（3）：301.

Yang M，Wang G，Ahmed K F，et al. 2020. The role of climate in the trend and variability of Ethiopia's cereal crop yields. Science of the Total Environment，723：137893.

Yao N，Li L，Feng P，et al. 2020. Projections of drought characteristics in China based on a standardized precipitation and evapotranspiration index and multiple GCMs. Science of the Total Environment，704：135245.

Yao N，Li Y，Lei T，et al. 2018. Drought evolution，severity and trends in Chinese mainland over 1961-2013. Science of The Total Environment，616-617：73-89.

Yao N，Li Y，Liu Q，et al. 2022. Response of wheat and maize growth-yields to meteorological and agricultural droughts based on standardized precipitation evapotranspiration indexes and soil moisture deficit indexes. Agricultural Water Management，266：107566.

Yue S，Wang C Y. 2002. Regional streamflow trend detection with consideration of both temporal and spatial correlation. International Journal of Climatology，22（8）：933-946.

Zhong R，Chen X，Lai C，et al. 2019. Drought monitoring utility of satellite-based precipitation products across Chinese mainland. Journal of Hydrology，568：343-359.

Zhou Y，Lu C. 2020. Drought/wetting variations in a semiarid and sub-humid region of China. Theoretical and Applied Climatology，140（3-4）：1537-1548.

Zhou Y，Xiao X，Zhang G，et al. 2017. Quantifying agricultural drought in tallgrass prairie region in the U.S. Southern Great Plains through analysis of a water-related vegetation index from MODIS images. Agricultural and Forest Meteorology，246：111-122.

Zhu H，Jiang Z，Li J，et al. 2020. Does CMIP6 inspire more confidence in simulating climate extremes over China? Advances in Atmospheric Sciences，37（10）：1119-1132.